石川裕 著

弱点克服

大学生の初等力学

改訂版

東京図書

まえがき

本書は大学初級物理として力学を学ぼうとしている人のために書かれていて，初等力学の全般を網羅しています．

編入転部・科を考えている人，大学の授業で自分の理解が進んでいないでつまずいている人，以前物理を学習したが長いブランクがある人，文系出身で物理を学習したい人，高校物理と大学物理の間にギャップを感じている人などが対象です．

物理学の理解には，理論の流れの理解と，そこに関係する問題の演習が“両輪”をなします．本書では学習者の便宜を考え，一つの項目を見開きページに収め，そこに重要問題とその解，指針となる理論のエッセンス，注意点としての解説を入れ，そして章末に必要な理論法則を簡潔にまとめた TeaTime のページを設け，各人が理解の不足している部分から直ちに学習を始められるよう配慮しました．そして章末に TeaTime の他に数学ノートのページを設け，TeaTime には必要な物理理論，法則を，数学ノートでは，力学理論の理解に必要な最小限の数学手法を，それぞれ簡潔にまとめました．問題には，題材として最適な編入転部・科試験問題を選び，不足する項目に新作問題を加えました．

問題を解くにあたって重要なことは，物理では単に解が正しいかどうかを確かめるだけではなく，なぜそう考えるのかが重要です．このことを心に留め，そして是非自分で手を動かして計算してください．必ず理解が進みます．

物理は論理で出来上がっています．その論理を理解すれば，理系文系の出身を問いません，学ぶ意欲がありさえすれば良いのです．本書を大いに活用し役立ててください．初等力学の良い指南書になることを確信しています．

なお，本書を書くにあたって，原稿に目を通し，適切な助言，温かい激励の言葉をいただいた日當泰輔，坂井佑輔両氏，そして東京図書編集部の松永智仁氏に感謝の意を表します．

2015 年 3 月

石川　裕

改訂にあたって

本書が出版されてから重刷を重ねて 6 年が経過しました．

本改訂ではこの機会に原稿を精査し全面的に見直しました．

大きな変更は，読者からの要望があった振動，剛体に関する新問題 2 題の追加です．力学にとどまらず電磁気学，量子力学など今日の物理学の基盤をなす理論であることから振動の問題を，質点の力学からの現実的な発展の概念としてだけではなく，頻出問題として剛体の問題を加えました．

他に，本文の不足部分の加筆修正，および必要と思われる部分を分かりやすい表現に改めました．また，一部の図について適切な加筆修正を行いました．

図を描くにあたってご協力をいただいた松田彩佳氏，そして本書の全般にわたってお世話いただいた東京図書編集部に感謝いたします．

多くの物理学を学ぶ方々の学びの一助になれば幸いです．

2021 年 12 月

石川　裕

■このテキストの使用説明書

このテキストは，自分がどのくらいまで理解をしているか，自分の得意とする問題，苦手とする問題にどういう傾向があるか，自分がどんなところでミスをしがちかということを，自分自身がまず意識的になり，自分でチェック・判断できるように，他のテキストとは違ったいくつかの工夫を施してあります．

まず，メインとなる本文部分は，すべて見開きページに**問題**と軸になる考え方や解法へのヒントとなる**解説**と，極力具体的な計算まで示すように記し，さらに解答への指針や他の問題や解説との関連の参照を右の脚注に配した**解答**から構成されています．自信のあるところは，解説を見ずに問題にチャレンジして，まだ理解が不十分に思われるところは，解説を読んだうえで問題にとりくみ，そのうえで解答で確認をしてみてください．目次にも，問題の右肩にも示してあるように，**基本・標準・発展**と 3 段階でのレベルづけがされています．まえがきに書かれているように，まずは基本問題をしっかりマスターして，標準・発展問題に進むというやりかたも効率的かもしれません．また，章末の **TeaTime** には，本文に書ききれなかった補足や発展的な事柄をコラムの形で記してあります．

ただ，日ごろの勉強においても，またとくに試験本番において大事なことは，

出題された問題を（どれだけ）自分が解く力があるか，を見極める

ことです．そこで，このテキストの巻末には，Chapter.1 から Chapter.17 までの問題を小問単位でランダムに並べなおして 22 回分のテスト問題とした，TEST shuffle 22 をつけました．本文の見開きページを読んだ上で，改めて，こちらで自分の理解を確認するのも良し，あるいは，最初にこちらの TEST shuffle 22 にあたって，自分の解ける問題・解けない問題の目星を立てておいてから，本文でじっくり“弱点”を補強するのでもよいでしょう．目次には，各問題ごとに自分でマスターできたかどうかを確認するためのチェック欄をつけておきました．

どうぞ，このテキストにあなた自身の工夫も加えて，初等力学での“苦手”を減らし，“得意”を増やすように活用してください．

■本書の表記について

- ベクトル量は原則として，太字 $\boldsymbol{A}, \boldsymbol{b}, \cdots$ のように表す．
- 物理量の時間微分をドット表記する．例えば $\dot{x}\left(=\dfrac{dx}{dt}\right), \ddot{r}\left(=\dfrac{d^2r}{dt^2}\right)$ のように．

目次

★問題の頁数のあとのマス目は，自分の理解の度合いを記入しておくのにご利用ください．

Chapter 10.　力積と運動量　103

Chapter 11.　円運動　123

Chapter 12. 万有引力による運動 133

Chapter 13. 単振動，強制振動，減衰振動 151

■カバー・表紙デザイン 高橋 敦

Chapter 1

力とは

力学では，そのとき働く力を，矢印で，もれなく，正しく図に書き込むことが問題を解く最初の重要な一歩となるので確実にマスターしよう．

問題 01　力の見つけ方　基本

図の斜線の物体に働く力を図示せよ．斜線の物体の質量を M，重力加速度を g とする．

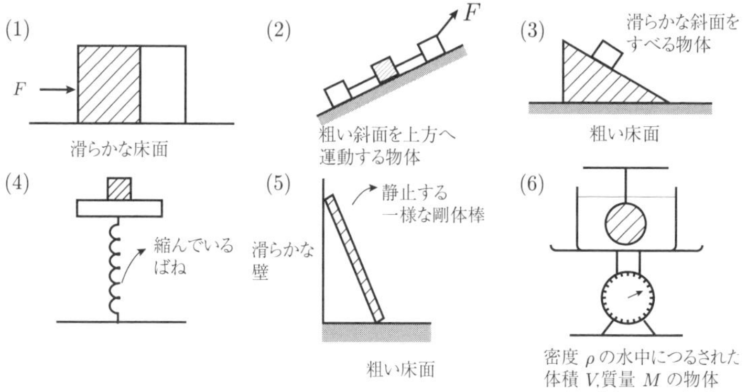

解 説　力の見つけ方のポイント：力学の問題では**運動方程式を解き**，物体の運動の状態（加速度，速度，位置）を知ることが主である．運動方程式をたてる時は，まず着目する物体に働く力を見つけ，図に書く．物体に働く力を見つけるには，接触している面あるいは点から**接触力**を受け，それに加え重心に場の力としての**重力**が働くことを考慮すればよい．すなわち，力の**見つけ方**のポイントとして，

1. **2 つの物体が接している面,点を調べる.** そこには接触力が作用している.
2. **2 つの物体が接して互いにずれ動く場合は**摩擦力が働く.
3. **地球上では必ず重力が重心に働く.**

解 答

(1)　斜線の物体は力 F を受けると動く．その接触面は床，および隣に接している物体との間の 2 箇所あるので，物体は床からの**垂直抗力** N，隣の物体からの**抗力** R を受けている．これに重心 G にかかる**重力** Mg を加えればよい．結局，斜線の物体には，与えられた力 F，垂直抗力 N，隣の物体からの抗力 R そして重力 Mg の 4 力が働く★1．

(2)　ぴんと張った糸には**張力**が働いている．斜線の物体の接触点は糸につながれた 2 箇所でここに**張力** T_1, T_2，接触面は斜面で**ずれ動いている**ので**動摩擦力** f と**垂直抗力** N，そして重心 G に重力 Mg が働く★2．

★1 なお，力のベクトルの矢の長さは正確になっていない．以下についても同様である．

★2 なお，T_1 と T_2 は大きさは等しくない．

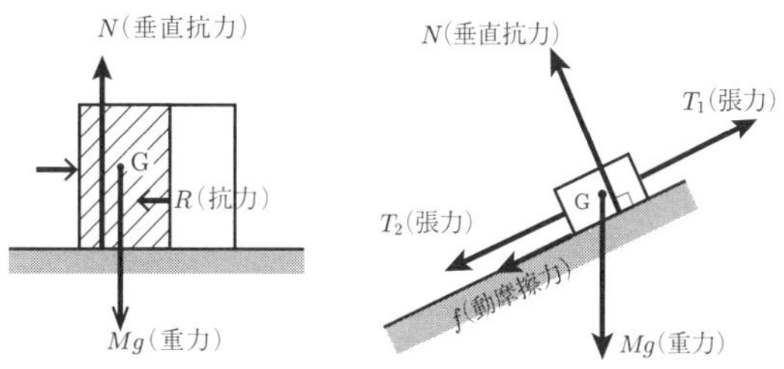

(3)　斜線物体の三角台 A の他物体との接触面は斜面と床面なので，ここに接触力のやり取りがある．斜面は滑らかなので摩擦力は無く，三角台とその上の物体 B との間でやり取りする接触力としての抗力は垂直抗力 N_1 のみである．三角台にかかる N_1 は上の物体 B にかかる垂直抗力 N_1 の反作用力で斜め向きなので水平成分 N_1' があり三角台を左に動かそうとする．もう一つの接触面である床面は粗いので摩擦力 f が生ずる．そして垂直抗力 N_2 を受ける．他に重力 Mg を加えればよい．

(4)　斜線の物体 A の接触面は板 B 間のみなので，ここから垂直抗力 N を受け，他に重力 Mg が働く．A に働く力はこの 2 力のみである．注意することは，縮んでいるばねからの復元力（接触力）であるばね力が働くのは，ばねと接している板 B にであって，その上に載っている斜線物体 A にではないことである．斜線物体には垂直抗力 N を通じてばね力が影響するのである．

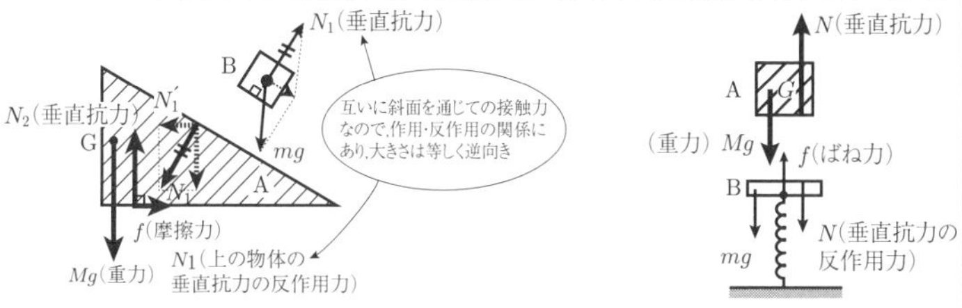

(5)　一様な剛体棒の接触点は 2 箇所ある．まず床面との接触点について考えると，床面は粗いので右向きに滑ろうとする剛体棒を静止させている静止摩擦力 f が左向きに働く．他に垂直抗力 N_1 がある．壁は滑らかなのでこの接触点からは垂直抗力 N_2 のみを受ける．さらに重心 G に働く重力を書き加えればよい．一様な剛体棒なので重心 G は棒の中点にある．

(6)　水中にある物体には糸との接触点から張力の他に水との接触面を通しての接触力である浮力 $f = \rho V g$ を受ける．ここで ρ は水の密度， V は物体の体積である．そして重心に重力 Mg が働く．なお下の計りの示す値は水や容器の重さ（重力）に加えて水中物体に働く浮力 $\rho V g$ 分だけ増す．接触力としての浮力はその反作用を水を通じてばねばかりのばねに及ぼすからである．

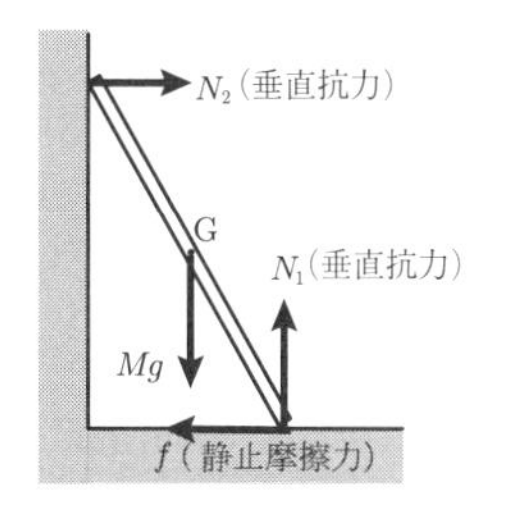

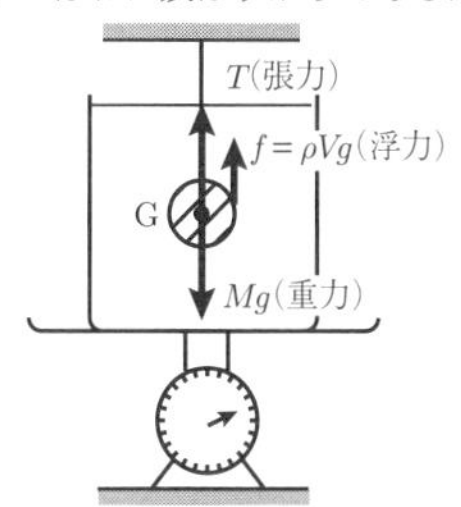

Tea Time ……………………………… 力とは

力とは運動の速さや向きなど**運動の状態を変え**たり，**物体を変形**させるもので，大きさと方向を持ち**ベクトル量**で表される．運動方程式を解くときに欠かせないものである．

Tea Time ……………………………… 2 種の力

物体が受ける力は，力学では次の 2 種が知られている．

● **近接力（接触力）: 接触面（点）を通して受ける力**．力学で扱う力の大部分がこの力．接触面（点）を共有する 2 物体間で**作用・反作用**の関係を伴いやりとりしあう（相互作用といっている）．**垂直抗力，摩擦力，バネの弾性力，糸の張力，圧力**など．

● **遠隔力 : 場の力**ともいう．**離れていても働く**．地上で物体に働く**重力（万有引力）**があげられる．他に電荷や磁石に働く**電磁気力**がある．やはり**作用・反作用**の関係を伴う．この他に素粒子物理学に出てくる強い力，弱い力の 2 種があるが本書では扱わない．この宇宙には以上の力，すなわち重力，電磁気力，強い力，弱い力の 4 種が全てで，これらの何れかから我々が力と呼ぶものがでてくる．実は先に述べた接触力のおおもとは電磁気力に起因し，クーロン力とも呼んでいる．

Tea Time ……………………………… 力の見つけ方のポイント

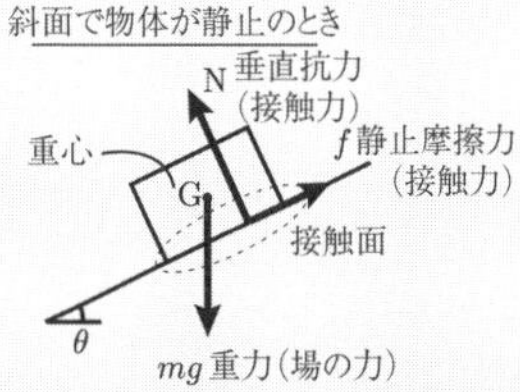

力学の問題では**運動方程式を解き**，物体の運動の状態（加速度，速度，位置）を知ることが主となる．運動方程式を立てるときに，まず着目する物体に働く力を見つけ図に書く．物体に働く力を見つけるには，上述したように接触している面，あるいは点から接触力を受け，それに加え重心に場の力としての重力が働くので，

働く力の数 : 接触面または点の数 + 場の力（重力）に着目．

力の**見つけ方**のポイントとして，

1. 2 つの物体が接している点，面には必ず接触力が作用している．

2. 2 つの物体が接して互いにずれ動く場合は摩擦力が働く．

3. 地球上では必ず重力が重心に働く．

Chapter 2

力のつり合い

この章では，力学の基本である力のつり合いについて扱う．特に注意することとして，TeaTime の「ベクトル量とスカラー量」,「ベクトル量の扱い方，符号の注意」,「力の合成と分解」,「力のつり合い」,「力学で重要な力」を押さえよう．

問題 02 力のつり合い 基本

それぞれの物体に働く力を矢印で記入し，その大きさを求めよ．重力加速度を g とする．

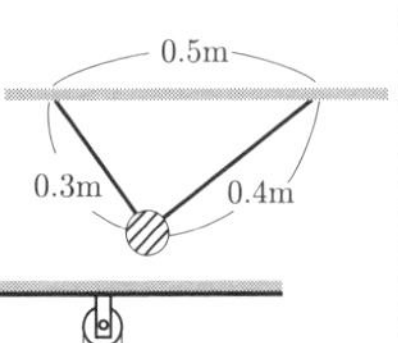

(1) 0.5m 離れた天井の 2 点から，0.3m，0.4m の 2 本の軽い糸で質量 m のおもりを吊り下げた場合，おもりに働く力．

(2) 質量 m の人が乗ったかごを自分で引き静止しているとき，人およびかごに働く力．ただしかごの質量を M とし紐は軽いとする．

解 説 対象となる物体，ここではおもり，かご，人の接触点，面をまず調べ，接触力を記入し，次に重心に働く重力を記入する．接触力は (1) では糸の張力，(2) では張力，抗力である．(1) では，水平方向に x 軸，鉛直方向に y 軸をとり，働く力を各軸方向に分解して考える．

解 答

(1) 図のようにおもりには張力 T_1，T_2 と重力 mg が働き，これらがつり合っている★1．T_1，T_2 を水平，鉛直成分に分けて，図の ACB の角が 90° なので，

水平方向のつり合い：　$T_2 \sin\theta = T_1 \cos\theta$　(2.1)

鉛直方向のつり合い：　$T_1 \sin\theta + T_2 \cos\theta = mg$　(2.2)

△ABC は直角三角形なので，

$$\cos\theta = \frac{\mathrm{AC}}{\mathrm{AB}} = \frac{3}{5}, \qquad \sin\theta = \frac{\mathrm{BC}}{\mathrm{AB}} = \frac{4}{5} \tag{2.3}$$

(2.1) ～ (2.3) より，

$$\underline{T_1 = \frac{4}{5}mg,} \qquad \underline{T_2 = \frac{3}{5}mg}$$

★1 物理の問題で，紐や糸が“軽い”とあったら，その質量を無視できるとしてよい．

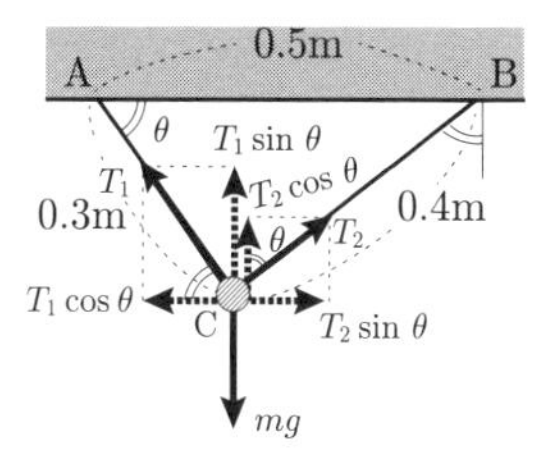

(2)　T をかごに働く張力，N をかごの底から人に働く抗力とすると，かごに働く力のつり合いは，

$$T = Mg + N$$

人に働く力のつり合いは，

$$T + N = mg$$

ここから★2，

$$T = \frac{1}{2}(m + M)g, \qquad N = \frac{1}{2}(m - M)g$$

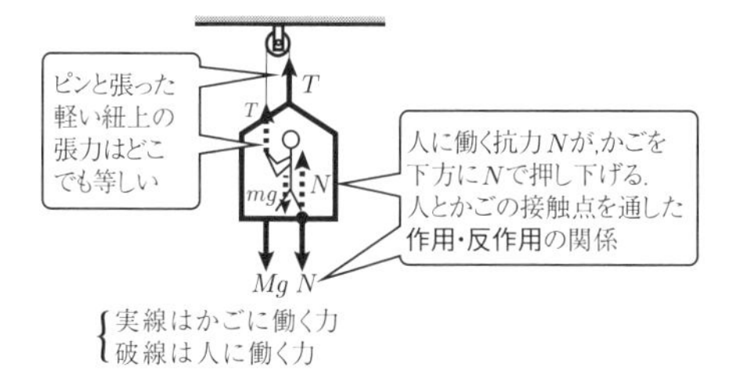

★2 つり合っている（静止している）のは人とかごで，両方のつり合いの式を作る．

問題	*03*	ばねのつり合い	基本

図に示すように，自然長が L，ばね定数がそれぞれ k, $2k$, $4k$ の 3 本の軽いつるまきばねを $3L$ だけ離れた壁と壁との間に連結した．B 点に質量 M の質点をつるす時，B 点および C 点の変位量と A 点および D 点においてばねに作用する力を求めよ．ただし，重力加速度を g とする．

（三重大）

解 説　ばねの問題では，最初に，着目するばねの“伸び”，あるいは“縮み”量，すなわち変位がいくらかを押さえる．これより，フックの法則（25 ページ，(3.23)）から，ばねに働く力が分かるので，図に記入する．

解 答

上のばねは伸び，中，下のばねは縮んでつり合ったとする．上のばねの伸びを x_1，下のばねの縮みを x_2 とし，$x_1 > x_2$ とすると，中のばねの縮みは $x_1 - x_2$ となる．

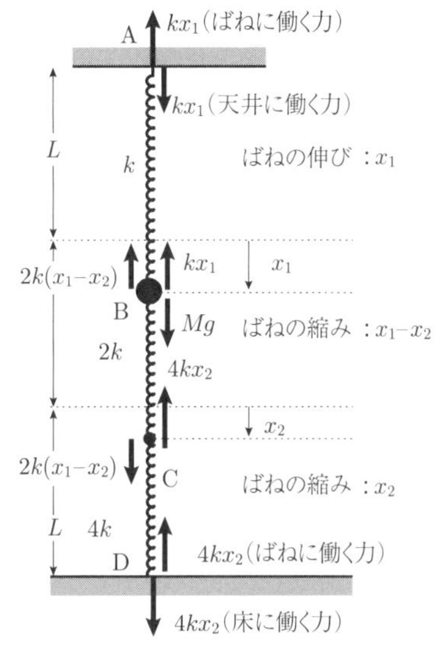

図から．B 点のつりあいは，

$$kx_1 + 2k(x_1 - x_2) = Mg \tag{2.4}$$

C 点のつり合いは，

$$2k(x_1 - x_2) = 4kx_2 \tag{2.5}$$

(2.5) より，$x_1 = 3x_2$，これを (2.4) に代入して，

$$3kx_2 + 4kx_2 = Mg$$

$$\therefore \quad x_2 = \underline{\frac{Mg}{7k}}$$ （C 点の変位量 ★1）

$$\therefore \quad x_1 = \underline{\frac{3Mg}{7k}}$$ （B 点の変位量）

図より，A 点でばねに作用する力 ……$kx_1 = \underline{\frac{3}{7}Mg}$

D 点でばねに作用する力 ……$4kx_2 = \underline{\frac{4}{7}Mg}$

★1 ばねの伸び，縮み量を合わせて変位という．
上のばねは伸び，中，下のばねは縮んだと仮定して解いたが，他の仮定で解いても結果は変わらない．たとえば x_2 が負で得られた場合，逆方向に変位したということである．伸び縮み（変位）量を常識的に設定することが誤解が入り込まなくてよい．

ポイント

まず，ばねの伸び，あるいは縮み量がいくらかを押さえる．

Tea Time ……………… ベクトル量とスカラー量

ベクトル量：大きさと方向を持つ量．和をとる（合成する）ときには**ベクトル和**を求める．平行四辺形の法則を用いるか，x 成分，y 成分に分けて和をとればよい．

例：速度 $\boldsymbol{v}$，加速度 $\boldsymbol{a}$，力 $\boldsymbol{F}$，電場（電界）$\boldsymbol{E}$ など

スカラー量：大きさだけを持つ量．和をとる（合成する）ときには正負の符号も含めて単純に数値を加え合わせればよい．

例：速さ v，エネルギー U，温度 T，電位 V など

本書では原則として，ベクトル量は太字（ボールド）で表す，たとえば速度は $\boldsymbol{v}$ と書いて速度ベクトルとする．これを v と書いたときにはスカラー量すなわち速度ベクトル $\boldsymbol{v}$ の大きさ（絶対値）を表すとする．これを速さといっている．**速度**というときはベクトルを，**速さ**というときはスカラーを表し区別することが多い．

Tea Time ……………… ベクトル量の扱い方，符号の注意

力のような**ベクトル量**は**正負の符号に注意**する．たとえば 1 次元では，-6〔N〕ということは，今考えている座標軸の正の方向と逆向きに大きさ 6〔N〕の力を持つことを意味する．もし座標軸が右向きに正なら左向きに大きさ 6〔N〕の力がかかり，軸が左向きなら右向きに大きさ 6〔N〕の力がかかっているということである．問題を解くときに，座標軸の正方向を自分で決めてから解く．与えられている力が決めた軸と反対方向ならば負の値，同じ方向なら正の値を用いればよい．符号が分からない場合は仮に正として解いてゆき，負の値が求まったなら座標軸と逆向きということになる．

Tea Time ……………… 力の合成と分解

力 $\boldsymbol{F}$ はベクトル量であるから，平行四辺形の法則に従って，合成，分解ができる．

$$\boldsymbol{F} = \boldsymbol{F_1} + \boldsymbol{F_2}$$

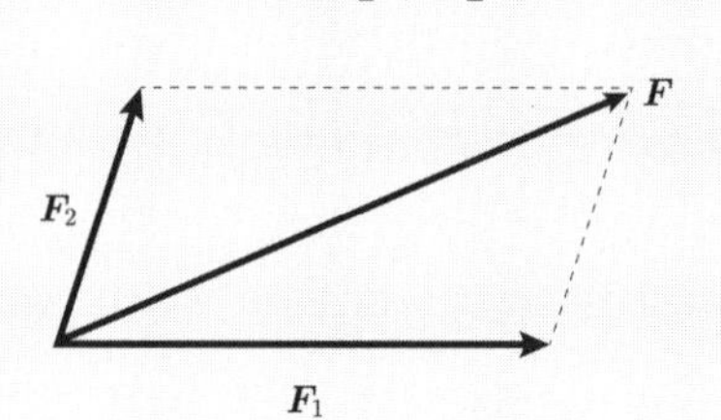

Tea Time ……………… 力のつり合い

力 $\boldsymbol{F_1}, \boldsymbol{F_2}, \cdots$ が働いている物体（質点）が静止しているとき，これらの合力は 0 になっている．力がつり合っているという．つり合いの条件は，

$$\boldsymbol{F_1} + \boldsymbol{F_2} + \cdots = 0$$

$\boldsymbol{F_1}, \boldsymbol{F_2}, \cdots$ の x 成分を $F_{1x}, F_{2x}, \cdots$ ，y 成分を $F_{1y}, F_{2y} \cdots$ ，とすると，成分で表した力のつり合いの条件は，

$$\begin{cases} F_{1x} + F_{2x} + \cdots = 0 & \text{（}x\text{ 成分のつり合い）} \\ F_{1y} + F_{2y} + \cdots = 0 & \text{（}y\text{ 成分のつり合い）} \end{cases}$$

Tea Time ……………… 初等力学で重要な力

1)　よく出てくる物体が受ける近接力（接触力）とそれを表す文字

- 床：垂直抗力　N
- 糸：張力　T
- バネ：弾性力　kx
- 粗い面：摩擦力（静止摩擦力，動摩擦力の 2 種ある）
- 流体（液体，気体）：浮力　F，圧力　P

2）遠隔力（場の力）

- 重力　重力 mg（$=$ 質量 $m \times$ 重力加速度 g）
　　重力は物体の重心に働く．

Chapter 3

力学で重要な接触力

この章では，初等力学で特に重要な接触力である「垂直抗力」，「静止摩擦力」，「動摩擦力」，「弾性力」，「張力」，「圧力」，「水圧」，「浮力」について学習してゆきます．

問題 04 静止摩擦力 基本

傾き θ の斜面に質量 m の物体 A をのせ，軽い糸をつけて滑車を通じて質量 M のおもり B を吊るす．物体を静止させるためのおもりの質量の範囲は，（ 1 ）$\geq M \geq$（ 2 ）である．斜面と物体の間の摩擦係数を μ，重力加速度を g とする．

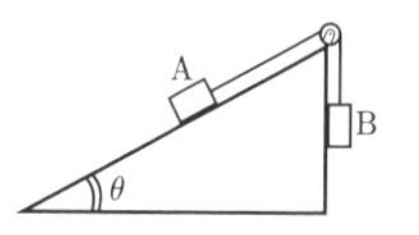

解説

机の上に置いた物体に横から力を加えると，ある力までは静止摩擦力が働いて動かないが，それを超えると動きだす．ここから静止摩擦力 F には**最大値**があることがわかる．この力を**最大静止摩擦力**といい，μ を静止摩擦係数，N を垂直抗力として μN と表す．すなわち F(静止摩擦力) $\leq \mu N$(最大静止摩擦力) である．向きは接触面に平行で運動を妨げる向きである．

解答

(1) おもり B の質量が最大値 M_1 をとる場合を考える．このとき物体 A は滑り上がる直前にあり，最大静止摩擦力は斜面下向きである（図）★1．A のつり合いは，

斜面平行方向 $T = mg\sin\theta + \mu N$ (3.1)

斜面垂直方向 $N = mg\cos\theta$ (3.2)

B のつり合いは，

$$T = M_1 g \quad (3.3)$$

(3.1)〜(3.3)より，

$$M_1 = m(\sin\theta + \mu\cos\theta)$$

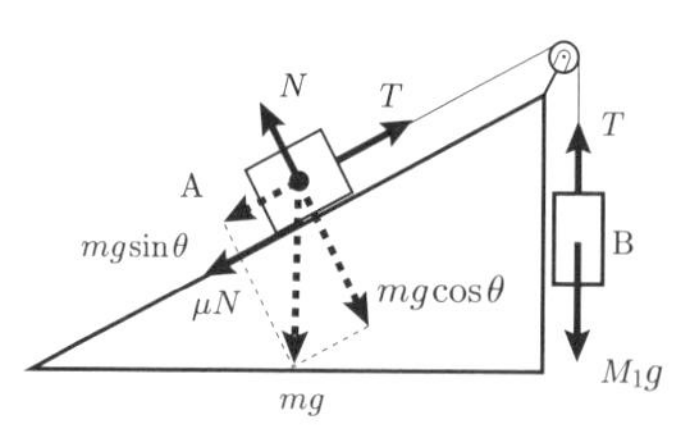

★1 摩擦力は運動方向と反対向きに働く．最大静止摩擦力の向きは物体が滑り上がる直前では斜面下向きであり，滑り降りる直前では斜面上向きである．

(2) B の質量が最小値 M_2 をとる場合，A は滑り降りる直前で，最大静止摩擦力の向きが上問に対して逆向きの斜面上向きになる．よって，(3.1) 式の μN を $-\mu N$ に変え，他はそのまま成り立つので，A，B のつり合いは，それ

ぞれ以下のようになる．

$$T = mg\sin\theta - \mu N$$

$$N = mg\cos\theta$$

$$T = M_2 g$$

よって，

$$M_2 = m(\sin\theta - \mu\cos\theta)$$

$M_1 \geqq M \geqq M_2$ より，

$$\underline{m(\sin\theta + \mu\cos\theta)} \geqq M \geqq \underline{m(\sin\theta - \mu\cos\theta)}$$

ポイント

静止摩擦力 F は不等式で表され，$F \leqq \mu N$ である．滑り出す直前に最大静止摩擦力 μN となり等号が成り立つ．問題を解くときに物体が滑り出す直前にあるのかをよく確かめること．等号が成り立つ，すなわち最大静止摩擦力になる条件を見つけて解くことが“コツ”である．

問題 05　斜面での摩擦力　基本

水平面と角度 θ をなす粗い斜面があり，θ は調節できるようになっている．この斜面上で質量 m_1 の物体 A と m_2 の物体 B が軽いひもでむすばれており，ひもにたるみはない．物体 A，B と斜面の間の静止摩擦係数をそれぞれ　$\mu_1, \mu_2, (\mu_1 < \mu_2)$ とする．座標軸を図に示すように斜面に沿って下方を x 軸方向，斜面に垂直上方を y 軸方向にとる．以下でひもの伸びは考えない．重力加速度を g とする．

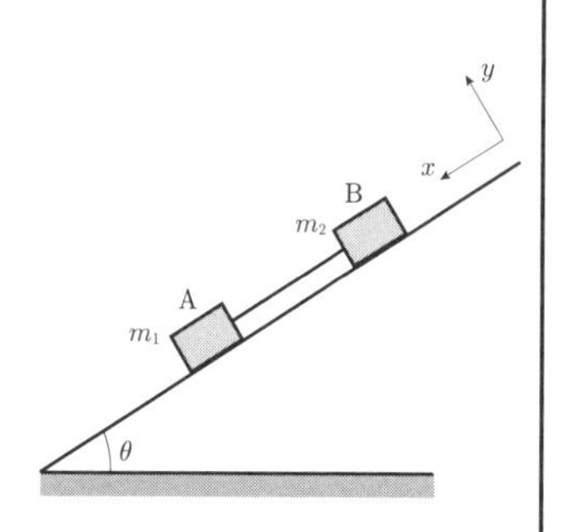

(1)　角度を徐々に大きくしていくと，2 つの物体は角度 θ_c のときに滑り始めた．滑り始める瞬間に，x 軸方向のつり合いを表す式を，ひもの張力を S として，物体 A，B についてそれぞれ書け．

(2)　(1) の状態で，角度 θ_c を求めよ．つぎに，質量 m_1 の物体に働く斜面からの垂直抗力に対するひもの張力の比を求めよ．　（東京理科大）

解説　最大静止摩擦力も動摩擦力も，接触面から物体に働く**垂直抗力**に比例する．

解答

(1)　滑り始める瞬間について考える．摩擦力は最大静止摩擦力になるので，A，B の垂直抗力を N_1 ，N_2 とすると，図より，
x 軸方向のつり合いは ★1 ，

$$\text{A について，}\cdots m_1 g\sin\theta_c = S + \mu_1 N_1 \tag{3.4}$$

$$\text{B について，}\cdots m_2 g\sin\theta_c + S = \mu_2 N_2 \tag{3.5}$$

y 軸方向のつり合いは，

$$A\text{ について，}\cdots N_1 = m_1 g\cos\theta_c \tag{3.6}$$

$$B\text{ について，}\cdots N_2 = m_2 g\cos\theta_c \tag{3.7}$$

(3.4)(3.5)に (3.6)(3.7) を代入して，x 軸方向のつり合いは，

★1 斜面のつり合いの場合は，斜面平行方向，斜面垂直方向にそれぞれ x 軸，y 軸をとり，各成分に分解して考える．

A について, $\cdots$ $\underline{m_1 g \sin\theta_c = S + \mu_1 m_1 g \cos\theta_c}$ (3.8)

B について, $\cdots$ $\underline{m_2 g \sin\theta_c + S = \mu_2 m_2 g \cos\theta_c}$ (3.9)

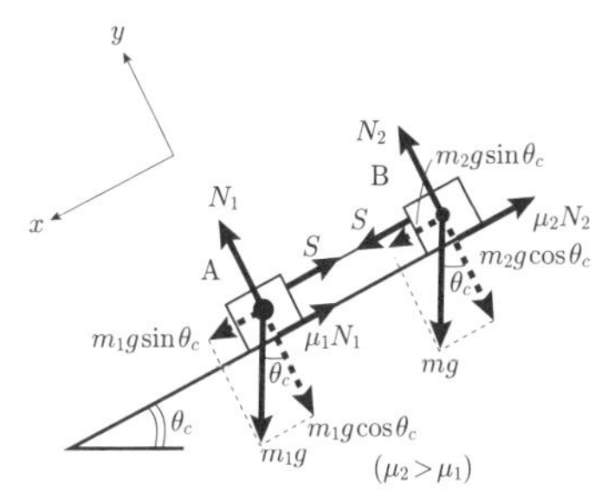

(2) (3.8) + (3.9) として S を消去, 整理して,

$$\frac{\sin\theta_c}{\cos\theta_c} = \frac{\mu_1 m_1 + \mu_2 m_2}{m_1 + m_2}$$

よって,

$$\underline{\tan\theta_c = \frac{\mu_1 m_1 + \mu_2 m_2}{m_1 + m_2} \text{ を満たす} \theta_c} \quad (3.10)$$

(注) ここは, 以下のように書いても良い.

$$\theta_c = \tan^{-1}\frac{\mu_1 m_1 + \mu_2 m_2}{m_1 + m_2} \quad \bigstar 2$$

(3.8) より $S = m_1 g \sin\theta_c - \mu_1 m_1 g \cos\theta_c$, および (3.6) より $N_1 = m_1 g \cos\theta_c$ なので,

$$\frac{S}{N_1} = \frac{m_1 g \sin\theta_c - \mu_1 m_1 g \cos\theta_c}{m_1 g \cos\theta_c} = \tan\theta_c - \mu_1$$

(3.10)を代入して,

$$\frac{S}{N_1} = \underline{\frac{m_2(\mu_2 - \mu_1)}{m_1 + m_2}}$$

★2 $y = \tan x$ のとき, $x = \tan^{-1} y$ と書き, $\tan^{-1}$ をアークタンジェントという. “-1 ”は“-1 乗”ではなく逆関数を表す.

ポイント

斜面でのつり合いは, 力を斜面平行方向 (x 方向), 斜面垂直方向 (y 方向) に分解して考える.

問題 06　ばねの弾性力　基本

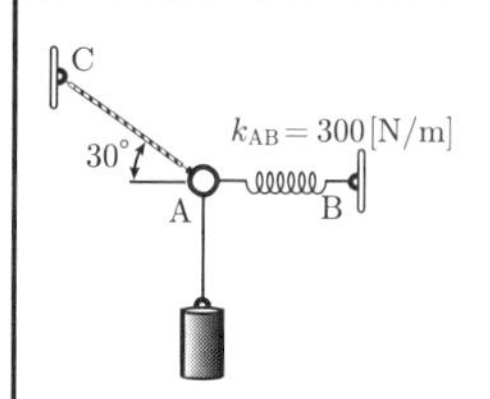

質量が 4 kg の物体をロープとばねを用いて図に示すようにつり下げる．ロープ AC は小さなリングを介して水平方向と 30° の角度をとり，ばね AB は水平方向になるように取り付ける．ばねの自然長は 0.4m，このばね定数 k_{AB} は 300 N/m である．ロープ，ばね，およびリングの自重，リングの径，摩擦は無視する．ただし，解答の計算結果の平方根はそのままでよい．また，重力加速度は $g = 10\ \mathrm{m/s^2}$ として計算してよい．以上の条件で以下の問題を解答せよ．

(1)　点 A の位置における水平方向と垂直方向のそれぞれの力のつり合い式を導け．ただし，ロープ AC の張力を T_{AC}，ばね AB の張力を T_{AB} とする．

(2)　(1) で得られた連立方程式を解いて T_{AC} および T_{AB} を求めよ．

(3)　ばねの伸びを考慮して，AB 間の長さを求めよ．　（東京都立大）

解説　ばねが自然長より x だけ変位している（伸び，縮みを合わせて変位という）とき，変位 x に比例した復元力 F が働く．これを弾性力（ばね力）という．

$$F = kx$$

この式をフックの法則という．k をばね定数といい，ばねの**硬さ**を表す定数である．式が表すように力が変位に**正比例**する性質を**線形性**というが，この線形性により重さを量る**秤**など，計量に使えるという重要な性質を持つ式である．

解答

(1)　物体を D，その質量を M (= 4kg) とする．A の位置でのつり合いの式は，

水平方向 $\cdots$ $\underline{T_{AC}\cos 30^\circ = T_{AB}}$　(3.11)

鉛直方向 $\cdots$ $\underline{T_{AC}\sin 30^\circ} = Mg$　(3.12)

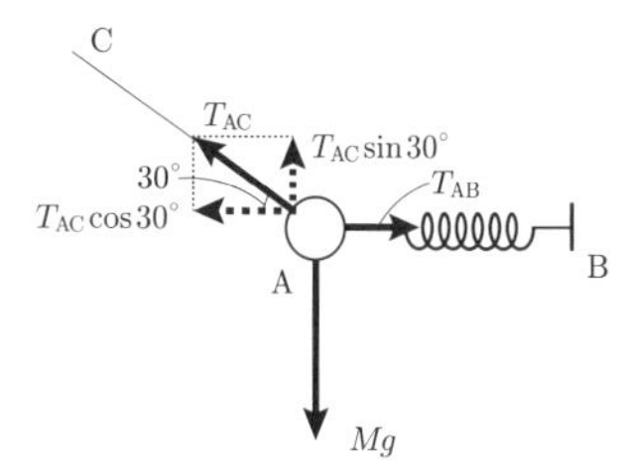

(2) (3.12) より，

$$T_{AC} = \frac{Mg}{\sin 30^\circ} = \frac{4\,〔\mathrm{kg}〕\times 10\,〔\mathrm{m/s^2}〕}{\sin 30^\circ} = \frac{40\,〔\mathrm{N}〕}{\sin 30^\circ} = \underline{80\,〔\mathrm{N}〕}$$

これを (3.11) に用いて，

$$T_{AB} = 80\,〔\mathrm{N}〕\cdot \cos 30^\circ = \underline{40\sqrt{3}\,〔\mathrm{N}〕}$$

(3) ばねの自然長を l_0，伸びを x とすると，フックの法則より（参照：25 ページ，(3.23)），

$$T_{AB} = k_{AB}x \qquad \therefore \quad x = \frac{T_{AB}}{k_{AB}} = \frac{40\sqrt{3}\,〔\mathrm{N}〕}{300\,〔\mathrm{N/m}〕} = \frac{2\sqrt{3}}{15}\,〔\mathrm{m}〕$$

よって，AB 間の長さ L は，

$$L = l_0 + x = 0.4\,〔\mathrm{m}〕 + \frac{2\sqrt{3}}{15}\,〔\mathrm{m}〕 = \underline{\frac{2(3+\sqrt{3})}{15}}\,〔\mathrm{m}〕$$

ポイント

問に単位が付けられている場合は，解にも必ず単位を付けることを忘れない．そのとき問の単位に合わせる．たとえば，問で単位として“kg”を用いていれば“kg”で書き，“g” で書くことは避ける．

問題 07　浮力を受ける丸棒　基本

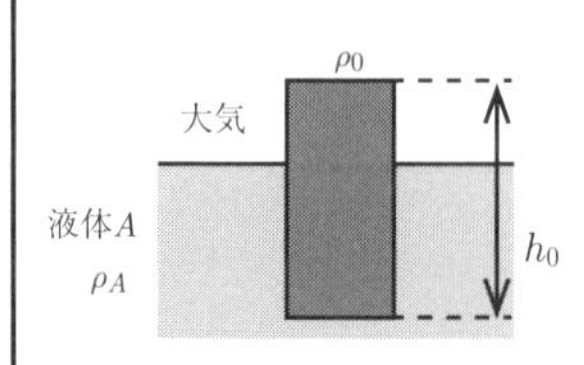

図で，断面積が一様な長さ h_0〔m〕，密度 ρ_0〔kg/m^3〕の丸棒が密度 ρ_A〔kg/m^3〕の液体 A の入っている容器中に浮かんで静止している．この棒の上部先端は液面より上で大気中にある．以後の設問では大気の影響，液体と棒の摩擦は考えない．重力加速度を g〔m/s^2〕とする．

(1)　液面より上部（大気中）の棒の長さ L_1〔m〕を求めよ．

(2)　この溶液中の液体 A の上に密度 ρ_B〔kg/m^3〕の別の液体 B を液体 A の面より高さ h_B〔m〕だけ静かに注いだ．なお，$\rho_A > \rho_B$ であり，液体 A と B は混合しない．液体 B の上面より大気中にある棒の長さ L_2〔m〕は次式で与えられる．この式中の（　）に適切な解を求めよ．

$$L_2 = L_1 + (\quad)$$

(3)　(2) の状態で，棒の上端を鉛直下方に軽く押し，手を離すと棒は上下に振動し始めた．なお，振動するときに棒の上端は液体 B 中に入ることはなく，常に大気中にある．つり合いの位置からの変位が y〔m〕のとき，鉛直方向の加速度を求めよ．鉛直下方を変位 y の正方向とする．

（東京理科大）

解説

流体中の物体は**浮力**を受ける．その物体が押しのけた流体の体積を V，流体の密度を ρ とすると，浮力 F は鉛直上向きに以下で与えられる，

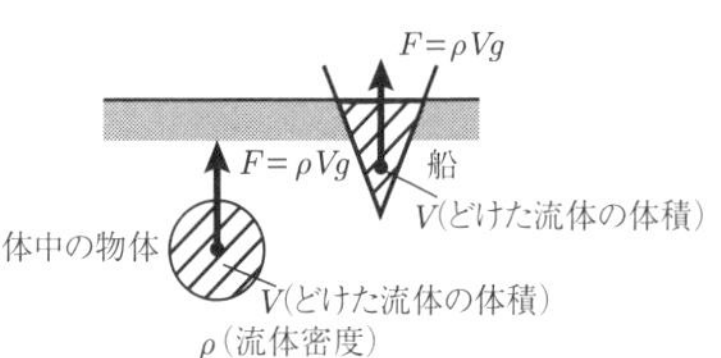

$$F = \rho V g$$

解答

(1)　単位は解を除いて略す．丸棒の断面積を S とする．浮力 f★1 は，

$$f = S(h_0 - L_1)\rho_A g \tag{3.13}$$

丸棒の質量 m は，

$$m = Sh_0\rho_0 \tag{3.14}$$

★1 浮力 f は，$f = \rho V g$ で，ρ は液体 A の密度，V は液体 A 中の丸棒の体積で $V = S(h_0 - L_1)$ である．浮力の公式は 26 ページ，(3.25) を参照せよ．

つり合いは（浮力）=（丸棒の重力），すなわち $f = mg$ で，(3.13)(3.14) を代入して，

$$S(h_0 - L_1)\rho_A g = Sh_0\rho_0 g \quad \therefore L_1 = h_0\left(1 - \frac{\rho_0}{\rho_A}\right) \text{〔m〕}$$

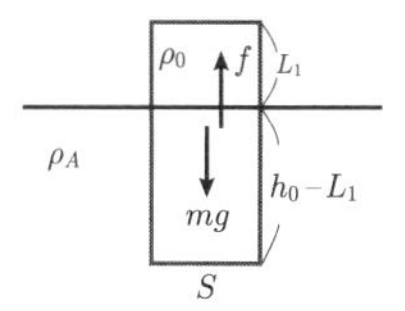

(2) 丸棒の液体 A 内の浮力を f_A，B 内を f_B とすると，つり合いは，

$$f_A + f_B = mg \tag{3.15}$$

ここで，

$$f_A = S(h_0 - h_B - L_2)\rho_A g, \quad f_B = Sh_B\rho_B g \tag{3.16}$$

(3.15) に (3.14)(3.16)を用いて，$S((h_0 - h_B - L_2)\rho_A + h_B\rho_B)g = Sh_0\rho_0 g$ これより，

$$L_2 = h_0(1 - \frac{\rho_0}{\rho_A}) - h_B(1 - \frac{\rho_B}{\rho_A}) = L_1 + \left(-h_B(1 - \frac{\rho_B}{\rho_A})\right) \text{〔m〕}$$

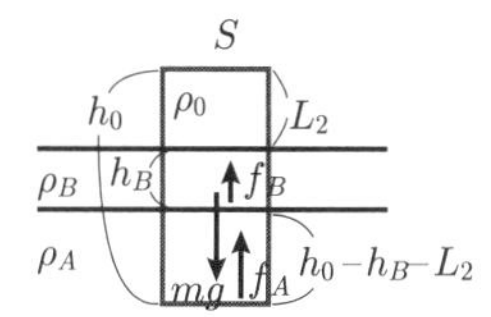

(3) つり合いの位置から y だけ下げると，液体 A 部分の浮力 f_A は，$\Delta f_A = yS\rho_A g$ だけ増してつり合いがくずれる．よって，運動方程式は a を加速度として，

$$ma = -\Delta f_A \qquad \therefore \quad Sh_0\rho_0 a = -yS\rho_A g$$

$$a = -\frac{\rho_A g}{h_0\rho_0}y \text{〔m/s}^2\text{〕} \tag{3.17}$$

a ★2 に負号がついているので，y の負方向，鉛直上方を向く．

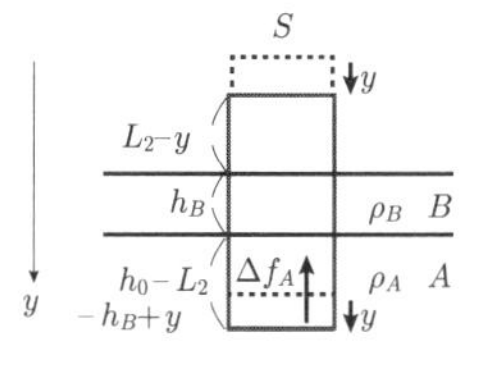

★2 加速度 a が $-y$ に比例しているので，a は単振動の加速度を表す．
$\omega^2 = \dfrac{\rho_A g}{h_0\rho_0}$ と置くと，周期 $T = \dfrac{2\pi}{\omega} = 2\pi\sqrt{\frac{\rho_0 h_0}{\rho_A g}}$ で，丸棒は上下に単振動する．

ポイント

1) $a = -ky$ の形の場合，すなわち，加速度 a が**変位** y に比例し，**負号**がつく場合，a は単振動の加速度を表す．k は比例定数．
2) $k = \omega^2$ とおくと，周期 T は，$T = \dfrac{2\pi}{\omega}$ で与えられる．

問題 08　水圧　標準

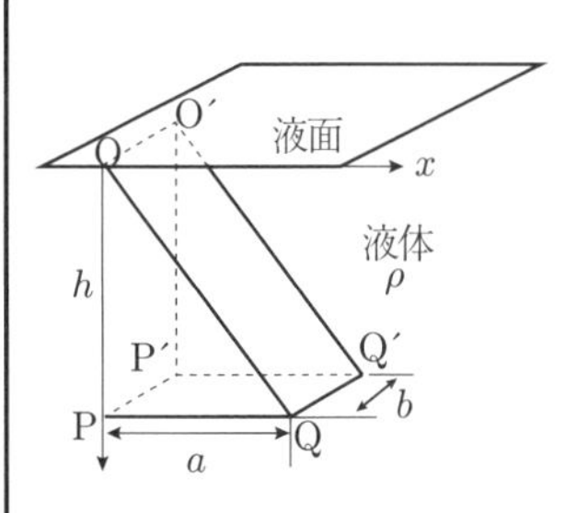

辺の長さがそれぞれ h〔m〕，a〔m〕，b〔m〕の直角三角形を密度 ρ〔kg/m^3〕の液体中に鉛直に挿入して固定した状態を図に示してある．ここで OO' は液面にある．液面に沿う方向を x 軸（辺 PQ に平行），液面から鉛直方向にある辺 OP 上に y 軸をとる．重力加速度を g〔m/s^2〕とする．

(1)　直角三角形 OPQ 部表面全体にかかる力を求めよ．

(2)　圧力中心は原点 O からどれだけの鉛直距離にあるか．（東京理科大）

解 説　水圧は同じ深さで一定である．水（流体）の密度を ρ とすると，深さ h での水圧（圧力）P は，重力加速度を g として，次式で表される．

$$P = \rho hg$$

解 答

(1)　深さ y での水圧 p は一定で，

$$p = \rho yg$$

図の深さ y での微小幅 dy の帯状部分の面積 dS は★1，

$$dS = dy \times \frac{a}{h}y = \frac{a}{h}ydy$$

ここにかかる力 dF は★2，

$$dF = pdS = \frac{\rho ag}{h}y^2dy \tag{3.18}$$

よって，三角形 OPQ 全体にかかる力は，積分して★3，

$$F = \int dF = \int pdS = \int_0^h \rho yg \cdot \frac{a}{h}ydy = \frac{a\rho g}{h}\int_0^h y^2dy$$

$$= \underline{\frac{a\rho gh^2}{3}} \tag{3.19}$$

★1 帯状部分の横幅 w は，次ページ上図で比例関係より，$\frac{w}{y} = \frac{a}{h}$ ∴ $w = \frac{a}{h}y$ よって，

$$dS = dy \times w = \frac{a}{h}ydy$$

★2 力 (F) = 圧力 $(p)\times$ 面積 (S)

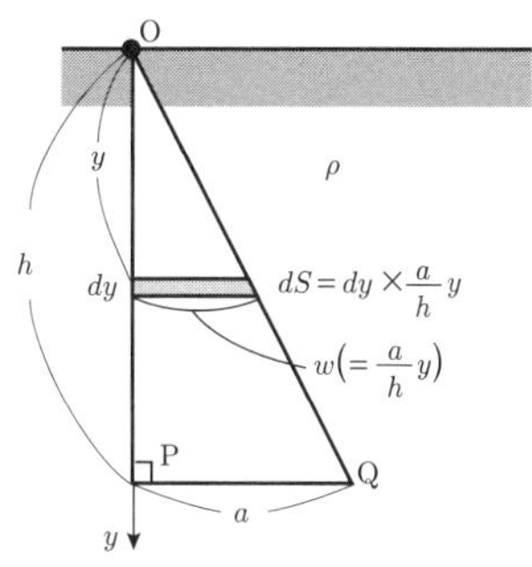

(2) 圧力中心を与える深さを h' とする．圧力中心を与える式は，

$$h' = \frac{\int ypdS}{\Delta\text{OPQ 全体にかかる力}} =$$

$$= \frac{\int ypdS^{\star 4}}{F} = \frac{1}{F}\int_0^h y(\rho y g)(\frac{a}{h} y dy) \tag{3.20}$$

$$= \frac{3}{a\rho g h^2} \cdot \frac{a}{h}\rho g \int_0^h y^3 dy = \frac{3}{h^3}\int_0^h y^3 dy = \frac{3}{4}h \tag{3.21}$$

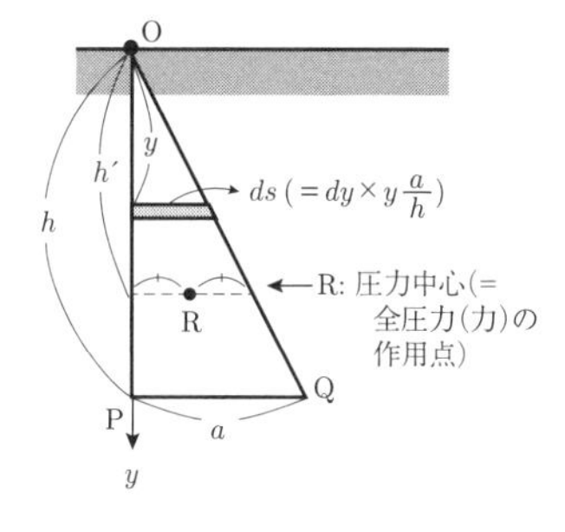

★3 (1) dF は図の帯状部分にかかる微小な力なので，全体にかかる力は dF を各高さごとに積み上げる，つまり積分すればよい．
(2) 積分は何で積分するかが重要で，この場合 dy なので y 方向の積分で，図よりその範囲は $y = 0$ から $y = h$ になる．

★4 h' は (3.19)の初項=第 3 項 ($F = \int pdS$) から，

$$h' = \frac{\int ypdS}{\int pdS}$$

と書ける．重み付き平均と解せる．

Tea Time　垂直抗力

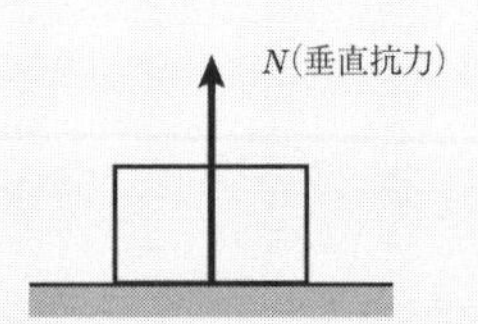

接触している 2 物体の一方は他方から力を受ける．抗力はその 1 つである．垂直方向の抗力を垂直抗力という．机の上の物体は**垂直抗力** N を鉛直上向きに受ける．

Tea Time　静止摩擦力

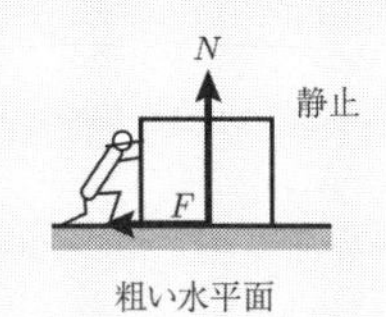

粗い水平面

$F \leqq \mu N$(Nは垂直抗力)

摩擦力は 2 種類ある，静止摩擦力と動摩擦力（運動摩擦力ともいう）である．静止摩擦力は物体が静止している時に働く摩擦力である．机の上に置いた物体に横から力を加えると，ある力までは静止摩擦力が働いて動かないが，それを超えると動きだす．ここから静止摩擦力 F には**最大値**があることがわかる，これを**最大静止摩擦力**という．最大静止摩擦力は μ を静止摩擦係数，N を垂直抗力として μN と表される．すなわち，F（静止摩擦力）$\leqq \mu N$（最大静止摩擦力）である．向きは接触面に平行で運動を妨げる向きである．摩擦係数は物体と面の材質，状態で決まる定数である．

$$F\text{（静止摩擦力）} \leqq \mu N\text{（最大静止摩擦力）} \tag{3.22}$$

Tea Time　動摩擦力

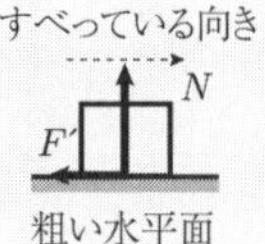

粗い水平面

$F' = \mu' N$(Nは垂直抗力)

動摩擦力 F' は，運動する物体が受ける摩擦力で，滑る速度にかかわらず**一定値**をとる．向きは接触面に平行で，運動方向に逆向きである．μ' を動摩擦係数，N を垂直抗力として，

$$F' = \mu' N$$

興味を引くことは，最大静止摩擦力も動摩擦力も接触面である物体の底面積に依存し，大きくなると増加しそうに思える．しかし底面積ではなく物体に働く**垂直抗力**に比例することである．

Tea Time ……… フックの法則（弾性力）

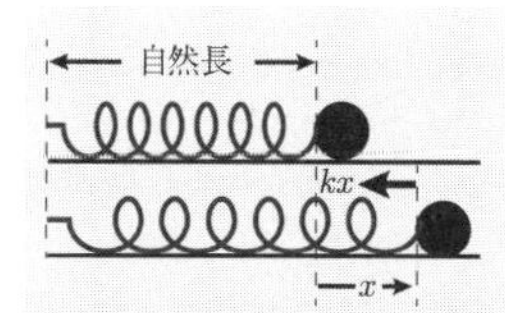

ばねが自然長より x だけ伸びている，あるいは縮んでいる（伸び，縮み量を合わせて**変位**という）時，その**変位に比例**した力 F が，変位に対して**戻る方向**に働く，弾性力（ばね力）という．17 世紀にこの法則を研究し発表したフックの名をとり**フックの法則**ともいう．

$$F = kx \tag{3.23}$$

k をばね定数といい，ばねの**硬さ**を表す定数である．式が表すように力が変位に**正比例**する性質を線形性というが，この線形性により重さを量る秤など，計量に使えるという重要な性質を持つ式である．

Tea Time ……… 張力

○…接触点に張力が働く．図の張力 T はピンと張った 1 本の糸上にあるので，すべて等しい大きさになる．

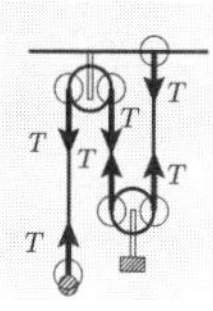

糸が物体につけられてぴんと張っている時，糸に**張力**が働いている．糸の質量が無視できる時，**ピンと張った 1 本の糸上の張力 T はどの点でも等しい．**

Tea Time ……… 圧力

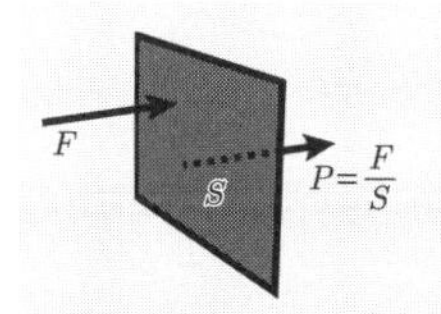

圧力 P とは，力を面積で割ったもので，断面積 S に力 F が垂直にかかっているときに次式で決める，

$$P = \frac{F}{S}$$

Tea Time ………………………………… 水圧

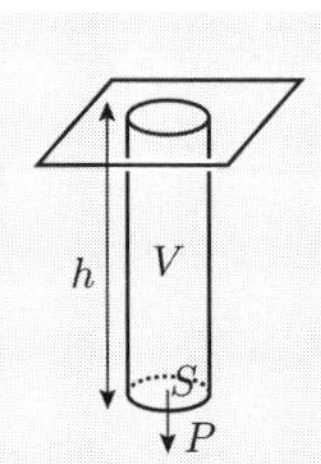

水圧は同じ深さで一定である．水（流体）の密度を ρ とすると，深さ h での水圧（圧力）P は，重力加速度を g として，

$$P = \rho h g \tag{3.24}$$

大気圧 P_0 を考慮する時には，

$$P = P_0 + \rho g h$$

図のように水中に断面積 S 高さ h の円筒を考えた時，底面にはその上の重力 F がかかるので，$F = \rho V g = \rho S h g$．よって深さ h での水圧は，$P = \dfrac{F}{S} = \rho h g$ となる．

Tea Time ………………………………… 浮力

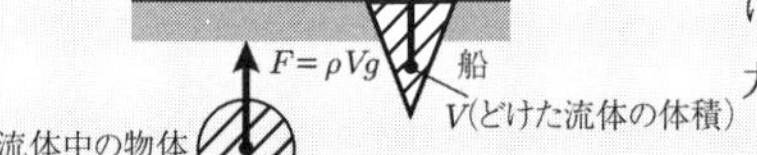

流体中の物体は**浮力**を受ける．その物体が押しのけた流体の体積を V，流体の密度を ρ とすると，浮力 F は鉛直上向きに以下で与えられる，

$$F = \rho V g \tag{3.25}$$

Chapter 4

速度，加速度

速度を１秒あたりの位置の変化，加速度を１秒あたりの速度の変化をしてとらえよう．静止している物体に力を加えると，物体は静止状態からある速度を得るので加速度を得たことになる．加速度のイメージである．加速度は力と密接な関係にある．この章では，「速度」，「速さ」，「加速度」，「等加速度運動，放物運動」，「相対位置」，「相対速度」と学習してゆきます．

問題 09 斜方投射：空気抵抗を考えない（真空中）の場合 基本

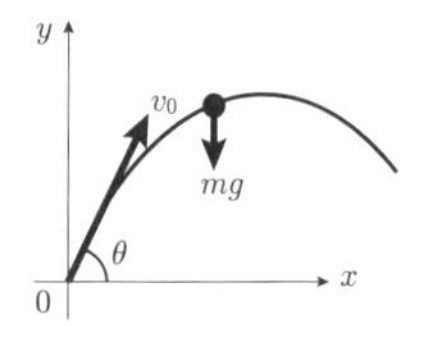

図に示すように，物体（質量：m〔kg〕）を水平方向から上方 θ の角度で投射したときの運動について，以下の問に答えよ．ただし，水平方向に x 軸をとり，鉛直上向きに y 軸をとり，物体の位置を (x, y) とする．また，物体の $t=0$〔s〕における位置を原点とし，物体の初速度の大きさを v_0〔m/s〕，重力加速度の大きさを g〔m/s^2〕とする．

なお，解答では単位は表記しなくてよい．

(1) 空気の摩擦がない場合（真空中）の物体の軌道を，y を x の関数として表せ．

(2) (1) において，物体が最高点に到達するときの x 座標 x_h，y 座標 y_h を求めよ．

(3) 物体が最高点に到達後，再び $y=0$ となる x 座標 x_l を求めよ．

（東京農工大）

解説 空気抵抗を考えない場合（真空中）の重力場内の斜方投射では，物体の軌道は放物線を描く．本問では運動方程式を**微分方程式**で記述し，それを積分して解を導き，物体の軌道が放物線になることを説明する．高校物理の基本 5 公式（40 ページ，放物運動：基本 5 公式）を用いる必要はなくなる．

解答

(1) x，y 方向の速度，加速度について，時間微分を $\dfrac{dx}{dt}=\dot{x}$, $\dfrac{d^2x}{dt^2}=\ddot{x}$ のように”ドット”表記 ★1 する．原則として，以降の問題でも同様とする．物体の運動方程式は，外力は重力のみで $-y$ 方向に働くので，

$$x \text{ 方向} \quad \cdots \quad m\ddot{x}=0 \quad \therefore \quad \ddot{x}=0 \tag{4.1}$$

$$y \text{ 方向} \quad \cdots \quad m\ddot{y}=-mg \quad \therefore \quad \ddot{y}=-g \tag{4.2}$$

(4.2) を時間で積分して ★2，

$$\dot{y}=\int \ddot{y}dt=\int -gdt=-gt+C_1 \quad (C_1\text{は定数})$$

初期条件は $t=0$ で y 方向初速度 $\dot{y}=v_0\sin\theta$ なので（図 ★3），上式に

★1 38 ページ，(4.23)，39 ページ，(4.24) 参照

★2 積分しているので積分定数がつくことを忘れないこと．積分定数は初期条件で決定できる．

代入して，

$$C_1 = v_0 \sin\theta \qquad \therefore \quad \dot{y} = v_0 \sin\theta - gt \tag{4.3}$$

よって，$y = \int \dot{y}dt = \int (v_0 \sin\theta - gt)dt = v_0 \sin\theta\, t - \frac{1}{2}gt^2 + C_2$ (C_2 は定数)．初期条件：$t = 0$ で $y = 0$ より，

$$C_2 = 0 \qquad \therefore \quad y = v_0 \sin\theta t - \frac{1}{2}gt^2 \tag{4.4}$$

(4.1)より，$\dot{x} = \int \ddot{x}dt = C_3$ （C_3は定数）となる．$t = 0$ で $\dot{x} = v_0 \cos\theta$ (図★3) より，$C_3 = v_0 \cos\theta \qquad \therefore \quad \dot{x} = v_0 \cos\theta$.

$$x = \int \dot{x}dt = \int v_0 \cos\theta dt = v_0 \cos\theta t + C_4 \quad (C_4\text{は定数})$$

$t = 0$ で $x = 0$ より，$C_4 = 0$，よって，

$$x = v_0 \cos\theta t \tag{4.5}$$

(4.4)(4.5)より t を消去して★4，物体の軌道は，

$$\begin{aligned} y =& v_0 \sin\theta \frac{x}{v_0 \cos\theta} - \frac{1}{2}g\left(\frac{x}{v_0\cos\theta}\right)^2 \\ =& \tan\theta\, x - \frac{1}{2}g\left(\frac{x}{v_0\cos\theta}\right)^2 \end{aligned} \tag{4.6}$$

★3

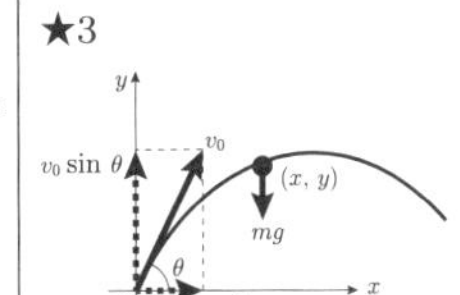

★4 (4.5)より $t = \dfrac{x}{v_0 \cos\theta}$ を (4.4)に代入する．

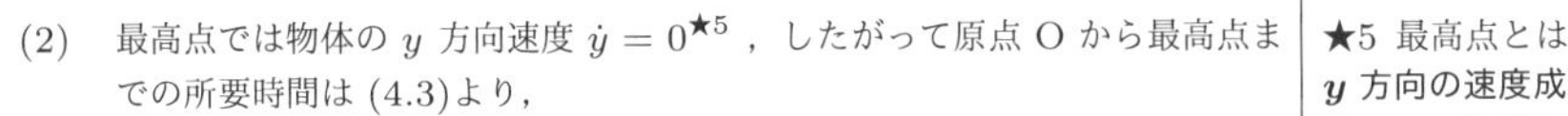

(2)　最高点では物体の y 方向速度 $\dot{y} = 0$★5，したがって原点 O から最高点までの所要時間は (4.3)より，

$$0 = v_0 \sin\theta - gt \qquad \therefore \quad t = \frac{v_0 \sin\theta}{g} \tag{4.7}$$

★5 最高点とは **y 方向の速度成分 $= 0$ であること：** $v_y = \dfrac{dy}{dt} = \dot{y} = 0$

(4.5)(4.4)に代入して，最高点の座標成分 x_h，y_h は，

$$x_h = \frac{v_0^2 \sin\theta\cos\theta}{g} = \frac{v_0^2 \sin 2\theta}{2g}$$

$$y_h = \frac{v_0^2 \sin^2\theta}{g} - \frac{1}{2}g\left(\frac{v_0\sin\theta}{g}\right)^2 = \frac{v_0^2\sin^2\theta}{2g}$$

(3)　(4.6)より物体は放物線軌道★6 を描く．O から投射された物体が再び $y = 0$ となる x 座標 x_l は，放物軌道の対称性より，最高点の x 座標 x_h の 2 倍になるので，前問の結果より，

$$x_l = 2x_h = \frac{v_0^2 \sin 2\theta}{g}$$

★6 (4.6)は x の 2 次式になっているので放物線である．x^2 の係数（傾き）が負なので，上に凸，下に開いた放物線を表す．

ポイント

空気抵抗を考えない場合（真空中）の重力場内の斜方投射では，物体の軌道は放物線を描く．

問題 10　斜方投射：空気抵抗がある場合 1　標準

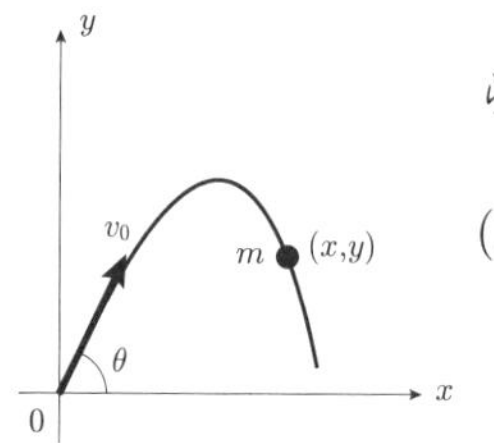

問題09と同様，物体（質量：m〔kg〕）を水平方向から上方 θ の角度で投射したときの運動について，

(1)　空気による抵抗がある場合の運動方程式を，x 方向と y 方向に分けて記せ．ただし，空気による抵抗力は速度に比例するとして，比例定数を μ とする．

(2)　(1) の運動方程式を解き x 方向の速度 $\dfrac{dx}{dt}$ および y 方向の速度 $\dfrac{dy}{dt}$ を時間 t の関数として表せ．　（東京農工大）

解説

空気抵抗がある場合の斜方投射の問題は，運動方程式を微分方程式で表し，積分して解くことができる．物体の軌道は x 方向に漸近線を持ち，y 負方向に終端速度を持つ（33ページの図参照）．

解答

(1)　空気抵抗力の x, y 成分は，それぞれ $-\mu\dot{x} = -\mu\dfrac{dx}{dt}$，$-\mu\dot{y} = -\mu\dfrac{dy}{dt}$ ★1 なので（図），物体の運動方程式は，

$$x \text{ 方向} \cdots \quad m\frac{d^2x}{dt^2} = -\mu\frac{dx}{dt} \tag{4.8}$$

$$y \text{ 方向} \cdots \quad m\frac{d^2y}{dt^2} = -mg - \mu\frac{dy}{dt} \tag{4.9}$$

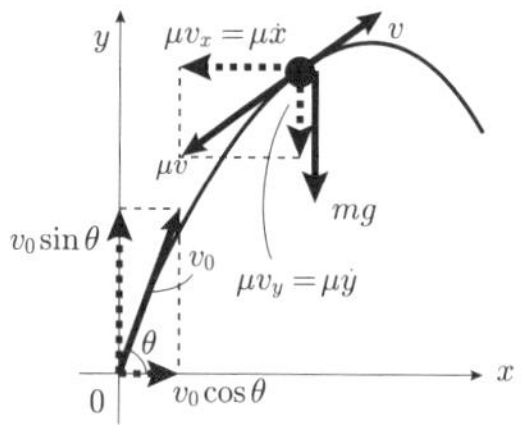

(2)　(4.8)，(4.9)で，$\dfrac{dx}{dt} = v_x$，$\dfrac{dy}{dt} = v_y$ とおくと，運動方程式は ★2，

$$m\frac{dv_x}{dt} = -\mu v_x \tag{4.10}$$

$$m\frac{dv_y}{dt} = -mg - \mu v_y \tag{4.11}$$

★1 負号 (−) は $\dfrac{dy}{dt}$ にかかる．物体が軌道頂点の右側にある場合 $\left(\dfrac{dy}{dt} < 0\right)$ は，抵抗力の y 成分は y の正方向を向く．

★2 $\dfrac{dx}{dt} = v_x$ の両辺を t で微分すると，$\dfrac{d^2x}{dt^2} = \dfrac{dv_x}{dt}$ なので (4.8) に代入する．y についても同様である．

(4.10) は変数分離形の微分方程式[★3] なので，変形して，

$$\frac{1}{v_x}dv_x = -\frac{\mu}{m}dt \qquad \int \frac{1}{v_x}dv_x = \int -\frac{\mu}{m}dt$$

$$\therefore \quad \log|v_x|^{\star 4} = -\frac{\mu}{m}t + C_1 \quad (C_1\text{は定数})$$

よって，

$$|v_x| = e^{-\frac{\mu}{m}t+C_1} = e^{C_1}e^{-\frac{\mu}{m}t}$$

$$\therefore \quad v_x = \pm e^{C_1}e^{-\frac{\mu}{m}t} = C_2 e^{-\frac{\mu}{m}t} \quad (C_2 = \pm e^{C_1}\text{は定数})$$

初期条件は，$t = 0$ で $v_x = v_0 \cos\theta$ なので，上式に代入すると，

$$C_2 = v_0\cos\theta \qquad \therefore \quad v_x = \frac{dx}{dt} = v_0\cos\theta e^{-\frac{\mu}{m}t} \tag{4.12}$$

(4.11)についても，変数分離形なので，変形して，

$$\frac{dv_y}{dt} = -\frac{\mu}{m}(v_y + \frac{m}{\mu}g) \qquad \therefore \quad \frac{1}{v_y + \frac{m}{\mu}g}dv_y = -\frac{\mu}{m}dt$$

$$\int \frac{1}{v_y + \frac{m}{\mu}g}dv_y = \int -\frac{\mu}{m}dt$$

$$\therefore \log|v_y + \frac{m}{\mu}g| = -\frac{\mu}{m}t + C_3 (C_3\text{ は定数})$$

$$\therefore \quad |v_y + \frac{m}{\mu}g| = e^{-\frac{\mu}{m}t+C_3} = e^{C_3}e^{-\frac{\mu}{m}t}$$

$$\therefore \quad v_y + \frac{m}{\mu}g = \pm e^{C_3}e^{-\frac{\mu}{m}t} = C_4 e^{-\frac{\mu}{m}t} \quad (C_4 = \pm e^{C_3}\text{は定数})$$

初期条件は $t = 0$ で $v_y = v_0 \sin\theta$ を上式に代入して，

$$C_4 = v_0\sin\theta + \frac{m}{\mu}g$$

$$\therefore v_y = \frac{dy}{dt} = -\frac{m}{\mu}g + (v_0\sin\theta + \frac{m}{\mu}g)e^{-\frac{\mu}{m}t} \tag{4.13}$$

★3 変数分離形については 53 ページの TeaTime 数学ノート 1：1 階常微分方程式，変数分離形を参照．微分を分数扱いして計算してよい．

★4 真数条件より log 内の変数は正が要求されるので v_x に絶対値が付くことを忘れないこと．

問題	*11*	斜方投射：空気抵抗がある場合２	標準

(3) 問題 10 の (2) の方程式を解き，x および y を時間 t の関数として表せ.

(4) (1) において，十分時間が経過した後の y 方向の速度を求めよ．ただし，y は負の値をとり得るものとする.

（東京農工大）

解答

(3) (4.12)を t で積分して，

$$x=\int v_x dt=\int v_0\cos\theta e^{-\frac{\mu}{m}t}dt=-\frac{m}{\mu}v_0\cos\theta e^{-\frac{\mu}{m}t}+C_5 \quad (C_5\text{は定数})$$

$t=0$ で $x=0$ より，上式に代入して，

$$C_5=\frac{m}{\mu}v_0\cos\theta \qquad \therefore \quad x=\underline{\frac{m}{\mu}v_0\cos\theta(1-e^{-\frac{\mu}{m}t})} \tag{4.14}$$

(4.13)を t で積分して，

$$\begin{aligned} y&=\int v_y dt=\int\left(-\frac{m}{\mu}g+\left(v_0\sin\theta+\frac{m}{\mu}g\right)e^{-\frac{\mu}{m}t}\right)dt \\ &=-\frac{m}{\mu}gt-\frac{m}{\mu}(v_0\sin\theta+\frac{m}{\mu}g)e^{-\frac{\mu}{m}t}+C_6(C_6\text{は定数}) \end{aligned}$$

$t=0$ で $y=0$ より，

$$C_6=\frac{m}{\mu}(v_0\sin\theta+\frac{m}{\mu}g)$$

$$\therefore \quad y=\underline{\frac{m}{\mu}(v_0\sin\theta+\frac{m}{\mu}g)(1-e^{-\frac{\mu}{m}t})-\frac{mg}{\mu}t} \tag{4.15}$$

(4) (4.13)で $t\to\infty$ とすると，

$$v_y\to\underline{-\frac{m}{\mu}g} \tag{4.16}$$

(4.15)で $t\to\infty$ とすると，

$$y\to-\infty$$

よって鉛直下方に，$-\frac{m}{\mu}g$ の等速落下運動する★1 .

●追加 (4.12)で $t\to\infty$ とすると，

$$v_x\to 0$$

★1 雨滴など上空で速度がさまざまな方向に向いていても，空気抵抗を受けて最終的に等速度で鉛直下方に落下してゆく.

(4.14)で $t \to \infty$ とすると，

$$x \to \frac{m}{\mu} v_0 \cos\theta$$

(4) の結果と合わせて，物体は $x = \dfrac{m}{\mu} v_0 \cos\theta$ を漸近線とする軌道を，$v_y = -\dfrac{m}{\mu} g$ の終端速度で鉛直下方に落下してゆく．終端速度は初期条件によらない．

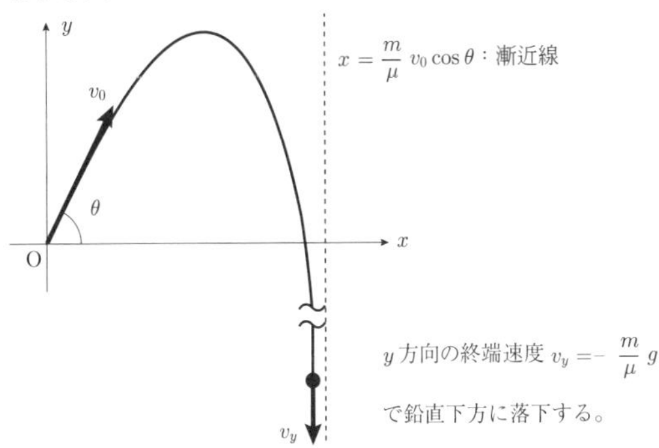

問題 12 ひもで結ばれたおもりの速さ 1 標準

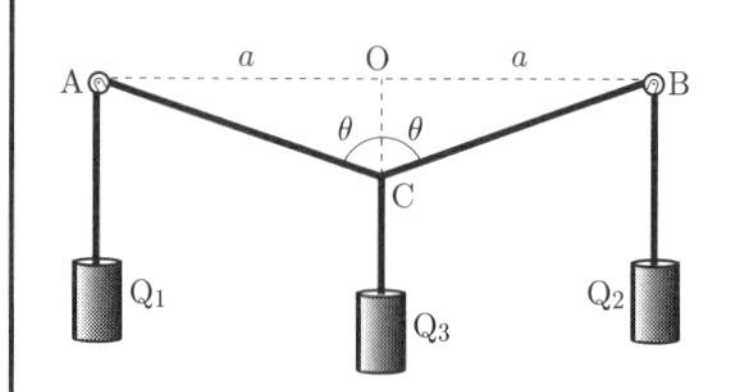

図のように，二つの滑らかな滑車A，Bが同じ水平線上に固定され，AB間の距離は$2a$〔m〕であり，OはAB間の中点である．滑車に質量の無視できるひもを通し，その両端に質量m〔kg〕のおもりQ_1，Q_2をそれぞれ付けて静止させた．ここで，AB間の中心に質量m〔kg〕のおもりQ_3を付けると，Q_3はゆっくりと下降し始めた．以下では，滑車とひもの間の摩擦およびひもの伸びはないとしてよい．

(1) Q_3が水平線ABから距離y〔m〕下がったときのQ_3の速さをv〔m〕，鉛直線OCと線分AC（BC）となす角をθとする．このときのおもりQ_1，Q_2の速さV〔m〕をvとθで表せ． （東京理科大）

解説 おもりを付けているひもが上下することにより，おもりは速度を得る．物理では**事柄を細かく分けて考える**．微小な時間(dt)の間に，中央のおもりをわずかに(dy)下げたとき，端のおもりがどれだけ(ds)上がるか，この2つの関係性を調べて，かかった時間(dt)で割れば，2つのおもり(Q_3, Q_1)の間の速さの関係（Vをvで表す）が出ることになる．“**細かく分けて考える**”（**微分**）のは物理の鉄則である．そのマスターになる問題である．くり返し解いて欲しい．

解答

(1) 単位は解を除いて省略する．Oからy下がった位置（C点）から微小時間dtの間に 微小距離dy下がったときQ_1がds上がったとすると，dsとdyの関係は，図1より，

$$ds = \sqrt{a^2 + (y + dy)^2} - \sqrt{a^2 + y^2}$$

2次の微小量dy^2を無視して，

$$\simeq \sqrt{a^2+y^2+2ydy} - \sqrt{a^2+y^2} = \sqrt{a^2+y^2}\left(\sqrt{1+\frac{2ydy}{a^2+y^2}}-1\right)$$

ここで，カッコ内の平方根に近似★1 を用いて（176 ページ，(13.67) ），

$$\left(1+\frac{2ydy}{a^2+y^2}\right)^{\frac{1}{2}} \simeq 1+\frac{1}{2}\frac{2ydy}{a^2+y^2}, \quad \left(1 \gg \frac{2ydy}{a^2+y^2}\right)$$

$$\therefore \quad ds \simeq \sqrt{a^2+y^2}\frac{ydy}{a^2+y^2} = \frac{ydy}{\sqrt{a^2+y^2}}$$

両辺を dt で割って，

$$\frac{ds}{dt} = \frac{y}{\sqrt{a^2+y^2}}\frac{dy}{dt}$$

ここで，

$$\frac{ds}{dt} = V, \ \frac{dy}{dt} = v \quad \text{なので} \quad V = \frac{y}{\sqrt{a^2+y^2}}v$$

図 1 より，

$$\frac{y}{\sqrt{a^2+y^2}} = \cos\theta \tag{4.17}$$

$$\therefore \quad V = \underline{v\cos\theta \ 〔\mathrm{m/s}〕} \text{★2} \tag{4.18}$$

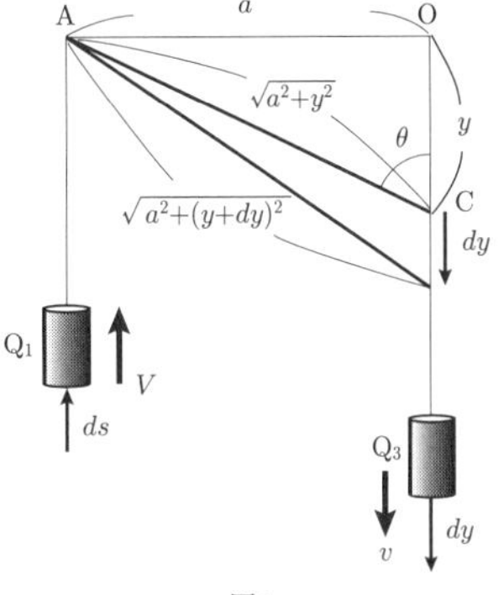

図1

★1 近似式 $(1+x)^n \simeq 1+nx \ (x \ll 1)$ で，$n = \frac{1}{2}$，$x = \frac{2ydy}{a^2+y^2}$ としたものである．また，$a, y \gg dy$ より

$$1 \gg \frac{2ydy}{a^2+y^2}$$

★2 (4.18)の導出をより簡単に考えると，(4.20)より，

$$s = \sqrt{a^2+y^2} - a$$

両辺を t で微分して，

$$\frac{ds}{dt} = \frac{1}{2}(a^2+y^2)^{-\frac{1}{2}}2y\frac{dy}{dt} = \frac{y}{\sqrt{a^2+y^2}}\frac{dy}{dt}$$

$$\frac{ds}{dt} = V, \ \frac{dy}{dt} = v$$

より，

$$\therefore \quad V = \frac{y}{\sqrt{a^2+y^2}}v = v\cos\theta$$

問題 13　ひもで結ばれたおもりの速さ 2　標準

(2)　問題 12 に引き続き，(1) でエネルギー保存則を考えると，つぎの関係が成り立つ．角 θ を使って，（　　）に適切な式をかけ．

$$mgy = \frac{1}{2}mv^2 + (\quad)$$

(3)　Q_3 が下降しているとき，Q_3 の加速度がゼロ（等速度）になる位置がある．水平線 AB からのこの距離を a で表せ．（東京理科大）

解答

(2)　Q_3 が y 下がったとき Q_1，Q_2 が s 上がるとする．図 2 の (A)(B) で力学的エネルギー保存則より，

$$0 = \frac{1}{2}mV^2 \times 2 + \frac{1}{2}mv^2 + mgs \times 2 - mgy$$

$$\therefore \quad mgy = \frac{1}{2}mv^2 + mV^2 + 2mgs \tag{4.19}$$

ここで図 2 (B) より，

$$s = \sqrt{a^2 + y^2} - a \tag{4.20}$$

また，(4.17) から

$$\sqrt{a^2 + y^2} = \frac{y}{\cos\theta} \quad よって，\quad s = \frac{y}{\cos\theta} - a$$

(4.19)に代入し，V に (4.18)を用いると，（ ）内に入る式は

$$mgy = \frac{1}{2}mv^2 + \underline{mv^2\cos^2\theta + 2mg\left(\frac{y}{\cos\theta} - a\right)\ [\mathrm{m}]}$$

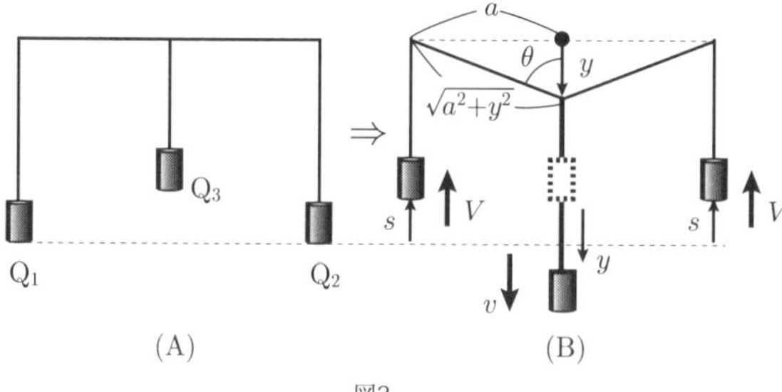

図2

(3)　加速度ゼロ → 等速度運動 → ”つり合い”が成り立つ　ので，そのときを $\theta = \theta_1$ として（図 3），つり合いの式は，

$$Q_3 \quad \cdots \qquad T_2 = mg$$
$$Q_1, Q_2 \quad \cdots \qquad T_1 = mg$$
$$C_1\text{点} \quad \cdots \qquad T_2 = 2T_1 \cos\theta_1$$

以上より，

$$\cos\theta_1 = \frac{1}{2} \qquad \therefore \quad \theta_1 = 60^\circ \tag{4.21}$$

図の $\mathrm{OC_1}$ を y_1 とすると，$\mathrm{Q_3}$ の水平線からの下降距離は y_1 で，

$$y_1 = \frac{a}{\tan\theta_1} \quad \theta_1 = 60^\circ \text{なので，} \quad y_1 = \underline{\frac{a}{\sqrt{3}}} \tag{4.22}$$

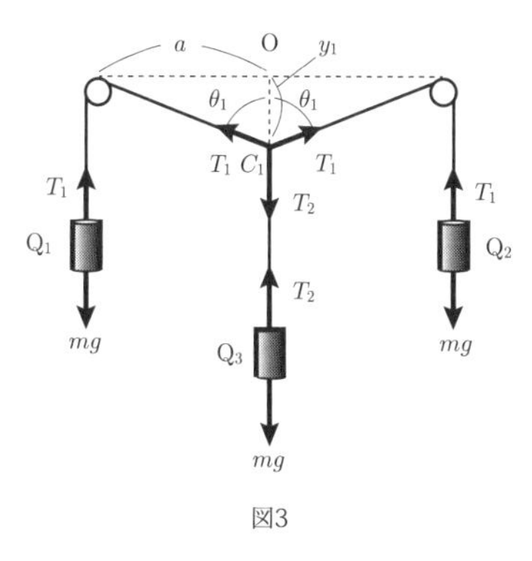

図3

ポイント
等速運動する物体ではつり合いが成り立つ．加速度=0 の場合，つまり静止状態，等速運動状態でつり合いが成り立つ．

Tea Time .... 速度

1 秒当たりの物体の位置（座標）の変化量を速度という．x 軸方向の運動を考えると，物体が Δt 秒間に Δx〔m〕移動したとすると，その間の**平均速度** $\bar{v}$ は次のようになる，

$$\bar{v} = \frac{\Delta x}{\Delta t} \text{〔m/s〕}$$

ある瞬間の速度を求めるには，式の Δt を小さくしてゆけばよい．つまり，きわめて短い時間 Δt が経過したときの物体の移動量を Δx として，その間の平均速度をその時刻での**瞬間速度**，あるいは単に**速度**という．これは数学でいう微分になる，つまり物体の位置座標 $x(t)$ を時間 t で微分したものが速度である．

$$v = \frac{dx}{dt} = \dot{x} \tag{4.23}$$

上式の第 3 項の $\dot{x}$ は x の時間微分を表すよく用いる略号で，x ドットと読む．このドットは，時間微分のみを表し他の変数の微分では用いないので注意する．3 次元では，時刻 t での物体の速度 $\boldsymbol{v}(t)$ は，その時刻での物体の位置を $\boldsymbol{r} = (x, y, z)$ として，

$$\boldsymbol{v}(t) = \frac{d\boldsymbol{r}}{dt} = \left(\frac{dx}{dt}, \frac{dy}{dt}, \frac{dz}{dt}\right) = \dot{\boldsymbol{r}} = (\dot{x}, \dot{y}, \dot{z})$$

$\dot{\boldsymbol{r}}$ は $\boldsymbol{r}$ の時間微分を表し，$\boldsymbol{r}$ ドットと読む．

Tea Time .... 速さ

速度 $\boldsymbol{v}$ はベクトルで，大きさと方向を持つ，その大きさ $v(=|\boldsymbol{v}|)$ を**速さ**と言って区別している．

Tea Time .... 加速度

1 秒当たりの物体の速度の変化量を加速度という．物体が Δt 秒間に Δv [m/s] 速度変化したとすると，その間の**平均加速度** $\bar{a}$ は次のようになる，

$$\bar{a} = \frac{\Delta v}{\Delta t} \ \text{[m/s}^2\text{]}$$

瞬間の加速度は Δt を小さくしてゆけばよく，その時刻における瞬間の加速度 a を表す．単に加速度というときはこれをさす．その時刻の速度を v としたとき，加速度は v を t で微分したものになっている．速度は位置座標 $x(t)$ を時間 t で微分したものだったので，結

局，加速度は位置座標を 2 階微分したものにもなっている．

$$a = \frac{dv}{dt} = \frac{d^2x}{dt^2} = \ddot{x} \tag{4.24}$$

最後の項の $\ddot{x}$ は x の 2 階の時間微分を表し x ツードットと読む．

速度 v の等速運動，加速度 a の等加速度運動の具体的なイメージ

(1) 速度 v〔m/s〕：物体の 1 秒当たりの位置座標 x〔m〕の変化量 で，$v = \dfrac{\Delta x}{\Delta l} \left(\to \dfrac{dx}{dt}\right)$

例：速度 $v=3$〔$\frac{\mathrm{m}}{s}$〕の等速運動…位置 x〔m〕が1秒当たり3〔m〕ずつ増えてゆく．

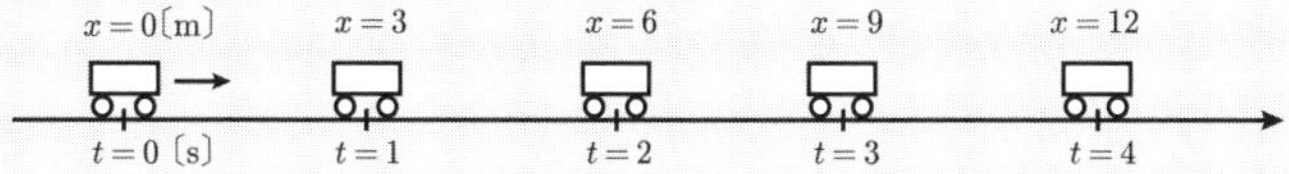

$x=0$〔m〕　$x=3$　$x=6$　$x=9$　$x=12$

$t=0$〔s〕　$t=1$　$t=2$　$t=3$　$t=4$

(2) 加速度 a〔m/s^2〕：物体の 1 秒当たりの速度 v〔m/s〕の変化量 で，$a = \dfrac{\Delta v}{\Delta t} \left(\to \dfrac{dv}{dt}\right)$

例：加速度 $a=3$〔$\frac{\mathrm{m}}{s^2}$〕の等加速度運動…速度 v〔$\frac{\mathrm{m}}{s}$〕が1秒あたり3〔$\frac{\mathrm{m}}{s}$〕ずつ増えてゆく．

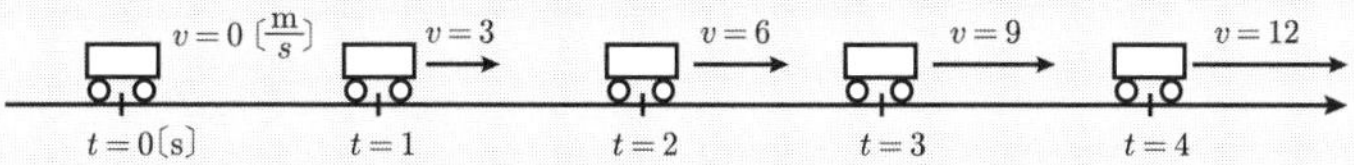

$v=0$〔$\frac{\mathrm{m}}{s}$〕　$v=3$　$v=6$　$v=9$　$v=12$

$t=0$〔s〕　$t=1$　$t=2$　$t=3$　$t=4$

3 次元では，時刻 t での物体の加速度 $\boldsymbol{a}$ は，その時刻での物体の速度を $\boldsymbol{v} = (v_x, v_y, v_z)$，位置を $\boldsymbol{r} = (x, y, z)$ として，

$$\begin{aligned} \boldsymbol{a} &= \frac{d\boldsymbol{v}}{dt} = \left(\frac{dv_x}{dt}, \frac{dv_y}{dt}, \frac{dv_z}{dt}\right) = \dot{\boldsymbol{v}} \\ &= \frac{d^2\boldsymbol{r}}{dt^2} = \left(\frac{d^2x}{dt^2}, \frac{d^2y}{dt^2}, \frac{d^2z}{dt^2}\right) = \ddot{\boldsymbol{r}} \end{aligned} \tag{4.25}$$

$\ddot{\boldsymbol{r}}$ は $\boldsymbol{r}$ の 2 階時間微分を表す．$\boldsymbol{r}$ ツードットと読む．

Tea Time ……………………… 等加速度運動，放物運動

等加速度運動を解いて物体の位置を求めるには，加速度は位置の 2 階微分なので，(4.24)，あるいは (4.25)を時間で 2 回積分すれば良い．このとき，積分定数が 2 つ出てくる．これは初期条件で決まる．高校までの物理では以下の公式として与えている．良く使うので覚えておくと便利である．

- **等加速度直線運動：基本 3 公式**

時刻 $t = 0$ に初速度 v_0 で原点を出発し，x 軸上を，一定の加速度 a で運動する物体の，

時刻 t での位置を x，速度を v とすると，

$$
\begin{aligned}
v &= v_0 + at && \text{（}t\text{ 秒後の速度）} \\
x &= v_0 t + \frac{1}{2}at^2 && \text{（}t\text{ 秒後の位置，移動距離）} \\
v^2 - v_0^2 &= 2ax && \text{（速度と移動距離の関係）}
\end{aligned}
\tag{4.26}
$$

第 3 式は上記 2 式より t を消去したもので，x は物体の速度が v_0 から v になるまでに進んだ移動距離である．時間 t を計算しないで直接速度，移動距離を求めることができるので便利な式である．

- **鉛直投げ上げ：基本 3 公式**

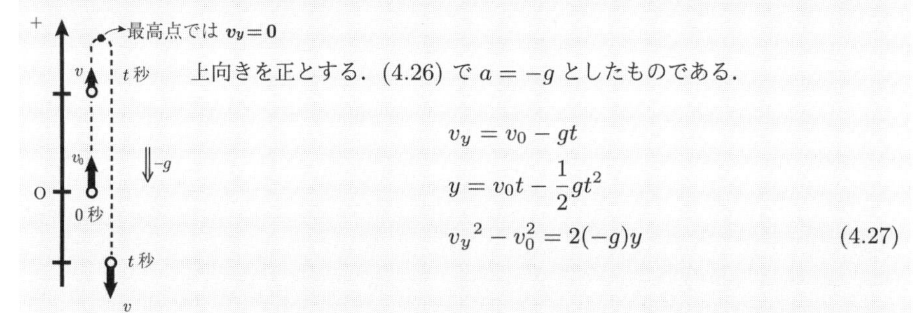

上向きを正とする．(4.26) で $a = -g$ としたものである．

$$
\begin{aligned}
v_y &= v_0 - gt \\
y &= v_0 t - \frac{1}{2}gt^2 \\
{v_y}^2 - v_0^2 &= 2(-g)y
\end{aligned}
\tag{4.27}
$$

鉛直方向の等加速度直線運動である．

- **放物運動：基本 5 公式**

地上斜め投げ上げ運動の軌道は放物線を描くので，放物運動と呼ばれる．地上での運動は，質量 m の物体に鉛直方向に常に一定の大きさの重力 mg がかかる運動である．質量 m は一定なので，m で割って，鉛直（y 軸）方向には，大きさ g の等加速度運動をする．鉛直投げ上げの 3 公式が成り立つ．水平（x 軸）方向には，重力がかからないので等速運動する．2 つの運動をあわせると**放物運動**となる．

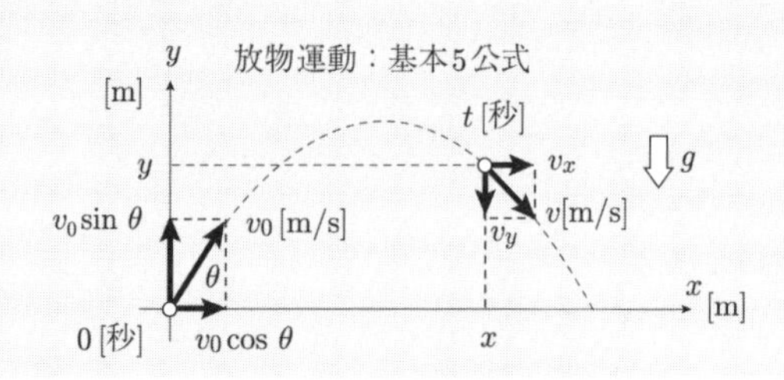

水平運動……等速直線運動

$$v_x = v_0 \cos\theta \qquad\qquad x = v_0 \cos\theta \times t$$

鉛直方向……鉛直投げ上げ，等加速度運動

$$v_y = v_0 \sin\theta - gt \qquad y = v_0 \sin\theta \times t - \frac{1}{2}gt^2 \qquad v_y^2 - (v_0 \sin\theta)^2 = -2gy$$

Tea Time ……………… 相対位置

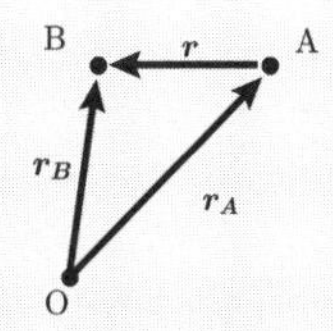

物体 A，B の位置（ベクトル）が $\boldsymbol{r_A}$,$\boldsymbol{r_B}$ のとき，A に対する（から見た）B の位置 $\boldsymbol{r}$ は，

$$\boldsymbol{r} = \boldsymbol{r_B} - \boldsymbol{r_A}$$

Tea Time ・・・・・・・・・・・・・・・・ 相対速度

相対速度とは，何か基準とする座標系から見た物体の速度のことで，〔相対速度〕＝〔物体の速度〕－〔基準とする座標系の速度〕.

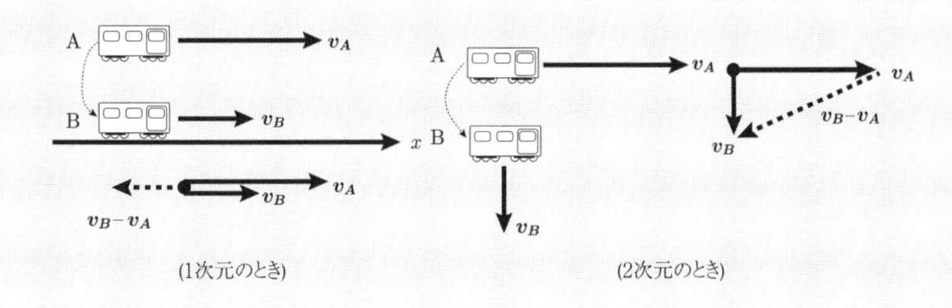

物体 A，B の速度が $\boldsymbol{v_A}$, $\boldsymbol{v_B}$ のとき，A に対する（から見た）B の**相対速度** $\boldsymbol{v}$ は，

$$\boldsymbol{v} = \boldsymbol{v_B} - \boldsymbol{v_A}$$

Tea Time ・・・・・・・・・・・・・・・・ 相対加速度

物体 A，B の加速度が $\boldsymbol{a_A}$, $\boldsymbol{a_B}$ のとき，A に対する（から見た）B の**相対加速度** $\boldsymbol{a}$ は，

$$\boldsymbol{a} = a_B - a_A$$

Chapter 5

運動の法則，運動方程式1

力学の基本である運動方程式の立て方（51 ページ，TeaTime，**運動方程式の立て方**）をマスターして確実に実行できるようにしよう．この章では「ニュートンの運動の法則」，「運動方程式」，「運動方程式を使用するときに注意するポイント」，「運動方程式の立て方」と学習してゆきます．

問題 14 複斜面上のおもりの運動 1 基本

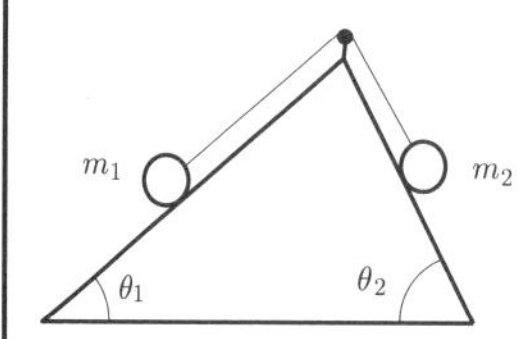

水平面と角度 θ_1, θ_2 をなす 2 つの滑らかな斜面がある．質量 m_1, m_2 の 2 つのおもりが斜面の頂上にある滑らかなくぎを通して質量の無視できる糸で結ばれている．重力加速度を g とする．

(1) 2 つのおもりの運動方程式を求めよ．

(2) 加速度はいくらか．

(3) 糸の張力はいくらか．

(4) 2 つのおもりの垂直抗力はそれぞれいくらか． （横浜国立大）

解説

運動方程式を立てるときのポイント：

1. 物体に働く**すべての外力を図示する**．
2. 運動方向（x 方向）とそれと垂直方向（y 方向）に力を**分解する**．
3. 運動方向に $ma =$ (x **方向の力の成分の和**）という式を作る（**運動方程式**）．
4. y 方向の力の成分について，**つり合いの式**を作る．
5. 2 式を解いて，**加速度** a を求める．これを用いて，要求される各力を求める．

運動方程式の立て方に不安がある場合は，この問題をしっかりマスターして欲しい．

解答

(1) 糸の張力を T，質量 m_1 のおもりの斜面下方向への加速度を a とする．2 つのおもりに働く力は図のようになる．よって 2 つのおもりの運動方程式はそれぞれ，

$$\underline{m_1 a = m_1 g \sin\theta_1 - T} \tag{5.1}$$

$$\underline{m_2 a = T - m_2 g \sin\theta_2} \tag{5.2}$$

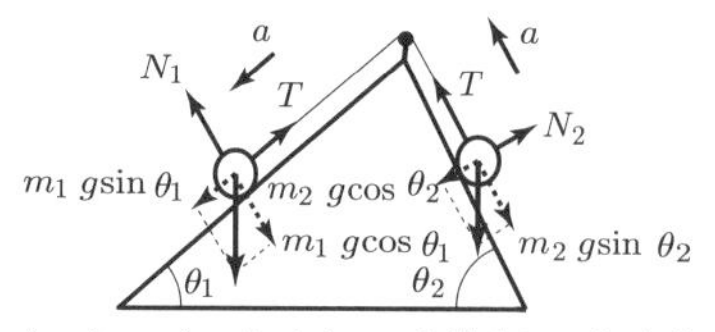

(2) (5.1)，(5.2) より T を消去して加速度 a を求めると，

$$a = \underline{\frac{m_1 \sin\theta_1 - m_2 \sin\theta_2}{m_1 + m_2} g} \tag{5.3}$$

★1 加速度 a の方向をおもり m_1 の斜面下方向に仮定してしまっているが，もし逆方向のときは $m_1 \sin\theta_1 - m_2 \sin\theta_2 < 0$ になるときで，このとき a は負になり，a の向きは仮定と逆になるので，これでよい．

(3)　(5.3) を (5.2) に代入して，張力 T を求めると，

$$T = \underline{\frac{m_1 m_2(\sin\theta_1 + \sin\theta_2)}{m_1 + m_2} g} \tag{5.4}$$

(4)　図より，おもり m_1，おもり m_2 の斜面垂直方向のつり合いより，おもりの垂直抗力 N_1，N_2 は，

$$N_1 = \underline{m_1 g \cos\theta_1}$$

$$N_2 = \underline{m_2 g \cos\theta_2}$$

となる．

問題 15　滑車に結ばれた物体の斜面上の運動　基本

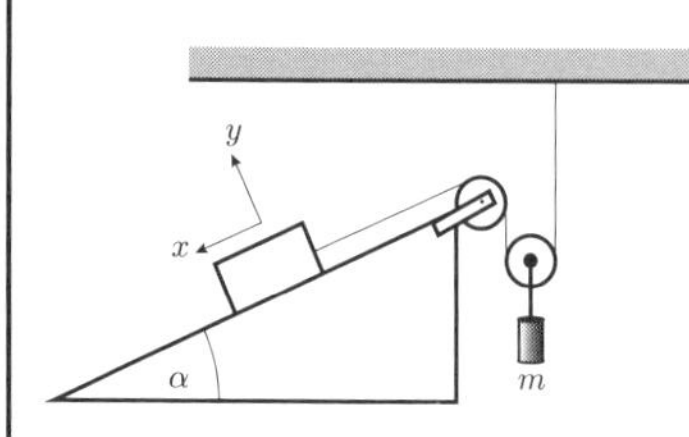

図に示すように，傾斜角 α の斜面のある台の上に質量 M の物体（ローラ）があり，その後部からワイヤと 2 つの滑車を介して質量 m のおもりにつながっている．また，滑車とワイヤとの間に滑りはなく，物体と斜面間の摩擦，ワイヤと滑車の質量および滑車の回転軸における摩擦は無視できるほど小さいものとする．このとき重力加速度を g，図のように物体の斜面に沿った方向の変位を x，鉛直な方向の変位を y として以下の設問に答えよ．

(1)　図において物体が斜面を滑り降りるために必要なローラの質量 M とおもりの質量 m との関係を求めよ．

(2)　(1) の条件においてワイヤの張力を T と仮定し，物体の x 軸方向およびおもりの鉛直方向に関する 2 つの運動方程式を導け．

(3)　(2) の運動方程式において仮定したワイヤの張力 T を消去することにより物体の x 軸方向加速度を求めよ．（早稲田大）

解説　問題 14 と同様，運動方程式を立てるときのポイントをしっかり把握しよう．ここでは物体とおもりの加速度の比が，$1:\dfrac{1}{2}$ であることを押さえる．

解答

(1)　ワイヤの張力を T とする．物体とおもりの運動方向のつり合いを考えると，

物体	$\cdots$	$Mg\sin\alpha = T$
おもり	$\cdots$	$mg = 2T$

両式から T を消去して，

$2Mg\sin\alpha = mg$

このつり合いが破れて★1 物体が斜面下方に滑り降りるには，$2Mg\sin\alpha > mg$ となればよい．よって，

$\underline{2M\sin\alpha > m}$

★1 斜面を滑り降りる条件は，つり合いを考えそれが破れる条件を考えれば良い．

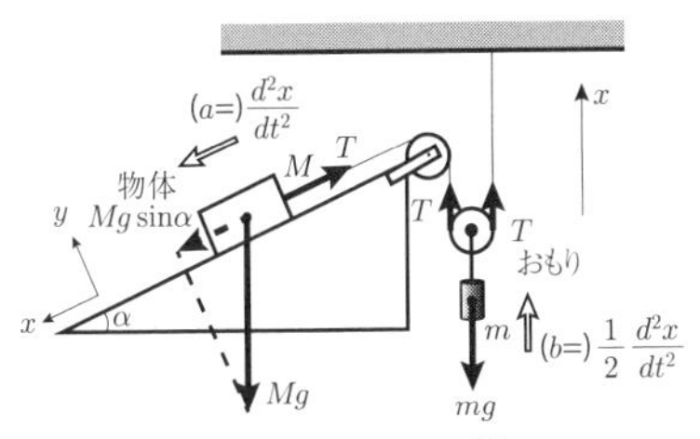

(2)　図より，物体の運動方程式は★2，

$$\underline{M\frac{d^2x}{dt^2} = Mg\sin\alpha - T} \tag{5.5}$$

物体とおもりの加速度の関係は，$1:\frac{1}{2}$ なので，おもりは $\frac{1}{2}\frac{d^2x}{dt^2}$ の加速度になる．おもりの運動方程式は，

$$\underline{\frac{1}{2}m\frac{d^2x}{dt^2} = 2T - mg} \tag{5.6}$$

(3)　(5.5)，(5.6) より T を消去して，

$$\underline{\frac{d^2x}{dt^2} = \frac{2(2M\sin\alpha - m)}{4M+m}g} \tag{5.7}$$

★2 いきなり微分形で運動方程式を立てるのが苦手な人は，まず高校物理の範囲で運動方程式を立てる．たとえば，物体に対して，図の x 方向の加速度を a として，$Ma = Mg\sin\alpha - T$．ここで，$a = \frac{d^2x}{dt^2}$（39 ページ (4.24) 参照）とおけばよい．

(注) 加速度の比について：
図の (a) の場合：A を x 下げると B は x 上がる，これに対し，(b) の場合：A を x 下げると B は $\frac{1}{2}x$ 上がる．右側の動滑車が 2 本のワイヤで吊られているため，B が $\frac{1}{2}x$ 上がると，ワイヤが $\frac{1}{2}\times 2 = x$ 左側にたぐられるためである．A の下降距離と B の上昇距離の比が，$x:\frac{1}{2}x$ なので，t で微分して，A，B の速度の比は，$\dot{x}:\frac{1}{2}\dot{x} \to 1:\frac{1}{2}$ さらに t で微分して，加速度の比は，$\ddot{x}:\frac{1}{2}\ddot{x} \to 1:\frac{1}{2}$ となる．(a) の場合は A，B の速度の比，加速度の比はもちろん 1:1 である．

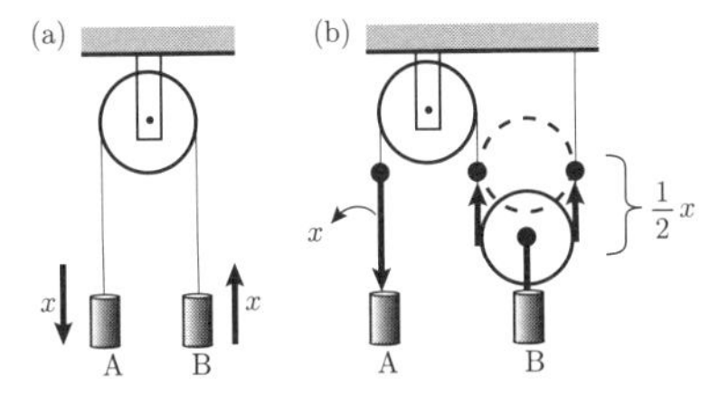

問題 16　斜面上の物体の運動　基本

摩擦力を受ける物体の運動について次の問いに答えよ．図のように，水平面との傾き θ の斜面上に質量 m の小物体を置き，斜面と物体の間のすべり摩擦係数を μ（一定）とする．重力加速度を g とする．まず，時刻 $t = 0$ において斜面に沿って下向きに速度 v_0 を与えた場合について (1)～(3) に答えよ．

(1)　斜面に沿って下向きに x 軸，斜面に垂直に y 軸を取る．物体の x 方向の加速度を a，垂直抗力の大きさを N として，x 方向，y 方向の運動方程式を書け．

(2)　面に沿った物体の加速度を求めよ．また，物体が減速するための条件を求めよ．

(3)　時刻 t における物体の速度 v と滑り降りた距離 x を求めよ．

　次に，斜面に沿って上向きの初速度 v_0 を与えた場合，

(4)　面に沿った物体の加速度の向きと大きさはどうなるか．(東京農工大)

解説　問題 14，問題 15 と同様，運動方程式を立てるときのポイントをしっかり把握しよう．

解答

(1)　出題図より，物体の運動方程式は，x 方向の加速度を a として，

$$x \text{ 方向} \quad \cdots \quad \underline{ma = mg\sin\theta - \mu N} \tag{5.8}$$

$$y \text{ 方向} \quad \cdots \quad \underline{0 = N - mg\cos\theta} \tag{5.9}$$

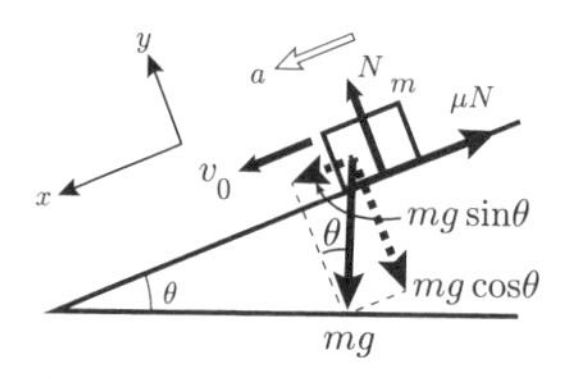

(2)　(5.9)より，$N = mg\cos\theta$．これを (5.8) に代入して，

$$ma = mg\sin\theta - \mu mg\cos\theta \qquad (5.10)$$
$$\therefore\ a = \underline{g(\sin\theta - \mu\cos\theta)}$$

減速するには $a < 0$ であればよい [★1]
.

$$\sin\theta - \mu\cos\theta < 0 \qquad \therefore\ \frac{\sin\theta}{\cos\theta} < \mu$$

よって減速する条件は，$\underline{\tan\theta < \mu}$ となる．

(3) 物体の速度 v は加速度 a(5.10)を t で積分して [★2]，

$$v = \int adt = \int g(\sin\theta - \mu\cos\theta)dt$$
$$= g(\sin\theta - \mu\cos\theta)t + C_1 \qquad (C_1 \text{は定数})$$

$t = 0$ で $v = v_0$ より，$C_1 = v_0$ となる．

$$\therefore\ \underline{v = v_0 + g(\sin\theta - \mu\cos\theta)t.} \qquad (5.11)$$

滑り降りた距離 x は [★3] (5.11)を t で積分して，

$$x = \int vdt = \int (v_0 + g(\sin\theta - \mu\cos\theta)t)dt$$
$$= v_0 t + \frac{1}{2}g(\sin\theta - \mu\cos\theta)t^2 + C_2 \ (C_2 \text{は定数})$$

となる．$t = 0$ で $x = 0$ より，

$$C_2 = 0 \qquad \therefore x = \underline{v_0 t + \frac{1}{2}g(\sin\theta - \mu\cos\theta)t^2}$$

(4) x 方向の運動方程式は x 軸が斜面下向き正なので下図より，$ma = mg\sin\theta + \mu N = mg\sin\theta + \mu mg\cos\theta$ となる．

$$\therefore\ a = \underline{g(\sin\theta + \mu\cos\theta).}$$

加速度の向きは，$\sin\theta > 0$,　$\cos\theta > 0, \mu > 0$ より $a > 0$ で，
<u>x 軸正方向（斜面下向き）</u>である．

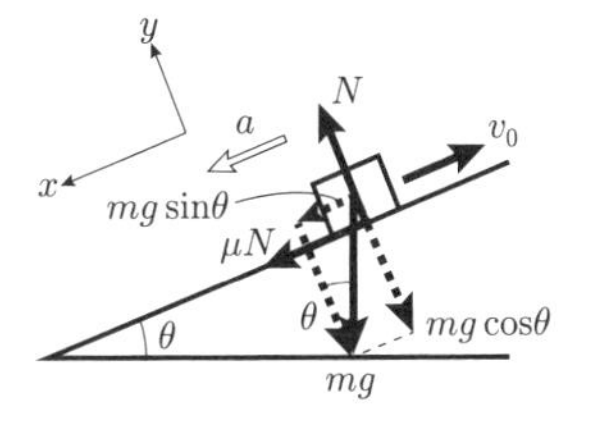

★1 “減速”を物理の言葉で置き換えると“加速度が負”，すなわち $a < 0$ となる．いつでも，問題の言葉を物理の言葉に置き換えて考えればよい．

★2 速度 v の導出について，$v = \int adt$ は，高校物理の等加速度直線運動公式の積分表現である．以降を等加速度直線運動公式（40 ページ，(4.26)）を用いて解いてもよい．

★3 距離 x の導出についても，$x = \int vdt$ は，高校物理の等加速度直線運動公式の積分表現である．

Tea Time ……………………… ニュートンの運動の法則

ニュートンは以下の運動の 3 法則，

第 1 法則：慣性の法則
第 2 法則：運動の法則（運動方程式）
第 3 法則：作用反作用の法則

を力学の根本法則として，万有引力の法則と共に発表した．この 3 法則が，今われわれが力学と言っている学問の根幹をなしている．力学の表現式はここから派生してきているといってよい．このうちの第 2 法則は“運動方程式”とも言う．

第 1 法則は慣性の法則ともいい，物体に力が働いていないときに静止し続けているか等速運動し続けることをいう．第 1 法則（慣性の法則）が成り立つ系を慣性系という．物体に力が働くときは，第 2 法則：運動の法則が成り立つ．詳細は次項で述べる．第 3 法則：作用反作用の法則は 2 つの物体が力を及ぼしあうときに，互いに働く力は大きさが等しく向きが逆向きであることをいう．

Tea Time ……………………………… 運動方程式

● 運動方程式：（着目する）物体の質量 × 加速度 ＝ その物体にかかる外力

$$\boldsymbol{m}\,[\mathrm{kg}] \times \boldsymbol{a}\,[\mathrm{m/s^2}] = \boldsymbol{F}\,[\mathrm{N}] \tag{5.12}$$

たとえば今 1 次元で考え，右を正に x 軸をとると，加速度 a は，前章 39 ページの式 (4.24) で述べたように $a = \dfrac{d^2x}{dt^2} = \ddot{x}$ なので運動方程式 (5.12) は以下のようにも書け，位置を表す関数 x が満たす 2 階の微分方程式となる．

$$m\frac{d^2x}{dt^2} = F, \quad \text{あるいは} \quad m\ddot{x} = F \tag{5.13}$$

3 次元の場合は，加速度 $\boldsymbol{a}$，外力 $\boldsymbol{F}$ にベクトルを用いて，$\boldsymbol{a} = (\ddot{x}, \ddot{y}, \ddot{z})$, $\boldsymbol{F} = (F_x, F_y, F_z)$ として

$$m\boldsymbol{a} = \boldsymbol{F}, \quad \text{すなわち} \quad m(\ddot{x}, \ddot{y}, \ddot{z}) = (F_x, F_y, F_z) \tag{5.14}$$

となる．

式 (5.13), (5.14) は 2 階の微分方程式になっている．積分して解くと決まらない定数（積分定数）が出てくるが，初期条件を与えると決めることができる．1 次元の場合は $x = x(t)$, 3 次元なら $x = x(t), y = y(t), z = z(t)$，の形で求まる，つまり物体の軌道を決めることができ以降の運動を決定できる．

運動方程式 (5.12) は，日常の中で誰でも経験するように，ある物体を動かすときに，加える力が大きければ勢い良く動き，物体が重い（質量が大きい）と動かしにくいということ

を定式化したものになっている．同じ質量 m に対して，外力 F が大きければ加速度（勢い）a が大きい，同じ F に対して m が大きいと a が小さい．つまり加速度は F に比例し m に反比例する $a \propto \dfrac{F}{m}$ の関係がある．単位に，質量 m に〔kg〕，加速度 a に〔$\mathrm{m/s^2}$〕，外力 F に〔N〕（ニュートン）を用いると，比例定数は 1 となり，$a = \dfrac{F}{m}$，すなわち (5.12) ～ (5.14) 式になる．

ニュートンはこの経験則を，今から約 4 世紀前，1600 年代に“初めて”定式化し物理学の体系にのせた．運動方程式は現代でも十分に強力で，たとえば人工衛星を軌道に乗せる，月に衛星を送り込むなどには十分である．太陽系の奥深く重力の大きい星，たとえば木星等に衛星を送るときにはずれが大きくなり相対論的補正という操作が必要になってくる．ニュートンの天才的能力には本当に感心する．

Tea Time …… 運動方程式を使用するときに注意するポイント

(1) m は**着目する質量部分のみ**を書く，着目する物体が他の物体に接している場合に誤りやすいので注意する．

(2) a は**大地（静止系**という）から見た加速度にする．

(3) a，F の符号に注意：加速度 a，外力 F はベクトル量なので，1 次元ではそれを成分表示するとき，まず x 軸方向を決める，F が軸と反対向きにかかっているならば負号をつけ，a が軸方向なら正とする．したがって，決める軸方向で符合が決まる．ミスする人が多いので注意する．

Tea Time …… 運動方程式の立て方（2 次元の場合）

(1) 物体に働く**すべての力を矢印で図示**する．

(2) 加速度運動する方向を x 方向，それに垂直な方向を y 方向とし，すべての力を x 方向と，y 方向の成分に分解する．

(3) x 方向の加速度を a として　$ma =$(x 方向の力の成分の和）という式を作る（**運動方程式**）．

(4) y 方向には，物体は運動しないから，y 方向の力の成分について，**つり合いの式**を作る．

(5) 2 式を解いて，**加速度** a を求める．a が求まると積分，あるいは等加速度運動の公式（39 ページ，等加速度運動，放物運動）から物体の速度，位置（軌道）が求まる．

- 動摩擦係数 μ の斜面の場合

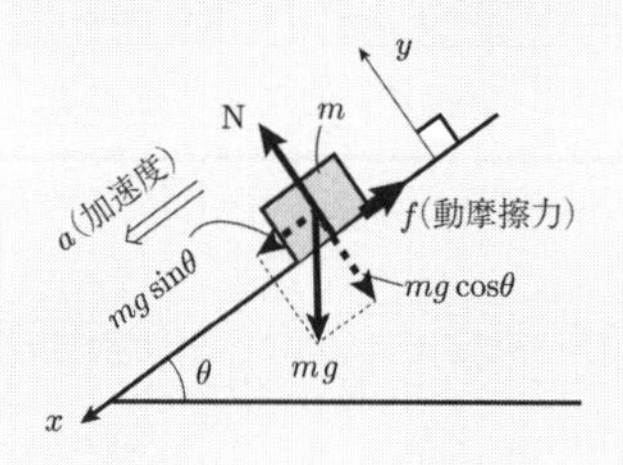

●x 方向の運動方程式

$$\underbrace{ma}_{\text{質量}\times\text{加速度}} = \underbrace{mg\sin\theta - f}_{\text{外力（合力）}},\ (f = \mu N) \tag{1}$$

●y 方向のつり合い

$$N = mg\cos\theta \tag{2}$$

(1)(2) を解いて，加速度 a を求めると

$$a = g(\sin\theta - \mu\cos\theta)$$

数学ノート1 ……………………… 1階常微分方程式，変数分離形

以下のような微分方程式を1階常微分方程式の変数分離形という．

$$\frac{dy}{dx} = f(x)g(y) \tag{5.15}$$

変数分離型は物理で広く用いられる．最大 n 回の微分をしている項を含む微分方程式を n 階の微分方程式という．(5.15) 式は1階の微分方程式である．関数 y の独立変数が1つの場合を常微分方程式といい，独立変数が2つ以上のものは偏微分方程式という．

(5.15) は，$g(y) \neq 0$ として，

$$\frac{1}{g(y)}dy = f(x)dx \tag{5.16}$$

左辺が y のみ，右辺が x のみの関数式に**変数分離**されている．解は両辺を積分して，

$$\int \frac{1}{g(y)}dy = \int f(x)dx + C \qquad (C : \text{任意定数}) \tag{5.17}$$

積分したので任意定数 C を含む．このような解を (5.15) の**一般解**という．物理に出てくる問題の多くは初期条件が与えられ任意定数 C の値が決まる．このような解を**特解（特殊解）**という．物理の問題を解くとは特解を求めることであるといってよい．

- 例題

$$\frac{dy}{dx} = 2xy \quad (y \neq 0)$$

を変数分離して，初期条件 $x = 0$ のとき $y = 3$ として解くと，

$$\frac{1}{y}dy = 2xdx \qquad \int \frac{1}{y}dy = \int 2xdx$$

$$\log|y| = x^2 + C_1 \quad (C_1 \text{: 任意定数}) \qquad |y| = e^{x^2+C_1} = e^{C_1}e^{x^2}$$

$$\therefore \quad y = \pm e^{C_1}e^{x^2} = C_2 e^{x^2} \quad (C_2 = \pm e^{C_1} \text{: 任意定数}) \tag{5.18}$$

一般解は，　$y = C_2 e^{x^2}$，　初期条件は $x = 0$ のとき $y = 3$ だから上式に代入して，$C_2 = 3$

よって求める解（特解）は，

$$y = 3e^{x^2}$$

Chapter 6

運動の法則，運動方程式2

本章では，運動方程式を微分方程式として解くことを学習する．運動方程式の本来の解き方である．物理では，“事象を細かく分け（微分），互いの関係性を見つけて（微分方程式）”考えることが中心をなす方法である．微分方程式を積分することにより解を得て，事象を説明することができる．非常に強力な方法で，確実に自分のものにして欲しい．微分方程式としての運動方程式を TeaTime :「運動方程式の各種の表現」にまとめたので確実に押さえよう．また「重さと質量の関係」，「慣性質量と重力質量」も押さえよう．

問題 17 速度に比例する抵抗力を受け落下する雨滴の運動 基本

質量 m の雨滴が，重力と速度に比例する空気による抵抗力を受けながら落下する場合の速度について考察しよう．鉛直下向きに座標軸を取り，雨滴の速度を v，時間を t とし，空気による抵抗力の大きさは kv と表せるとする（k は定数）．初期条件を $t=0$ で $v=0$ とする．重力加速度を g として次の問に答えよ．

(1) 速度 v，時間 t を用いて，雨滴の運動方程式を書け．

(2) 十分に時間が経った後の v は一定値 v_f となる．この値を求めよ．

(3) (1) の運動方程式の一般解（積分定数を含む解）を求めよ．求め方も簡潔に示せ．

(4) 初期条件を満たす $v(t)$ を求めよ．$v(t)$ の変化を表すグラフの概形を描け．

(5) 雨滴が球形で直径 $d=0.10$〔mm〕と仮定した場合，$k=3\pi\mu d$ 程度となる．ただし，μ は空気の粘性率と呼ばれる量で 1.8×10^{-5}〔Pa·s 〕の程度である．雨滴の密度を $\rho=1.0\times10^3$〔kg/m^3〕，重力加速度を $g=9.8$〔m/s^2〕として，この場合の v_f の値を求めよ．（東京農工大）

解説 運動方程式を微分方程式で表すには，x 軸方向（1 次元）の運動であれば，$ma=F$ で加速度を，$a=\dfrac{dv}{dt}=\dfrac{d^2x}{dt^2}=\dot{v}=\ddot{x}$ とおけばよい．すなわち，

$$ma=m\frac{dv}{dt}=m\frac{d^2x}{dt^2}=m\dot{v}=m\ddot{x}=F$$

F は外力である．運動方程式を**微分方程式**として解くことを自分のものにしよう．解，すなわち空気抵抗を受ける雨滴の落下速度が時間の関数 $v(t)$ として得られ，**途中経過**を含めて運動を説明できる．

解答

(1) 図のよう★1 に鉛直下方に x 軸をとって，雨滴の運動方程式は，

$$m\frac{dv}{dt}=mg-kv \qquad (6.1)$$

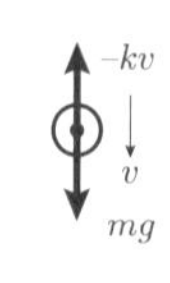

★1 x

(2) $v=v_f$(一定値) を (6.1) に代入すると，$\dfrac{dv_f}{dt}=0$ より，

$$0 = mg - kv_f \qquad \therefore \quad \underline{v_f = \frac{m}{k}g} \tag{6.2}$$

(3)　(6.1)式は変数分離形なので，式変形して，

$$\frac{dv}{dt} = -\frac{k}{m}(v - \frac{m}{k}g) \quad \therefore \quad \frac{1}{v - \frac{m}{k}g}dv = -\frac{k}{m}dt^{\bigstar 2}$$

$$\int \frac{1}{v - \frac{m}{k}g}dv = \int -\frac{k}{m}dt \therefore \log|v - \frac{m}{k}g| = -\frac{k}{m}t + C \ (C \text{ は定数})$$

$$|v - \frac{m}{k}g| = e^{-\frac{k}{m}t+C} = e^{C}e^{-\frac{k}{m}t}$$

$$\therefore v - \frac{m}{k}g = \pm e^{C}e^{-\frac{k}{m}t} = C_1 e^{-\frac{k}{m}t} \quad (C_1 = \pm e^{C} \text{は定数})$$

$$\therefore \underline{v = \frac{m}{k}g + C_1 e^{-\frac{k}{m}t} \quad (C_1\text{は定数})} \ ^{\bigstar 3} \tag{6.3}$$

(4)　初期条件は $t = 0$ で $v = 0$，(6.3)に代入して，

$$0 = \frac{m}{k}g + C_1 \qquad \therefore C_1 = -\frac{m}{k}g$$

よって，

$$v(t) = \underline{\frac{m}{k}g(1 - e^{-\frac{k}{m}t})} \ ^{\bigstar 4} \tag{6.4}$$

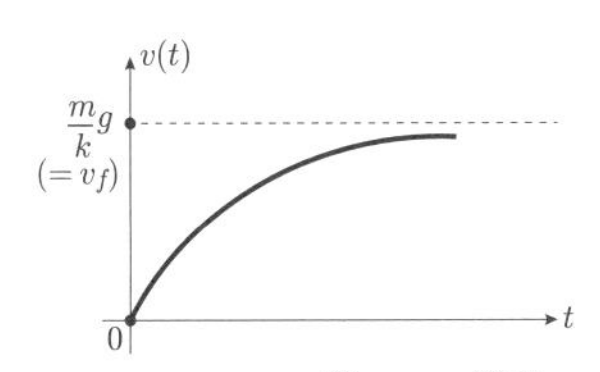

(5)　(6.2)より，$v_f = \frac{m}{k}g = \frac{mg}{3\pi\mu d}$ となる．ここで雨滴の質量 m は直径 d，密度 ρ の場合，

$$m = \frac{4}{3}\pi\left(\frac{d}{2}\right)^3\rho$$

$$\therefore \quad v_f = \frac{\frac{4}{3}\pi\left(\frac{d}{2}\right)^3\rho g}{3\pi\mu d} = \frac{d^2\rho g}{18\mu}$$

数値を代入して，$v_f =$ <u>0.30〔m/s〕</u>となる ★5．

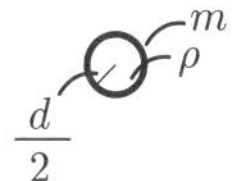

★2 式の左辺が v の関数，右辺が t の関数（この場合は定数）になっていて，**変数分離**されている．

★3 積分しているので積分定数 C_1 を含む．このような解を**一般解**という．

★4 初期条件で一般解 (6.3) に含まれる一般定数 C_1 の値を決めている．このような解を特解（特殊解）という．

★5 実際に調べてみると，$d = 0.10$〔mm〕のとき $v_f = 0.240$〔m/s〕で，およそ一致している．(www.sit.ac.jp/user/konishi/JPN/SupportPDF/TerminalVelocity.pdf)

問題 18　滑車にかけられたおもりの運動　標準

重力加速度を g ，糸は十分細く，滑車の質量は考えないものとする．それぞれのおもりの質量を $M_1, M_2(M_1 < M_2)$ とする．

(1)　張力を T として，真空中での運動方程式を立てなさい．

(2)　糸の長さ $(z_1 + z_2)$ が一定として，物体の運動をそれぞれ求めなさい．

空気中質量 M_j のおもり $(j = 1, 2)$ はその速さに比例した強さの空気抵抗を受ける．この空気抵抗の強さの比例定数を r_j とする．

(3)　SI 単位系を用いると，r_j の単位はどう表されるか．

(4)　十分時間が経過したときの物体の終端速度はどうなるか．

（横浜国立大学）

解 説　問の場合の運動方程式は，TeaTime 運動方程式の各種の表現 : 64 ページ，(6.31) より $m\ddot{r} = F$ で，加速度を，$\ddot{r} = \ddot{z}_1, \ddot{z}_2$ とおいて，$M_1\ddot{z}_1 = F$, $M_2\ddot{z}_2 = F$ とすればよい．ただし F は外力で，質量 M_1 のおもりで，$F = T - M_1 g$，質量 M_2 のおもりで，$F = T - M_2 g$ である．両方のおもりとも，上向きを z 軸正方向にとっていることに注意する．

解 答

(1)　図とともに考えると，z 軸を上向き正としているので，それぞれのおもりの運動方程式 ★1 は，

$$\underline{M_1\ddot{z}_1 = T - M_1 g} \qquad (6.5)$$

$$\underline{M_2\ddot{z}_2 = T - M_2 g} \qquad (6.6)$$

となる．

(2)　$z_1 + z_2 =$ 一定 の両辺を t で微分して，

$$\dot{z}_1 + \dot{z}_2 = 0 \qquad (6.7)$$

$$\therefore \ddot{z}_1 + \ddot{z}_2 = 0 \qquad (6.8)$$

(6.8)より $\ddot{z}_2 = -\ddot{z}_1$ を (6.6) に代入して，

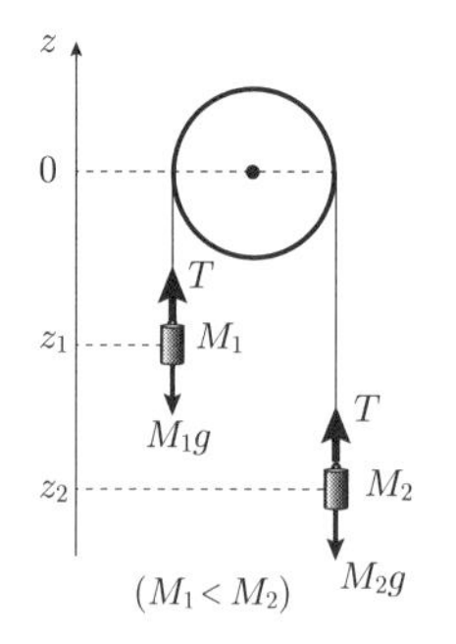

★1 質量 M_2 のおもりの運動方程式は，上向き正なので，T が正，$M_2 g$ が負になることに注意する．加速度はそれぞれのおもりについて，$(a =)\dfrac{d^2 z_1}{dt^2} = \ddot{z}_1$，$(a =)\dfrac{d^2 z_2}{dt^2} = \ddot{z}_2$ とドット表記（39 ページ，(4.24)）して単純化する．また，滑車の質量を考えていないので，両張力 (T) は等しい．

$$M_2\ddot{z_1} = M_2 g - T \tag{6.9}$$

(6.5)+(6.9) として,

$$(M_1 + M_2)\ddot{z}_1 = (M_2 - M_1)g \qquad \therefore \quad \ddot{z}_1 = \underline{\frac{M_2 - M_1}{M_2 + M_1}g}$$

これを (6.8) に代入して, $\ddot{z}_2 = \underline{-\frac{M_2 - M_1}{M_2 + M_1}g}.$

2 つのおもりは 上記の等加速度運動する.

(3) 空気抵抗力を $F_j(j = 1, 2)$ とすると, F_j はその速度 $\dot{z}_j$ に比例し, 比例定数は r_j なので, $F_j = -r_j\dot{z}_j$ と表される. r_j について SI 単位系 ★2 で表すと, $r_j = -\frac{F_j}{\dot{z}_j}\left[\frac{\text{N}}{\text{m/s}}\right]$ で N=[kg·m/s^2] より,

$$\left[\frac{\text{N}}{\text{m/s}}\right] = \left[\frac{\text{kg}\cdot\text{m/s}^2}{\text{m/s}}\right] = \underline{\left[\frac{\text{kg}}{\text{s}}\right]}$$

(4) おもりの運動方程式は

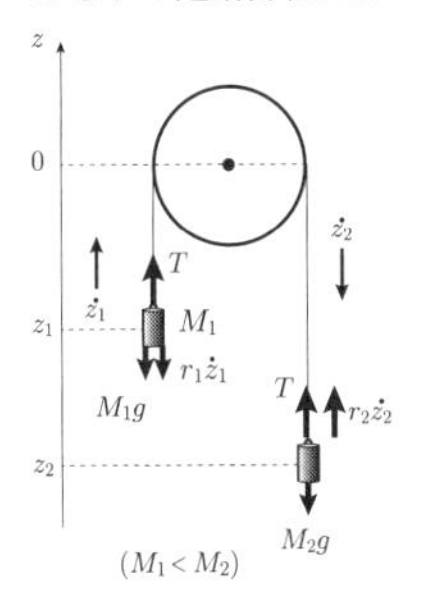

$$M_1\ddot{z}_1 = T - M_1 g - r_1\dot{z}_1 \tag{6.10}$$

$$M_2\ddot{z}_2 = T - M_2 g - r_2\dot{z}_2 \text{ ★3} \tag{6.11}$$

終端速度に達したとき, 物体は等速運動になるので, 加速度 $= 0$ より, $\ddot{z}_1 = \ddot{z}_2 = 0$, また (6.7)より $\dot{z}_2 = -\dot{z}_1$,　よって (6.10) , (6.11)は,

$$0 = T - M_1 g - r_1\dot{z}_1 \tag{6.12}$$

$$0 = T - M_2 g + r_2\dot{z}_1 \tag{6.13}$$

(6.12) − (6.13)より, T を消去して終端速度は,

$$\dot{z}_1 = \underline{\frac{M_2 - M_1}{r_1 + r_2}g} \quad , \quad \dot{z}_2 = -\dot{z}_1 = \underline{-\frac{M_2 - M_1}{r_1 + r_2}g} \tag{6.14}$$

★2 SI 単位系 : 長さにメートル〔m〕, 質量にキログラム〔kg〕, 時間に秒〔s〕の単位を用いるもの. 66 ページの SI 単位系を参照.

★3 右側のおもりは $M_1 < M_2$ より下方に速度 $\dot{z}_2(\dot{z}_2 < 0)$ をもつ. したがって, 空気抵抗は上向きになる. このことを式として確かめると, 比例定数 r_2 は正なので, $r_2 > 0, \dot{z}_2 < 0$ より (6.11)式の抵抗力 $-r_2\dot{z}_2$ は正 $(-r_2\dot{z}_2 > 0)$ となり, 確かに上向きとなる. 負号がついて一見下向きに見えるが, $\dot{z}_2$ の符号によることに注意する.
"−" (負号) は $\dot{z}_2$ にかかり, 速度 $\dot{z}_2$ の反対向きに空気抵抗力が働くことを意味する.

ポイント

(1) で, 右側の質量 M_2 のおもりの加速度は $M_1 < M_2$ より下向きになるが, z 軸の向きは上向きなので, 運動方程式は上向き正としてたてる.

問題 19 テーブル上の鎖の落下 1 発展

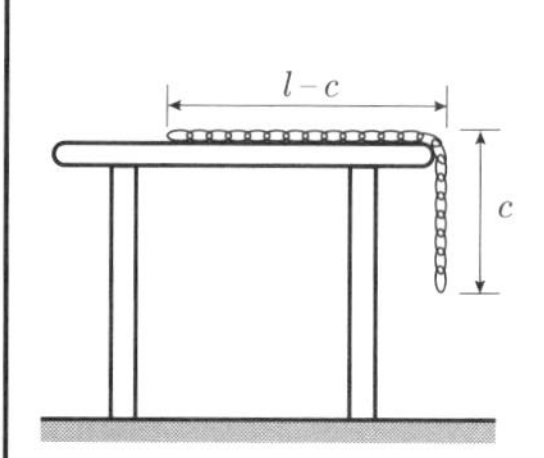

図のように，水平なテーブルの上に，長さ l の鎖が，端から c だけつり下がった状態で置かれている．テーブルの高さは l 以上であるとする．鎖の単位長さ当たりの質量を w とし，重力加速度を g，鎖とテーブルの間の静止摩擦係数を μ とする．また，動摩擦係数は静止摩擦係数と等しいとする．以下の文章の空欄に答えよ．

鎖のテーブル面に置かれた部分がテーブルを垂直に押す力 N は（ 1 ）である．一方，この部分がつり下がった部分から水平方向に引っ張られる力 F は（ 2 ）であるから，鎖が滑り出さない限界の c は（ 3 ）となる．つり下がった部分が上述の限界値以上であると，鎖はテーブルから滑り落ちる．その運動を記述するため，滑り始めの時刻を 0 とし，時刻 t において鎖がつり下がっている長さを $x = x(t)$ とする．テーブル上に乗っている部分の運動方程式を F と N を用いて表すと（ 4 ）となり，つり下がった部分の運動方程式は F を用いて（ 5 ）と表せる．（筑波大）

解 説 問題を単純化して考えることは非常に重要である．鎖を水平部分 A と釣り下がった部分 B に分けて考え，その間を軽い糸で結んで考えると見通しが良くなる．A と B 部分で，運動方程式が異なり，それぞれの運動方程式を立てて考える．微分方程式を解いて得られた解が，物理的にどういう意味を持つのかをよく考えることも重要である．

解 答

(1)(2) 鎖のテーブル部分を A，つり下がった部分を B とし，A，B が軽い糸で結ばれていると考える．A 部分に働く垂直抗力を N とする．つり合いは，垂直方向について A，B 部分で，図より，張力を F として，

A 部分 $\cdots$ $N = w(l-c)g$ (6.15)

B 部分 $\cdots$ $F = wcg$ (6.16)

テーブルを垂直に押す力は，(6.15)式中の N の反作用で大きさは同じなので，$N = \underline{w(l-c)g}$ となる．また A が水平方向に引かれる力 F ★1 は，$F = \underline{wcg}$

★1 鎖を分割し，水平な A 部分とつり下がった B 部分が軽い糸で結ばれていると考え，A 部分に働く糸の張力 F を考えると，問題が簡単になる．問題を単純化して考えることが重要である．

となる．

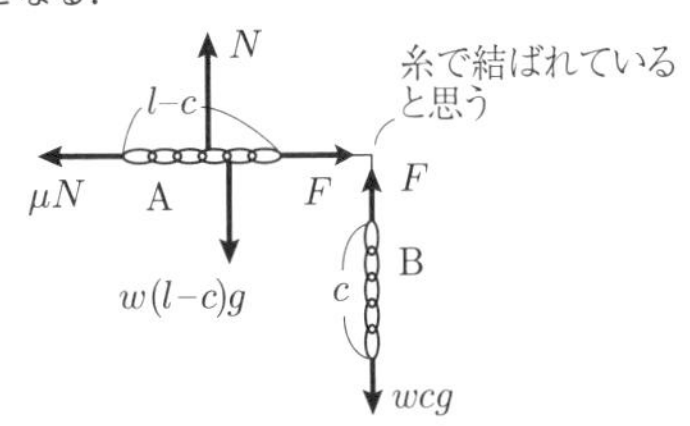

(3)　滑り出さない限界では摩擦力は最大静止摩擦力[★2] μN になっているので，A 部分の水平方向のつり合いは，

$$F = \mu N \tag{6.17}$$

上式に (6.15)，(6.16)を代入して，

$$wcg = \mu w(l - c)g \qquad \therefore \quad c = \frac{\mu}{1+\mu}l \tag{6.18}$$

(4) (5)　x 方向を右図のように定めると，A 部分の質量は $w(l-x)$，B 部分の質量は wx なので，運動方程式は，

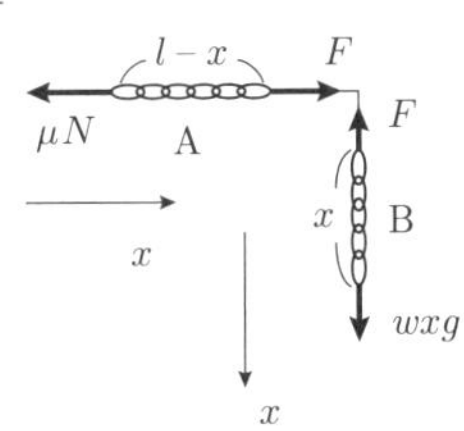

$$\text{A 部分} \quad \cdots \quad \underline{w(l-x)\,\ddot{x} = F - \mu N} \tag{6.19}$$

$$\text{B 部分} \quad \cdots \quad \underline{wx\,\ddot{x} = wxg - F} \tag{6.20}$$

★2 滑り出さない限界では摩擦力は最大静止摩擦力で，静止しているのでつり合いを考える．

ポイント

問題を**単純化**して考えることが非常に重要である．(1)，(2)で A，B 部分に分割し軽い糸で結ばれている，と考えて単純化している．問題を単純化して考えることは基本中の基本である．

問題 20 テーブル上の鎖の落下 2 発展

問題 19 の (1),(4),(5) 式より，x に関する微分方程式（ 6 ）が得られる．これを解くと，係数 A，B を用いて一般解は（ 7 ）となる．更に係数 A，B は，滑り始めのつり下がり長さ x_0 を用いて表され，最終的な解は（ 8 ）となる．式 (8) より，$x_0 = c$ の場合には x は一定値 c となって静止することが確かめられる．一方 $x_0 < c$ の場合，x は一定にならず時間に依存する不適切な解を与えるが，これは運動方程式を立てる上で静止摩擦力を（ 9 ）ことが原因である．また，$x(t_1) = l$ となる時刻 t_1 以降では摩擦力がなくなるため，x に関する微分方程式が（ 10 ）となるが，これと式 (6) より加速度の連続性が確認できる．

（筑波大）

解答

(6) N は (6.15) で $c = x$ として，

$$N = w(l-x)g \tag{6.21}$$

(6.19) + (6.20) に (6.21) を代入して，x に関する微分方程式★1 は，

$$\underline{wl\ddot{x} = wxg - \mu w(l-x)g} \tag{6.22}$$

★1 x に関する微分方程式は，(6.19) + (6.20) を行い，F を消去すればよい．

(7) (6.22) を整理して，最後に (6.18)を用いて，

$$l\ddot{x} = xg - \mu(l-x)g = (1+\mu)(x - \frac{\mu}{1+\mu}l)g = (1+\mu)(x-c)g \tag{6.23}$$

ここで $x - c = X$ とおくと，$\ddot{X} = \ddot{x}$ なので上式は★2，

$$l\ddot{X} = (1+\mu)gX \tag{6.24}$$

★2 まとまった項 $x - c$ を $x - c = X$ のように**置き換える**ことが重要である．これで微分方程式が単純になり解きやすくなる．

この式を解くと，特性方程式は★3，

$$l\lambda^2 = (1+\mu)g \tag{6.25}$$

★3 特性方程式は，微分方程式の解を得るための式である．177 ページ数学ノート，および (13.75) を参照せよ．

よって，

$$\lambda = \pm\sqrt{\frac{(1+\mu)g}{l}} = \pm S \text{ (複号同順)} \qquad \left(S = \sqrt{\frac{(1+\mu)g}{l}}\right)$$

よって，(6.24)の一般解は★4，

$$X = x - c = Ae^{St} + Be^{-St} \quad (A,\ B\ \text{は定数})$$

$$\therefore x = Ae^{St} + Be^{-St} + c \left(S = \sqrt{\frac{(1+\mu)g}{l}},\ c = \frac{\mu}{1+\mu}l, A, B\ \text{は定数} \right) \tag{6.26}$$

(8)　初期条件は，i) $t = 0$ で $x = x_0$　　ii) $t = 0$ で $\dot{x} = 0$ (初速度 $=0$)．(6.26) より，i) について，

$$x_0 = A + B + c \tag{6.27}$$

ii) について，(6.26) を t で微分して，$\dot{x} = ASAe^{St} - BSe^{-St}$ より，

$$0 = AS - BS = S(A - B) \quad \therefore\ A = B(S \neq 0) \tag{6.28}$$

(6.27) (6.28) より，$A = B = \dfrac{1}{2}(x_0 - c)$，よって最終的な解は (6.26) に代入して，

$$x = \frac{1}{2}(x_0 - c)(e^{St} + e^{-St}) + c$$
$$\left(S = \sqrt{\frac{(1+\mu)g}{l}}, \quad c = \frac{\mu}{1+\mu}l \right) \tag{6.29}$$

上式から，$x_0 = c$ のとき $x = c$ となり静止することが分かる．

(9) “動摩擦力に等しいとおいた”

(10) 以後は長さ l の鎖の自由落下になるので，

$$wl\ddot{x} = wlg \qquad \therefore \quad \ddot{x} = g \tag{6.30}$$

また，(6.22)で $x = l$ とおくと，同様の結果 $\ddot{x} = g$ が得られ，加速度の連続性が確認できる．

★4 特性方程式(6.25)は，判別式：$4l(1+\mu)g > 0$ なので 2 実解を持つ．解は共役なので $\pm S$ とすると，一般解は $X = Ae^{St} + Be^{-St}$（A，B は定数）と書ける．

ポイント

(7) でまとまった項を置き換え $x - c = X$ としている．これも単純化で，微分方程式を解くことが容易になる．問題を単純化して考えることは物理の基本中の基本である．

Tea Time　重さと質量の関係

たとえば地上で体重を量ると 60〔kg〕の人が，月に行って量ると約 10〔kg〕になる．量る星によって“重さ”は異なってくるが，物体を構成する原子数はどの星でも同じはずである．この原子集団の変わらぬ部分を抜き出したものを質量といって“m”と書く．これに対して我々がふだん重さといっているものは重力という力のことで“mg”と書き，g がその星の重力加速度を表す．g には普通地球の重力加速度をとる．“g”は星によって異なり月では地球の約 1/6，$g\prime = \frac{1}{6}g$ である．月で体重を量ると，同じ質量 m に対して重力は $mg\prime = \frac{1}{6}mg$ で，月では体重が約 1/6 になる．アポロ計画で月面上を宇宙飛行士がまるでウサギのように軽快に飛び跳ねていた映像を見た読者もいるだろう．

Tea Time　慣性質量と重力質量

我々が“質量”と言っているものは，実は 2 種あり，**慣性質量と重力質量**である．

- **慣性質量**：ニュートンの第 2 法則（運動方程式 $ma = F$）の中に出てくる質量 m のことをさす．感覚的にいうと，質量の大きな物体ほど動かしにくい．運動状態の変えにくさのことを慣性といい，この慣性に関係する質量である．物体を運動させたときに観測にかかる質量である．
- **重力質量**：万有引力法則の中に出てくる質量 m のことをさす．ふだん我々が使う物体の重さとは地球が物体をひきつける力（重力），つまり物体と地球との間の万有引力のことを言っている．秤で物体の重さを量ると観測されるものは重力質量である．

この 2 つは運動の第 2 法則，万有引力法則という独立の法則から出てきたものなので，本来一致しなくてもかまわない．約 1 世紀前にアインシュタインはこの 2 つが等しいことを指摘した（等価原理という）．その後の実験でも高い精度で 2 つが一致することが確かめられている．

Tea Time　運動方程式の各種の表現

運動方程式は以下のようないくつかの表現がよく用いられる．

$$\begin{aligned} m\boldsymbol{a} &= m\frac{d\boldsymbol{v}}{dt} = m\dot{\boldsymbol{v}} = \frac{d(m\boldsymbol{v})}{dt} = \frac{d\boldsymbol{p}}{dt} \qquad (\boldsymbol{p} = m\boldsymbol{v}：\text{運動量}) \\ &= m\frac{d^2\boldsymbol{r}}{dt^2} = m\ddot{\boldsymbol{r}} = \boldsymbol{F} \end{aligned} \tag{6.31}$$

式 (5.12) (4.25) を用いた．

数学ノート2　物理の計算について

1. 有効数字

有効数字とはある物理量を測定したとき，その測定精度を表す概念である．たとえば，長さを測定して，127〔m〕とした場合と127.0〔m〕とした場合，後者は測定精度が1桁高い．それぞれ有効数字3桁，4桁という．それを明示する表し方として，

127〔m〕$\longrightarrow 1.27 \times 10^2$〔m〕

127.0〔m〕$\longrightarrow 1.270 \times 10^2$〔m〕

と書く．1.27，1.270の部分が有効数字の桁数を表し，それぞれ3桁，4桁を表す．また，

0.0127〔m〕$\longrightarrow 1.27 \times 10^{-2}$〔m〕

0.01270〔m〕$\longrightarrow 1.270 \times 10^{-2}$〔m〕

この場合も有効数字はそれぞれ3桁，4桁である．左側の表記のように小数で表した場合，有効数字の桁数は0でない数字で最も左から数え始める．0が増えてくると右側の表記のほうが分かりやすい．

2. 有効数字を含む計算

有効数字は測定精度を表すので，その計算には以下のような注意が必要である．

- **加法，減法**　では，末尾の最も位の高いものにあわせる．たとえば

$$\mathbf{1.2 + 2.16}$$

は，末尾を小数第1位にそろえ，

$$\mathbf{1.2 + 2.2 = 3.4}$$

と計算する．

- **乗法，除法**　有効数字の桁数の最小のものの桁数に合わせる．途中の計算はその桁数より1桁多い値を用いる．たとえば，

$$\mathbf{1.31 \times 2.6 \times 1.64}$$

の計算をするとき，まず，

$$\mathbf{1.31 \times 2.6 = 3.406}$$

となるが，これを3桁の**3.41**として，

$$\mathbf{3.41 \times 1.64}$$

の計算をする．結果は**5.5924**となるが，これを最小桁数**2.6**の2桁に合わせて，3桁目を四捨五入して，**5.6**とする．

3. 単位と次元

- **SI 単位系** 測定値などの物理量は，SI 単位（国際単位）系を用いることが原則で，長さは m（メートル），質量は kg（キログラム），時間は s（秒）を用いる．SI 単位系には 7 つの基本単位があり，上の 3 つの他に，電流の A（アンペア），温度の K（ケルビン），物質量の mol（モル），光度の cd（カンデラ）を加える．これらを組み合わせて，さまざまな単位が導かれる．
- **次元（ディメンジョン）** たとえば力学では，長さを [L]，質量を [M]，時間を [T] で表し，量を $[\mathrm{L}^p\mathrm{M}^q\mathrm{T}^r]$ の形で表したものを **次元** という．速度は，[長さ]/[時間] で表されるので，$[\mathrm{LT}^{-1}]$ という次元を持つ．

4. よく用いられる桁の接頭辞

T	テラ	10^{12}	m	ミリ	10^{-3}
G	ギガ	10^{9}	μ	マイクロ	10^{-6}
M	メガ	10^{6}	n	ナノ	10^{-9}
k	キロ	10^{3}	p	ピコ	10^{-12}

たとえば，$1\ \mathrm{km} = 1 \times 10^3\ \mathrm{m}$，$1\ \mathrm{mm} = 1 \times 10^{-3}\ \mathrm{m}$，1ns（ナノ秒）$= 1 \times 10^{-9}$ s，1 GB（ギガバイト）$= 1 \times 10^9$ B のことである．

数学ノート3 ギリシャ文字

物理ではギリシャ文字をよく用いる．知っておいて欲しい．

A	α	アルファ	I	ι	イオタ	P	ρ	ロー
B	β	ベータ	K	κ	カッパ	Σ	σ	シグマ
Γ	γ	ガンマ	Λ	λ	ラムダ	T	τ	タウ
Δ	δ	デルタ	M	μ	ミュー	Υ	υ	ウプシロン
E	ε	イプシロン	N	ν	ニュー	Φ	φ	ファイ
Z	ζ	ジータ	Ξ	ξ	クサイ	X	χ	カイ
H	η	イータ	O	o	オミクロン	Ψ	ψ	プサイ
Θ	θ	シータ	Π	π	パイ	Ω	ω	オメガ

Chapter 7

慣性力

慣性力は加速度運動している観測者だけが見る見かけの力であることを押さえよう．たとえば，電車が加速すると，中にいる人は電車の加速方向と反対向きに力を受ける．これが慣性力である．人は電車の中にいるので加速度運動する座標系（加速度系）にいる．ニュートンの運動の法則は静止系，およびそれに対して等速運動する座標系（合わせて慣性系という）において成り立つが，上の電車の例のような加速度系では，そのままでは成り立たない．しかし新たな見かけの力を加えることにより成り立たせることができる．この見かけの力のことを慣性力という．

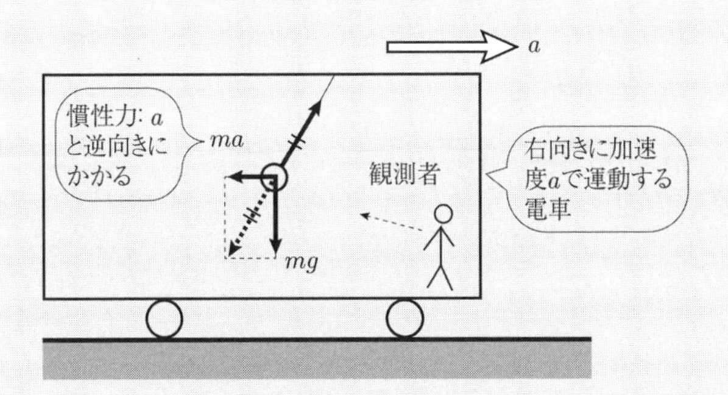

問題 21 動く斜面上の運動 基本

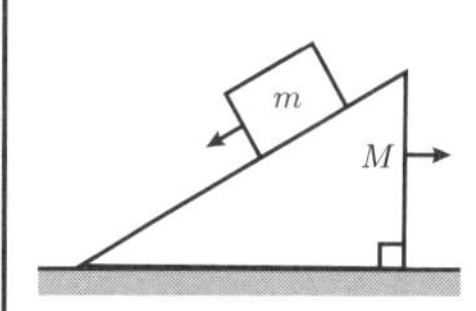

図のように，滑らかな水平床面の上に質量 M，傾斜角 θ の三角台がある．その斜面上に質量 m の小物体を置くと物体は斜面を滑り落ち，三角台は右方へ動く．このとき三角台が水平床面から受ける垂直抗力 N_1 および物体が斜面から受ける垂直抗力 N_2 を求めよ．また物体が斜面上を距離 l だけ滑る時間 t_1，そのとき三角台が動く距離 L を求めよ．斜面と物体の間に摩擦はないものとする．また重力加速度を g とする．

解 説 慣性力（加速度系）の問題の解き方：

1. まず静止系（床面）から見た三角台の加速度 α を書き入れ，力をすべて書き込んでその運動方程式を立てる．
2. 加速度系（三角台）から見た，小物体に働く慣性力を書き込む．
3. 小物体に働く慣性量以外の力を書き入れる．
4. 慣性力を含む小物体の運動方程式を立てる．これは加速度系（三角台の人）から見た小物体の運動方程式である．
5. 1. で求めた静止系から見た運動方程式，4. で求めた加速度系から見た運動方程式を解く．

解 答

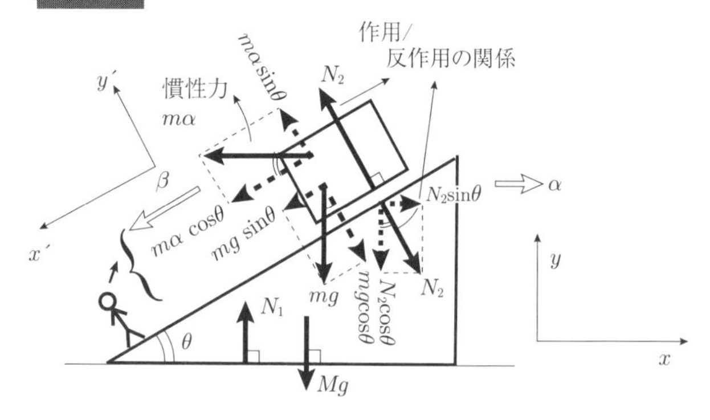

三角台が床から受ける垂直抗力を N_1，小物体が三角台斜面から受ける垂直抗力を N_2 とする．三角台は小物体が斜面を滑り降りるときの反動（図の三角台にかかる反作用力 N_2★1 の x 成分 $N_2 \sin\theta$）を受けて x 正方向に動く．その加速度を α とすると三角台の運動方程式は，

★1 小物体が斜面から受ける垂直抗力 N_2 の反作用の力で，逆向きで大きさは同じ N_2 である．

$$x \text{ 方向} \cdots M\alpha = N_2 \sin\theta \tag{7.1}$$

$$y \text{ 方向} \cdots 0 = N_1 - Mg - N_2 \cos\theta \tag{7.2}$$

三角台から見た小物体は，図の x' 方向に運動する．その加速度を β とする．小物体の運動方程式は，三角台から受ける垂直抗力が N_2 で，台が加速度 α で x 方向に運動するので $-x$ 方向に慣性力 $m\alpha$ を受けることを考慮して★2，図より，

$$x' \text{方向} \cdots m\beta = mg\sin\theta + m\alpha\cos\theta$$

$$y' \text{方向} \cdots 0 = N_2 - mg\cos\theta + m\alpha\sin\theta \tag{7.3}$$

未知数は α, β, N_1, N_2 である．まず，(7.1)，(7.3) 式から α を消去して，

$$N_2 = \frac{Mmg\cos\theta}{M + m\sin^2\theta} \tag{7.4}$$

これを (7.2) に代入して，

$$N_1 = \frac{M(M+m)g}{M + m\sin^2\theta}$$

α, β を求めると，

$$\alpha = \frac{mg\sin\theta\cos\theta}{M + m\sin^2\theta}$$

$$\beta = \frac{(M+m)g\sin\theta}{M + m\sin^2\theta}$$

小物体が斜面を l だけ滑る時間 t_1 は，

$$l = \frac{1}{2}\beta {t_1}^2 \quad \text{より，} \qquad t_1 = \sqrt{\frac{2l}{\beta}} = \sqrt{\frac{2l(M + m\sin^2\theta)}{(M+m)g\sin\theta}}$$

三角台が動く距離 L は，等加速度運動なので★3，

$$L = \frac{1}{2}\alpha {t_1}^2$$

ここに $t_1 = \sqrt{\dfrac{2l}{\beta}}$ を代入して，

$$L = \frac{\alpha l}{\beta} = \frac{ml\cos\theta}{M+m}$$

★2 三角台が加速度運動すると，その上の小物体の運動は，三角台の加速度方向と逆方向に慣性力を受けることを考慮する．慣性力の大きさは，小物体の質量（m）× 三角台の加速度（α）: $m\alpha$ である．

★3 等加速度直線運動：40 ページ，(4.26) 式

ポイント

加速度運動する三角台上の物体の運動は，その加速度と反対方向に慣性力を受ける．

問題	22	複合滑車	基本

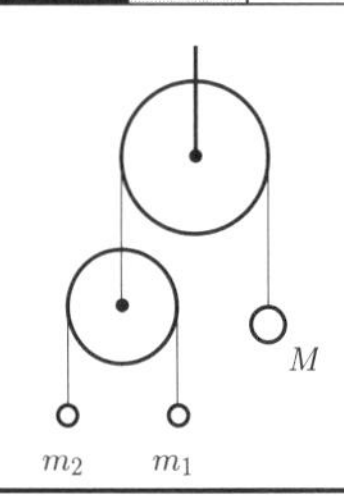

図のような質量 m_1, m_2 のおもりがかかった動滑車を，糸に質量 M のおもりをつけ定滑車に通した．おもりがゆっくり動き始めたとき，それぞれのおもりの加速度，糸の張力を求めよ．ただし滑車と糸の質量を無視し，重力加速度を g とする．

解 説 動滑車にかかった質量 m_1，m_2 のおもりは，動滑車が加速度運動するので，反対方向に慣性力が加わることを忘れない．72 ページ，TeaTime ：慣性力（加速度系）の問題の解き方，を押さえる．

解 答

質量 M のおもりを A, m_1 , m_2 のおもりをそれぞれ B，C とする．A に働く張力を T_1 ，B，C に働く張力を T_2 とする．A が加速度 a で下降すると，動滑車と B，C の系は加速度 a で上昇する．系内で B が加速度 b で下降すると，C は b で上昇する．系が加速度 a で上昇するので，B，C には下方に慣性力 m_1a，m_2a が働く（図の＊印の 2 力）★1．運動方程式は，

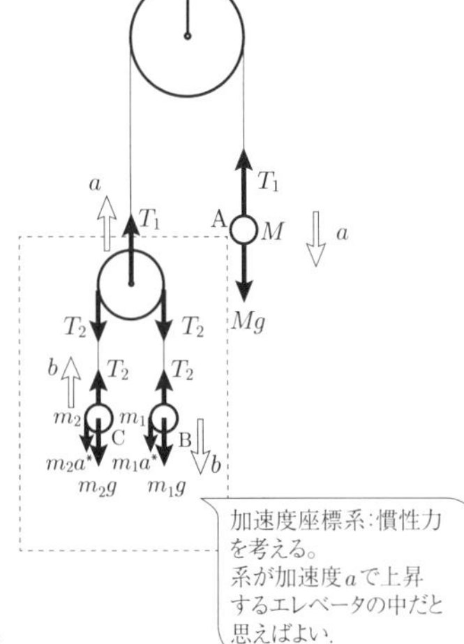

A　⋯　$Ma = Mg - T_1$　(7.5)

B　⋯　$m_1b = m_1g + m_1a - T_2$　(7.6)

C　⋯　$m_2b = T_2 - m_2g - m_2a$　(7.7)

T_1 と T_2 の関係は動滑車の質量を無視するので，つり合いより，

$$2T_2 = T_1 \tag{7.8}$$

(7.5) ～ (7.8) より，

★1 系全体を加速度 a で上昇するエレベータだと思い，系内の B，C に下方に慣性力が働くことを考慮する．

$$a = \frac{M(m_1 + m_2) - 4m_1m_2}{M(m_1 + m_2) + 4m_1m_2} g \tag{7.9}$$

$$T_1 = \frac{8Mm_1m_2}{M(m_1 + m_2) + 4m_1m_2} g, \quad T_2 = \frac{4Mm_1m_2}{M(m_1 + m_2) + 4m_1m_2} g$$

$$b = \frac{2M(m_1 - m_2)}{M(m_1 + m_2) + 4m_1m_2} g \tag{7.10}$$

よって質量 m_1 のおもり B の加速度は，下向きを正として，

$$b - a = \frac{M(m_1 - 3m_2) + 4m_1m_2}{M(m_1 + m_2) + 4m_1m_2} g$$

質量 m_2 のおもり C についても，下向きを正として，

$$-a - b = \frac{-M(3m_1 - m_2) + 4m_1m_2}{M(m_1 + m_2) + 4m_1m_2}$$

問には質量 M, m_1, m_2 の間の関係はないが，もし，$M = m_1 + m_2$ ($m_1 > m_2$) であればどうなるであろうか？　左右の質量が同じなので天秤ばかりではつり合う（滑車の質量は無視している）．しかし，B，C が動滑車を通して動ける場合はつり合わない．

$M = m_1 + m_2$ を (7.9)に代入すると，$a = \dfrac{(m_1 - m_2)^2}{M(m_1 + m_2) + 4m_1m_2} g$ となり，$m_1 > m_2$ なので，$(m_1 - m_2)^2 > 0$，分母正なので $a > 0$ となり，A は下方へ下がり，B と C の系は上方に動く．
B，C が動けない，すなわち $M = m_1 + m_2$, $m_1 = m_2$ ならば 3 つのおもりはつり合い静止する．このことは手品の種に使えそうである．

ここでは始めから A が加速度 a で下降するとしているがその正当性についてはどうであろうか．M, m_1, m_2 の間の関係性がない時，(7.9) より a の分子 $M(m_1 + m_2) - 4m_1m_2$ の正負により A は上昇も下降もあり得る．よって，$M(m_1 + m_2) - 4m_1m_2$ の正負の条件が与えられていなければ，はじめに a を下降するとして解いても，上昇するとしても一般性を失わない．B，C についても同様で，(7.10)の b の分子 $m_1 - m_2$ の符号による．

ポイント

加速度運動する人（座標系）から見た物体の運動には，**反対方向に慣性力**が加わる．慣性力は加速度運動する人（座標系）からのみ見える．運動方程式やつり合いの式を立てるときには，いつも**誰が見ているのか**（**どのような座標系**を用いているのか）をはっきりさせることが重要である．

Tea Time ……慣性力

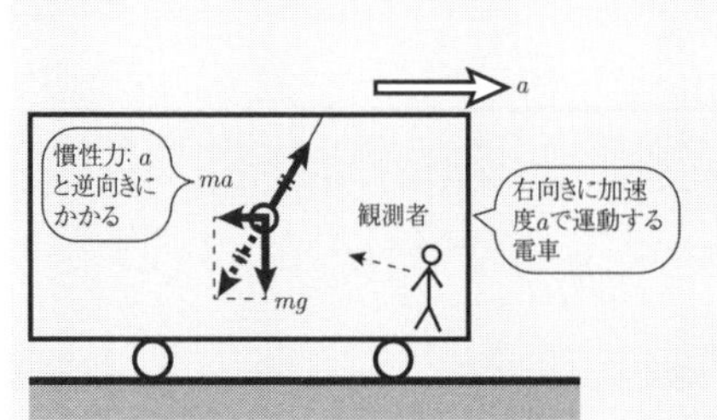

観測者（の座標系）が加速度 a で運動しているときには，質量 m の物体に， a と逆向きに ma の大きさの**慣性力が加わる**.

たとえば，電車が動き出すと，中にいる乗客は電車の加速方向と反対向きに力を受けるのを感じる．これが慣性力である．乗客は電車の中にいるので加速度運動する座標系，すなわち加速度系にいる．ニュートンの運動の法則は静止系，およびそれに対して等速運動する座標系（合わせて慣性系という）において成り立つが，上の電車の例のような加速度系では，そのままでは成り立たない．しかし新たな見かけの力を加えることにより成り立たせることができる．この見かけの力のことを慣性力という.

Tea Time ……慣性力（加速度系）の問題の解き方

(1) まず静止系から見た電車の加速度 a を書き入れ，その運動方程式を立てる.
(2) 電車内（加速度系）から見た，電車内の物体に働く慣性力を書き込む.
(3) 物体に働く慣性力以外の力を書き入れる.
(4) 慣性力を含む電車内の運動方程式を立てる．これは電車内（加速度系）の人から見た物体の運動方程式である．運動方程式を解く．静止して見える場合はつり合いの式を立てて解く.

運動方程式やつり合いの式を立てるときには，いつも**誰が観測しているのか**（どのような座標系を用いているのか）をはっきりさせる：

- 加速度をもって動く人（加速度運動系）から観測する $\Longrightarrow$ 慣性力を加える
- 大地の人（静止系），等速運動している人（等速運動系）から観測する $\Longrightarrow$ 慣性力を加えない

Chapter 8

仕事と力学的エネルギー 1

「仕事」「仕事率」「エネルギー」「仕事とエネルギー変化の関係」「力学的エネルギー保存則」の順に学びます．この章では初等力学の基本的な項目について押えます．

問題 23　板に打ち込まれた弾丸　基本

摩擦力が無視できる滑らかな床の上に，質量 M の十分厚い板が置かれている．これに質量 m の弾丸が速さ v_0 で水平に打ち込まれた．このとき，次の問いに答えよ．ただし，板が床に固定されているとき，弾丸は板表面から L の距離だけめり込むという．なお，弾丸がめり込む過程において，弾丸が受ける力は一定であるものとする．

(1)　板が床に固定されていた場合に弾丸が受ける力 F を求めよ．
　次に固定をはずす．
(2)　弾丸が板に対して止まったときの板の速さ v を求めよ．
(3)　なめらかな床の上に板が置かれた場合にも弾丸が受ける F は変わらないものとし，弾丸が板にめり込んだ距離 l を求めよ．
(4)　弾丸が板の中で止まるまでに板が床上をすべった距離 d を求めよ．
(5)　弾丸が板中で止まるまでの時間はいくらか．　（埼玉大　他）

解説　問題を解くにあたって：

- 外力（非保存力）が働くとき→**仕事＝エネルギー変化**の関係性を用いる．(1)(2)(3) はこの関係式を用いている．
- 外力（非保存力）が働かないとき→**エネルギー保存則**を用いる．

保存力とは，力学では，重力（万有引力），ばねの弾性力，の 2 種のみである．非保存力とは，保存力以外の力で，摩擦力，垂直抗力，張力，など多数．ほとんど全ての力が非保存力に入る．86〜87 ページ，**Tea Time** 参照．

解答

(1) 弾丸が板にめり込む時の弾丸が受ける摩擦力を F とする．**仕事 W ＝エネルギー変化 ΔE** ★1 の関係より，［弾丸が受けた仕事］＝［弾丸の運動エネルギー変化］は ★2，

$$FL\cos 180^\circ = 0 - \frac{1}{2}mv_0^2$$

よって，$F = \dfrac{mv_0^2}{2L}$　(8.1)

★1 物理量 X の変化 (ΔX)＝(X の変化後の値)−(X の変化前の値)，である．

★2 弾丸が受けた仕事の計算は，$W = Fs\cos\theta$（84 ページ，(8.18)）で弾丸の受ける力（摩擦力）F の向きと移動（$s = L$）の向きが逆（$\theta = 180^\circ$）なので，$W = FL\cos 180^\circ = -FL$ である．

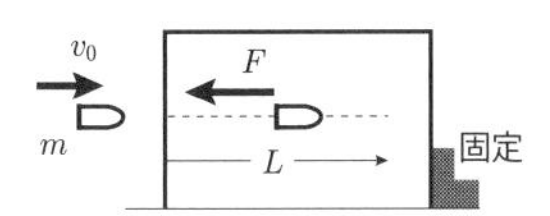

(2) 弾と板の系に水平方向に外力は働かないので，水平方向の運動量保存則が成り立つ．弾丸が板に対して止まったときの速さを v とすると，

$$mv_0 = (m+M)v \qquad \therefore \quad v = \frac{m}{m+M}v_0 \tag{8.2}$$

(3)，(4) この場合 **仕事 W ＝エネルギー変化 ΔE** の関係を，弾丸も板も運動するので**弾丸**と**板**についてそれぞれ作る ★3 と，

弾丸が受けた仕事 ★4 ＝ 弾丸の運動エネルギー変化 より，

$$F(d+l)\cos 180^\circ = \frac{1}{2}mv^2 - \frac{1}{2}m{v_0}^2 \tag{8.3}$$

板が受けた仕事 ＝ 板の運動エネルギー変化 より，

$$Fd\cos 0^\circ = \frac{1}{2}Mv^2 - 0 \quad \text{より，} \quad Fd = \frac{1}{2}Mv^2 \tag{8.4}$$

(8.4) に (8.2)，(8.1) を代入して，

$$d = \frac{mM}{(m+M)^2}L \tag{8.5}$$

(8.3) に (8.1)，(8.2)，(8.5) を代入して，$l = \dfrac{M}{m+M}L$

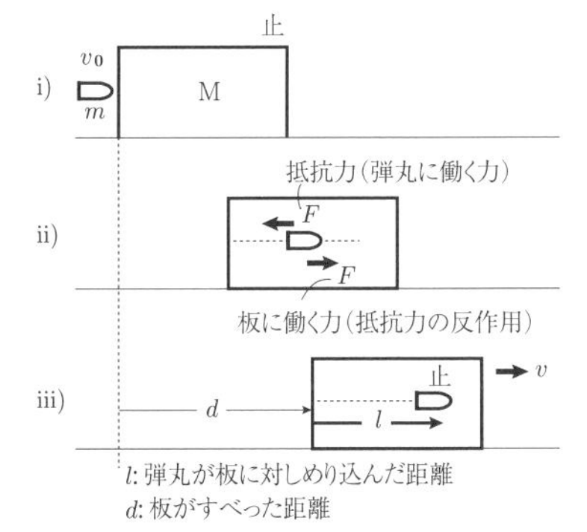

(5) 弾丸が板中で止まるまでの時間は，**力積 $F\Delta t$ ＝運動量変化 Δp** の関係 ★5 を用いる．板に着目して，板が受ける力積 ＝ 板の運動量変化 より，$Ft = Mv - 0$．(8.1)，(8.2)を用いて，

$$t = \frac{Mv}{F} = \frac{2ML}{(m+M)v_0}$$

★3 この場合，弾丸も板も運動するので，弾丸と板について，**仕事＝エネルギー変化**の関係を作る．

★4 弾丸に力（摩擦力）F が働いていた距離は，図の i) から iii) を連続して考えると分かるように $d+l$ であることに注意する．

★5 解法に際して，着目する系に外力が働くときは（$F \neq 0$ より）力積＝運動量変化，の関係を用い，働かないときは（$F=0$ より運動量変化 $\Delta p = 0$ となるので）運動量保存則，を用いる．

ポイント

着目する系に外力が働くときは**力積＝運動量変化**の関係を用い，働かないときは**運動量保存則**を用いる．

問題 24 ばねに取りつけられた物体への小物体の落下 基本

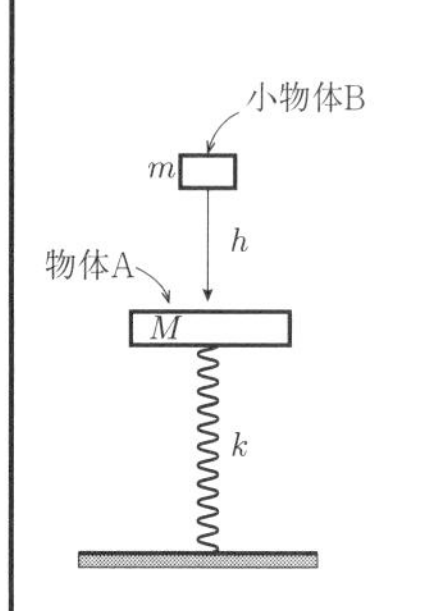

図に示すように，ばね定数 k〔N/m〕のばねの一端に質量 M〔kg〕の物体 A がつながっている．物体 A からの高さが h〔m〕の位置から質量 m〔kg〕の小物体 B を静かに放した．小物体 B は物体 A に衝突した後，物体 A と一体となって上下方向に往復運動をした．以下の問いに答えよ．ただし，重力加速度の大きさを g〔m/s^2〕とする．

(1) 衝突直後の物体 A の速さ v〔m/s〕を求めよ．

(2) 衝突によって失われた運動エネルギー K〔J〕を求めよ．

(3) 衝突してから物体 A が最下点に達するまでの移動量 d〔m〕を求めよ．

（東京理科大）

解 説 物体の，ばねを含む系の垂直運動方向の運動では力学的エネルギー保存則は以下の形を用いる．

運動エネルギー＋重力による位置エネルギー＋ばねの弾性エネルギー＝一定

$$\left(\frac{1}{2}mv^2 + mgh + \frac{1}{2}kx^2 = \text{一定}\right)$$

解 答

(1) 衝突直前の小物体 B の速さ v_0 は，

$$\frac{1}{2}m{v_0}^2 = mgh \quad \text{より，} \quad v_0 = \sqrt{2gh}$$

衝突直後の A の速さを v とすると，運動量保存則 ★1 より，

$$mv_0 = (m+M)v \quad \therefore \quad v = \frac{m}{m+M}v_0 = \underline{\frac{m}{m+M}\sqrt{2gh}\text{〔m/s〕}} \qquad (8.6)$$

(2) 失われた運動エネルギー K は ★2，

$$K = \frac{1}{2}m{v_0}^2 - \frac{1}{2}(m+M)v^2 = \frac{1}{2}\left(m{v_0}^2 - (m+M)\left(\frac{m}{m+M}v_0\right)^2\right)$$

$$= \frac{1}{2}m{v_0}^2\left(1 - \frac{m}{m+M}\right) = \underline{mgh\frac{M}{m+M}\text{〔J〕}}$$

(3) 衝突直前，ばねと物体 A はつり合っている．つり合いの位置の，ばねの自然

★1 衝突直後は A に付いたばねはまだ縮み始めていないので，ばね力は働かずばねはないのと同じである．よって，運動量保存則が成り立つ．この場合，衝突後 A，B は一体となったので完全非弾性衝突である．

★2 衝突前後の運動エネルギーの差をとる．

長からの縮み l_0 は（図），

$$Mg = kl_0 \quad より \quad l_0 = \frac{Mg}{k} \tag{8.7}$$

図のように，つり合いの位置を（I），最下点を（II）として，（I），（II）の位置について，力学的エネルギー保存則を，重力による位置エネルギーの基準位置を（I）の位置にとり考える．必要なエネルギー ★3 を表にまとめると，

	運動エネルギー $\left(\frac{1}{2}mv^2\right)$	位置エネルギー (mgh)	弾性エネルギー ★4 $\left(\frac{1}{2}kx^2\right)$
(I)	$\frac{1}{2}(m+M)v^2$	0	$\frac{1}{2}k{l_0}^2$
(II)	0	$-(m+M)gd$	$\frac{1}{2}k(l_0+d)^2$

よって，（I）の合計＝（II）合計より，

$$\frac{1}{2}(m+M)v^2 + 0 + \frac{1}{2}k{l_0}^2 = 0 - (m+M)gd + \frac{1}{2}k(l_0+d)^2$$

$$\frac{1}{2}(m+M)v^2 = -(m+M)gd + kl_0d + \frac{1}{2}kd^2 = -mgd + \frac{1}{2}kd^2$$

上式第 2 項から第 3 項の変形は，l_0 に (8.7)を代入する．

$$\therefore \quad kd^2 - 2mgd - (m+M)v^2 = 0$$

$$\therefore \quad d = \frac{1}{k}(mg \pm \sqrt{(mg)^2 + k(m+M)v^2})$$

複号の $-$ を落として，v に (8.6)を代入して計算すると，

$$d = \frac{mg}{k}\left(1 + \sqrt{1 + \frac{2kh}{(m+M)g}}\right) [\mathrm{m}]$$

★3 この場合，垂直方向の運動なので，エネルギー保存則に必要なエネルギーは，運動エネルギー，重力による位置エネルギー，ばねの弾性エネルギーである．

★4 ばねの弾性エネルギーは自然長が基準で，自然長からの伸び縮み量で計算する．

問題 25　ばねを離れた質点の斜面上の運動 1　基本

以下の（　ア　）〜（　コ　）に入る適切な文字式を答えなさい．

図に示すように，一端が壁に固定された質量が無視できるばね（ばね定数 k ）に質量 m_a の質点 a が取り付けられている．ばねは自然長から L だけ縮められており，この状態で質点 a と質量 m_b の質点 b は接している．ここでは質点 b が区間 AOBC を移動する問題を考える．このとき，質点 b は区間 AOBC の面から一度も離れることなしに移動するものとする．ただし，区間 AOB はなめらかな面で，質点 b は摩擦なしに移動できる．一方，直線区間 BC は水平面と角度 ϕ 傾いた斜面であり，斜面と質点 b との間の動摩擦係数は μ である．重力加速度の大きさは g とする．

(1)　ばねを縮めた状態にしたのち，質点 a と質点 b から手を静かに離すことを考える．自然長から長さ L だけ縮んでいる状態において，ばねに蓄えられる弾性エネルギーは，（　ア　）と表される．この後，手を離すと，ばねが伸びるとともに質点 a と質点 b は水平移動する．ばねの縮みが x のとき，質点 a と質点 b との間には水平力（　イ　）が作用し合っており，ばねが自然長のときに互いが離れる．質点 a と離れるときの質点 b の速さは（　ウ　）と表される．一方，質点 a は最大（　エ　）まで水平移動するとともに，周期（　オ　）で単振動する．（神戸大）

解 説　斜面 B 点までは力学的エネルギー保存則を用いる．垂直抗力は常に移動方向と垂直で仕事をしない．

BC 間では摩擦力によるエネルギー損失を考慮する．

解 答

(1)　（ア）$\dfrac{1}{2}kL^2$

（イ）ばねの縮みが x のとき，a，b は一体となって運動する．その加速度を α ，a，b の間に働く水平力（抗力）を R とすると，a，b の運動方程式

は，図 (ii) より，

$$a \quad \cdots \quad m_a\alpha = kx - R$$
$$b \quad \cdots \quad m_b\alpha = R \tag{8.8}$$

両式から R を消去して α を求めると，

$$\alpha = \frac{1}{m_a + m_b}kx$$

これを (8.8)に代入して，水平力は，

$$R = \frac{m_b}{m_a + m_b}kx$$ ★1

★1 a, b が離れるのは $R = 0$ より $x = 0$ で，ばねが自然長のときである.

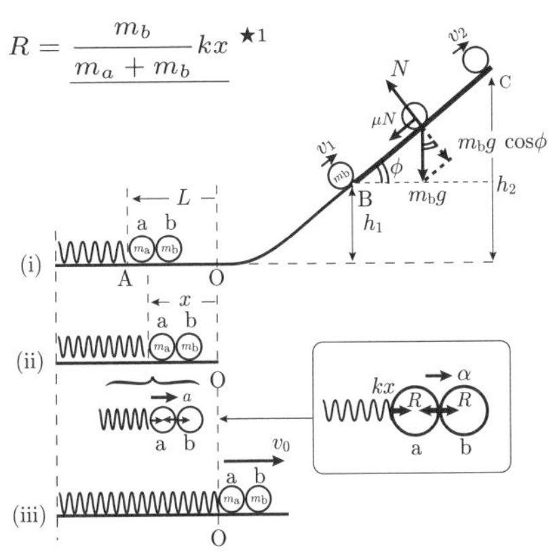

（ウ）a と離れる瞬間の b の速さを v_0 とすると，エネルギー保存則 ★2 より，

★2 この場合，図の (i), (iii) の間のエネルギー保存則である.

$$\frac{1}{2}kL^2 = \frac{1}{2}(m_a + m_b){v_0}^2$$

よって，

$$v_0 = \sqrt{\frac{k}{m_a + m_b}}L \tag{8.9}$$

（エ）自然長のとき b が離れ，その後のばねの最大の伸び L_1 が a の最大の水平移動距離である．エネルギー保存則より，

$$\frac{1}{2}m_a{v_0}^2 = \frac{1}{2}k{L_1}^2 \qquad \therefore \quad L_1 = \sqrt{\frac{m_a}{k}}v_0$$

(8.9)を代入して，

$$L_1 = \sqrt{\frac{m_a}{k}}\sqrt{\frac{k}{m_a + m_b}}L = \sqrt{\frac{m_a}{m_a + m_b}}L$$

（オ）ばねの単振動の周期の式 ★3 より，周期 T は，

★3 ばねの単振動の周期 T は，$T = 2\pi\sqrt{\frac{m}{k}}$ である．ただし，k はばね定数，m はばねに付いたおもりの質量である（参照：171 ページ，(13.50)）．単振動については，170 ページ，単振動で詳しく述べる.

$$T = 2\pi\sqrt{\frac{m_a}{k}}$$

問題	26	ばねを離れた質点の斜面上の運動 2	基本

(2) 問題 25 に続き，質点 b が高さ h_1 の位置 B 点まで到達するためには，ばねを（　カ　）以上縮めておく必要がある．質点 b が B 点を通過する場合，質点 b の速さは（　キ　）と表される．この後，質点 b が高さ h_2 の位置 C 点に到達することを考える．区間 BC では摩擦があるため，斜面を移動する質点 b は摩擦力を受ける．この摩擦力は（　ク　）と表されるため，質点 b が C 点まで移動した場合の摩擦力による仕事は（　ケ　）となる．質点 b が C 点を超えて飛び出すように移動するためには，B 点を（　コ　）の速さ以上で通過する必要がある．

（神戸大）

解答

(2) （カ）O 点を速さ v_0 で離れた質点 b が高さ h_1 の B 点まで到達するための条件は，エネルギー保存則より，

$$\frac{1}{2}m_b{v_0}^2 = m_b\,gh_1 \quad \text{よって}, v_0 = \sqrt{2gh_1}$$

これを (8.9) に代入してバネの縮み L を求めると，

$$\sqrt{2gh_1} = \sqrt{\frac{k}{m_a + m_b}}L \qquad \text{よって}, L = \underline{\sqrt{\frac{2gh_1(m_a + m_b)}{k}}}$$

（キ）質点 b が B 点を通過する時の速さを v_1 とすると，O 点と B 点の間のエネルギー保存則より v_0 との関係を求めると，

$$\frac{1}{2}m_b{v_1}^2 + m_b gh_1 = \frac{1}{2}m_b{v_0}^2$$

v_0 に (8.9)を代入して，

$$= \frac{1}{2}m_b\frac{k}{m_a + m_b}L^2$$

$$\therefore \quad v_1 = \underline{\sqrt{\frac{k}{m_a + m_b}L^2 - 2gh_1}}$$

（ク）区間 BC での斜面垂直方向のつり合いより（前ページ図 (i)），

$$N = m_b g\cos\phi$$

よって動摩擦力 μN は,

$$\mu N = \underline{\mu m_b g \cos\phi}$$

（ケ）BC 間の摩擦力による仕事 W は，BC 間の長さが $l = \dfrac{h_2 - h_1}{\sin\phi}$ なので,

$$W = \mu N l \cos 180^{\circ \star 1} = -\mu N l = -\mu m_b g \cos\phi \frac{h_2 - h_1}{\sin\phi} \qquad (8.10)$$

$$= \underline{-\mu m_b g (h_2 - h_1)\cot\phi} \qquad (8.11)$$

（コ）b の C 点での速さを v_2 とする．BC 間の摩擦力による仕事 (8.9)が負なので，b の運動エネルギーを減少させる ★2 ．摩擦によるエネルギー損失を含めた点 B，C 間のエネルギー保存は,

$$\frac{1}{2}m_b {v_1}^2 - \mu m_b g(h_2 - h_1)\cot\phi = \frac{1}{2}m_b {v_2}^2 + m_b g(h_2 - h_1)$$

$$\therefore \quad \frac{1}{2}m_b {v_1}^2 - \mu m_b g(h_2 - h_1)\cot\phi - m_b g(h_2 - h_1) = \frac{1}{2}m_b {v_2}^2$$

飛び出すためには $v_2 \geqq 0$ より ${v_2}^2 \geqq 0$ ，従って，左辺 $\geqq 0$ より,

$${v_1}^2 - 2\mu g(h_2 - h_1)\cot\phi - 2g(h_2 - h_1)$$

$$= {v_1}^2 - 2g(h_2 - h_1)(1 + \mu\cot\phi) \geqq 0$$

$$\therefore \quad v_1 \geqq \underline{\sqrt{2g(h_2 - h_1)(1 + \mu\cot\phi)}}$$

★1 b の移動方向と摩擦力の方向は逆なので，その間の角は 180° である．仕事 $W = Fs\cos\theta$ （84 ページ，(8.18)）で $\theta = 180°, F = \mu N, s = l$ として，$W = \mu N l \cos 180°$

★2 負の仕事は，対象となる物体のエネルギー（この場合は運動エネルギー）を減少させる．言い換えれば，摩擦のために b の持っていた運動エネルギーが失われるということである．

ポイント

仕事が負 ⟶ 対象となる物体のエネルギーが減少する．

問題 27　糸に連結されたおもりの運動　標準

長さ $8l$ の糸で連結された質量 m のおもり P_1 と P_2 が，水平に $2l$ 離れた滑らかな釘 A，B にかけられている．ここで，重力加速度を g とし，糸の質量は無視できるものとする．

(1) AB の中間点 O に，質量 m のおもり P_3 を結びつけてゆっくりと降ろしていくと，ある降下距離で静止した．この平衡点と点 O の間の距離が l の何倍であるか答えよ．

(2) AB の中間点 O に，質量 m のおもり P_3 を結びつけた後，(1) とは違って，おもりを点 O で手放すと，おもり P_3 は降下を始めた．P_3 の降下距離 h と，おもり P_1 の上昇距離 y との関係を示せ．

(3) (2) の場合に，おもり P_3 が最も降下した点では運動エネルギーはゼロになった．この最降下点の点 O からの距離は l の何倍であるか答えよ．

(4) (2) の場合に，降下中に 3 つのおもりの運動エネルギーの和が最大になるときのおもり P_3 の降下距離は l の何倍であるか答えよ．

(5) また，(4) のときの 3 つのおもりの運動エネルギーの和は mgl の何倍であるか答えよ．

（早稲田大）

解説　滑らかな釘にかけられた糸に付けられたおもりの上下動なので，力学的エネルギー保存則を用いて解く．最大（最小）を考える場合，微分して増減表を作る方法が便利である．

解答

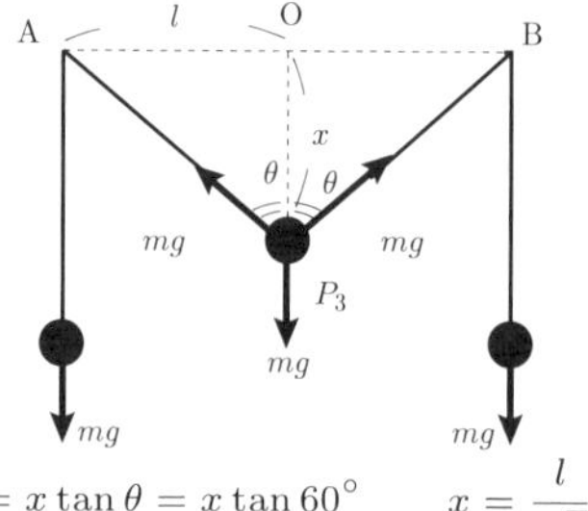

(1) 静止したときの点 O からの降下距離を x とする．このとき図のように P_3 は大きさ mg の張力を A，B 方向に，鉛直下方に大きさ mg の重力を受け，3 力がつり合う．対称性より P_3A と P_3O のなす角と P_3B と P_3O のなす角は等しいので θ として，鉛直方向のつり合い条件より，

$2mg\cos\theta = mg$ より，$\cos\theta = \dfrac{1}{2}$　　$\therefore\ \theta = 60^\circ$　　$\therefore\ l = x\tan\theta = x\tan 60^\circ$　　$x = \dfrac{l}{\sqrt{3}}$

よって，l の $\underline{\dfrac{1}{\sqrt{3}}倍}$

(2)　P_3A と OA の糸の長さの差が P_1 の上昇距離 y になるので，図★1 より，

$$\underline{y=\sqrt{l^2+h^2}-l} \qquad (8.12)$$

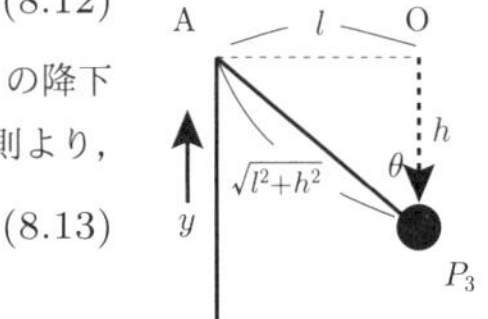

(3)　最大降下距離を h_0 ，このときの P_1, P_2 の上昇距離を y_0 とする．P_3 の降下前を位置エネルギーの基準として，図★2 の左右の力学的エネルギー保存則より，

$$0=-mgh_0+2mgy_0 \qquad \therefore \quad 2y_0=h_0 \qquad (8.13)$$

y_0 と h_0 の関係は，(8.12) の y, h を y_0, h_0 にして，

$$y_0=\sqrt{l^2+{h_0}^2}-l \qquad (8.14)$$

(8.13)，(8.14) より，y_0 を消去して，$h_0=\dfrac{4}{3}l$ より，$\underline{\dfrac{4}{3}倍}$

(4)　P_3 が速さ v で降下するとき，P_1, P_2 は V で上昇するとする．このとき P_3 は h 降下し，P_1, P_2 が y 上昇したとして，力学的エネルギー保存則を考える．P_3 の降下前を位置エネルギーの基準として，

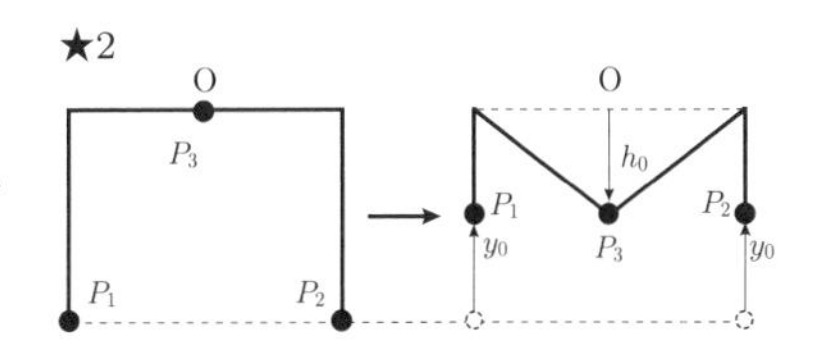

$$0=\frac{1}{2}mv^2+\frac{1}{2}mV^2\times 2-mgh+2mgy \qquad \therefore \quad \frac{1}{2}mv^2+\frac{1}{2}mV^2\times 2=mgh-2mgy \qquad (8.15)$$

左辺は 3 つのおもりの運動エネルギーの和なので，この和が最大になるとき，右辺も最大になる．右辺に (8.12)を代入して，

$$mgh-2mgy=mg(h-2y)=mg\left(h-2(\sqrt{l^2+h^2}-l)\right) \qquad (8.16)$$

この最大値を求めればよい．$A=h-2(\sqrt{l^2+h^2}-l)$ として，A の最大を考えると，h で微分して，

$$\frac{dA}{dh}=1-2\times\frac{1}{2}(l^2+h^2)^{-\frac{1}{2}}\times 2h=1-\frac{2h}{\sqrt{l^2+h^2}}=0 \text{ より}, 2h=\sqrt{l^2+h^2} \quad \therefore h=\frac{l}{\sqrt{3}}(h>0)$$

増減表は，★3 極大値が最大値になっているので，

$$h=\frac{l}{\sqrt{3}} \qquad (8.17)$$

★3

h	0	$\frac{l}{\sqrt{3}}$	
$\frac{dA}{dh}$	＋		−
A	↗	極大値	↘

のとき，3 つのおもりの運動エネルギーの和が最大となる．よって，

l の $\underline{\dfrac{1}{\sqrt{3}}倍}$

（別解）P_3 の速さが最大になるとき，P_1，P_2 の速さも最大になる．よって，3 つのおもりの運動エネルギーの和が最大のとき → 3 つのおもりの速さが最大値をとる → このとき加速度＝ 0→ 3 つのおもりは”つり合い”にある，となり（1）の場合と同じ結果になる．よって，$\underline{\dfrac{1}{\sqrt{3}}}$ 倍

(5)　(8.16)に (8.17)を代入して，

$$mg\left(\frac{l}{\sqrt{3}}-2\left(\sqrt{l^2+\frac{l^2}{3}}-l\right)\right)=(2-\sqrt{3})mgl$$

よって，$\underline{(2-\sqrt{3})\text{ 倍}}$

Tea Time　仕事

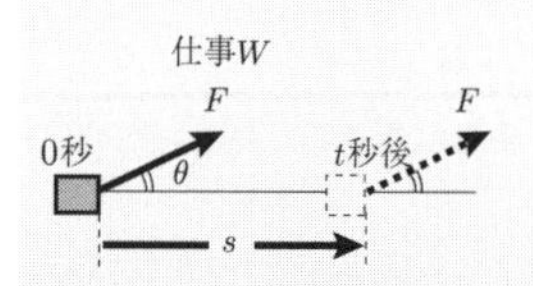

物体に一定の力が働き，ある距離を移動したとすると，ニュートンの運動の法則に従い加速度運動するので，物体の速度は変わっている．物体の運動の勢いを表す量は運動量と運動エネルギーがある．運動量は後の章で述べるように力積，つまり力 × 時間だけ変化し，運動エネルギーは力 × 距離の分量だけ変化する．後者の量を仕事と呼ぶ．物体に一定の力 $\boldsymbol{F}$ が作用して，距離 $\boldsymbol{s}$ だけ動いたときに，力 $\boldsymbol{F}$ が物体にした仕事 W はスカラー量（内積）で，

$$W = \boldsymbol{F} \cdot \boldsymbol{s} = Fs\cos\theta \quad (\theta は \boldsymbol{F} と \boldsymbol{s} のなす角) \tag{8.18}$$

で定義する．ここで，**仕事 ＝ 力 × 距離** で**計算できる物理量**であり，日常生活で言葉として使う仕事と違い**意味が定義され，計算できるスカラー量であること**に注意して欲しい．θ の大きさにより，仕事には**正，負，0** があり，それぞれ正の仕事，負の仕事，仕事をしない，という．感覚的には符号が正のときは，物体に力を加えて動かすときに与えられる勢いという感じ，負のときは逆に勢いをそがれる感じで，$\theta = 90^\circ$ のときは仕事は 0 である．単位は**ジュール**〔J〕である．

Tea Time　仕事率

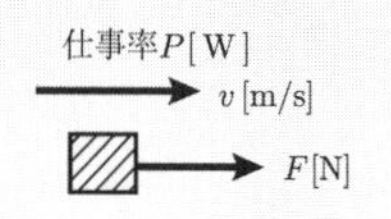

時間当たりの仕事を仕事率という．仕事 W をするのに要した時間を t，仕事をする外力を F，そのときの物体の速度を v として仕事率 P は，

$$P = \frac{W}{t} = Fv$$

となる．単位は，**ワット**〔W〕である．

Tea Time　エネルギー

物体が他の物体に対して力を加えて動かし仕事をすることができるとき，その物体はエネルギーを持っているという．たとえば，伸ばされたばねは，他の物体に力を加えて動かす仕事をすることができるのでエネルギーを持っている．

以下に，力学に重要なエネルギーとして，**運動エネルギー** (E_K) と 3 種の**位置エネルギー** (E_P) を示す．

運動エネルギーとは質量を持つ物体がある速度で運動するときに持つエネルギーである．位置エネルギーは物体が空間に占める位置によって決まってくるエネルギーで，**ポテンシャルエネルギー**とも呼ばれる．ここで注意することは，位置エネルギーは**基準点（面）**を定めないと決まらないことである．ばねの伸びでいうなら，どこからを言わないと伸びが決められないということである．

●運動エネルギー　質量 m の物体が速度 v をもって運動しているときに持つエネルギーで，次式で表される．

$$E_K = \frac{1}{2}mv^2$$

たとえば，車の制動距離が速度の 2 乗で伸びることを講習で教えられた読者は多いであろう．

● 重力による位置エネルギー　質量 m の物体が基準面から h の高さにあるときに持つエネルギーである．水力発電を思い浮かべると，h だけ高い位置にある質量 m の水が落下し発電機を回し，mgh に相当する電気エネルギーを得ることができる．

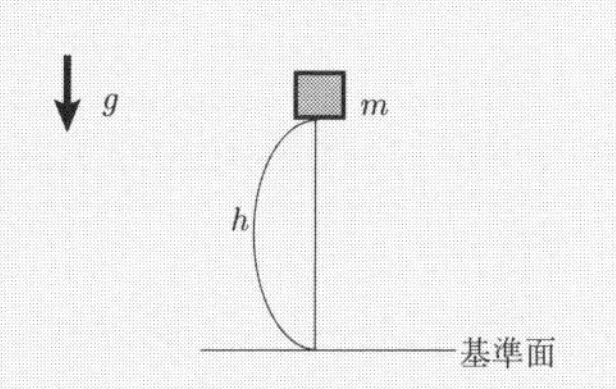

$$E_P = mgh$$

● 弾性力による位置エネルギー　ばね定数 k のばねが自然長より x だけ変位しているとき（伸びていても縮んでいてもよい，合わせて変位と言う），ばねの持つ位置エネルギーは，次式で表される．

$$E_P = \frac{1}{2}kx^2$$

● 万有引力による位置エネルギー　質量 M の天体の中心から距離 r にある質量 m の物体が持つ位置エネルギーは，次式で表される．

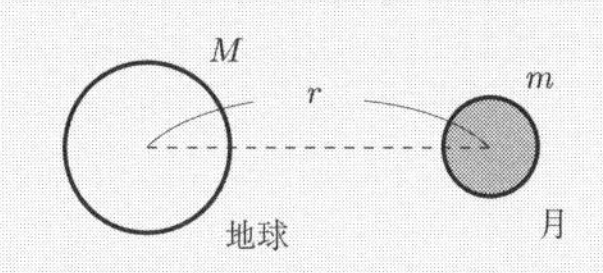

$$E_P = -\frac{GMm}{r}$$

G は万有引力定数．基準点（$E_P = 0$ になる点）は無限遠（$r = \infty$）である．前々項の重力による位置エネルギー $E_P = mgh$ は，地表の重力加速度 g を用いているので，高さ h が地表付近のときのみに正しく，宇宙的スケールになった場合は代わりにこの式を用いる．符号にマイナスがつくことに注意，力が引力であることに起因する．もしも反発力なら符号はプラスになる．

Tea Time ……………… 仕事とエネルギー変化の関係

物体に力を加えて仕事をすると，仕事をされた物体のエネルギーが変化する．物体のエネルギーは正の仕事がされれば増加し，負の仕事では減少する．

物体になされた仕事 W = 物体のエネルギーの変化 ΔE

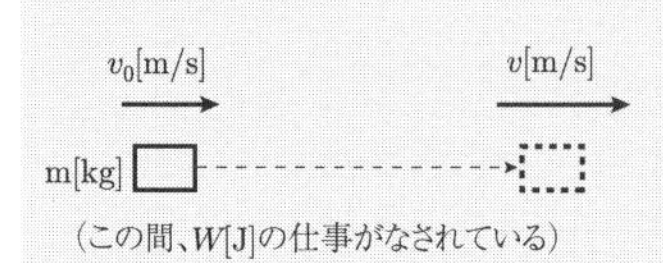

物体に**仕事** W をした結果，その物体の**速度**が v_0 から v に変化（=運動エネルギーの変化）した場合，以下の関係が成り立つ．

$$W = \frac{1}{2}mv^2 - \frac{1}{2}mv_0^2 \tag{8.19}$$

物体になされた仕事 = 物体の運動エネルギー変化

Tea Time ……………… 力学的エネルギー保存則

運動エネルギー (E_K) と位置エネルギー (E_P) の和を**力学的エネルギー** (E) という．物体に（以下に述べるような）**保存力以外の外力が働かない（仕事をしない）**とき，たとえば摩擦力，空気抵抗力などが働かないとき，力学的エネルギー E は一定に保たれ**保存**する．**力学的エネルギー保存則**という．すなわち，以下のようになる．

$$E = E_K + E_P = 一定$$

運動エネルギーは 1 種のみだが，位置エネルギーはそのときの物理的状況により異なってくる．たとえば，位置エネルギーとして重力による位置エネルギーだけを考えるときは，力学的エネルギー保存則は，以下のようになる．

$$E = \frac{1}{2}mv^2 + mgh = 一定$$

ばね定数 k のばねにおもり m がぶら下がって上下に運動しているときには，弾性力による位置エネルギーも加えて以下のようになる．

$$E = \frac{1}{2}mv^2 + mgh + \frac{1}{2}kx^2 = 一定 \tag{8.20}$$

力が働いても力学的エネルギー保存が成り立つような**特別な力**があり，それを**保存力**という．また，成り立たないような力を**非保存力**という．非保存力は後述するように問題を解くときにエネルギー保存則を使うか使わないかの判定基準にする．保存力，非保存力とは，具体的には，

(1) **保存力**：高校大学初級の範囲では，**重力（万有引力），ばねの弾性力，電磁力の 3 種だけ！** なので覚えてしまえばよい．**位置エネルギーを定義できる力**である．

(2) **非保存力**：保存力以外の多くの力で接触力の**摩擦力**，**空気抵抗力**，**張力**，など多数．

物理的センスとして，”**力学的エネルギー保存則**”と”**仕事とエネルギー変化の関係**”をどのようなときに使い分けるかというと，非保存力に着目して，

非保存力が仕事をしないとき $\Longrightarrow$ **“力学的エネルギー保存則”**の適用を考える．
非保存力が仕事をするとき $\Longrightarrow$ **“仕事とエネルギー変化の関係”**の適用を考える．
力学的エネルギー保存則は成り立たない．

数学ノート4 ベクトルの内積（スカラー積）

ベクトル $\boldsymbol{A}$, $\boldsymbol{B}$ の積には，結果がスカラーになる内積（スカラー積）とベクトルになる外積（ベクトル積）の 2 種ある．内積は乗算を"$\cdot$"（ドット）を用いて $\boldsymbol{A}\cdot\boldsymbol{B}$ のように表し，外積は"$\times$"を用いて $\boldsymbol{A}\times\boldsymbol{B}$ のように表し区別する．

内積は次の 2 通りの表現がある．

$$\boldsymbol{A}\cdot\boldsymbol{B} = |\boldsymbol{A}||\boldsymbol{B}|\cos\theta \quad \text{（角表示）} \tag{8.21}$$

$$= A_xB_x + A_yB_y + A_zB_z \quad \text{（成分表示）} \tag{8.22}$$

ここでベクトル $\boldsymbol{A}$, $\boldsymbol{B}$ のなす角を θ とし，成分を $\boldsymbol{A} = (A_x, A_y, A_z)$, $\boldsymbol{B} = (B_x, B_y, B_z)$ とする．

内積では次のことが成り立つ．

1) 交換法則 $\boldsymbol{A}\cdot\boldsymbol{B} = \boldsymbol{B}\cdot\boldsymbol{A}$

2) 分配法則 $\boldsymbol{A}\cdot(\boldsymbol{B}+\boldsymbol{C}) = \boldsymbol{A}\cdot\boldsymbol{B} + \boldsymbol{A}\cdot\boldsymbol{C}$

3) s をスカラーとして， $s(\boldsymbol{A}\cdot\boldsymbol{B}) = (s\boldsymbol{A})\cdot\boldsymbol{B} = \boldsymbol{A}\cdot(s\boldsymbol{B})$

4) $\boldsymbol{i}, \boldsymbol{j}, \boldsymbol{k}$ をそれぞれ x, y, z 方向の単位ベクトルとして，

$\boldsymbol{i}\cdot\boldsymbol{j} = \boldsymbol{j}\cdot\boldsymbol{k} = \boldsymbol{k}\cdot\boldsymbol{i} = 0$, $\boldsymbol{i}\cdot\boldsymbol{i} = \boldsymbol{j}\cdot\boldsymbol{j} = \boldsymbol{k}\cdot\boldsymbol{k} = 1$

また良く用いる関係として，

5) ベクトルが直交するとき， $\theta = 90°$ なので，(8.21) より $\boldsymbol{A}\cdot\boldsymbol{B} = 0$

- 物理例，仕事：

仕事は内積を用いて定義される．質点に一定の力 $\boldsymbol{F}$ が働き $\boldsymbol{s}$ だけ移動したときの力 $\boldsymbol{F}$ がする仕事 W は，次式となる．

$$W = \boldsymbol{F}\cdot\boldsymbol{s} = |\boldsymbol{F}||\boldsymbol{s}|\cos\theta$$

$\boldsymbol{F}$ が一定でなく変化する場合は積分を用いて，以下のように表す．

$$W = \int \boldsymbol{F}\cdot d\boldsymbol{s}$$

外積については 190 ページで述べる．

Chapter 9

仕事と力学的エネルギー 2

この章では，仕事とエネルギーの問題を微分積分を用いて解いてゆきます．微分積分を用いることは力学の中心をなします．仕事とエネルギー変化の関係やエネルギー保存則は，ニュートンの運動の第 2 法則（運動方程式）から導かれ，第 2 法則の別表現といえます．
「仕事」「エネルギー積分」，「エネルギー保存則の導出」，「保存力」，「保存力の判定条件」と学習してゆきます．

問題 28 抵抗力による仕事 基本

水平なレールの上を速さに比例する抵抗力を受けて滑走体が運動する．滑走体の質量を m とすると運動方程式は

$$m\frac{dv}{dt} = -mkv$$

で与えられる．ここで k は滑走体の形状によって決まる定数である．滑走体の運動の方向に $+x$ 軸を選ぶ．時刻 $t=0$ における滑走体の位置は $x(0)=0$，速度は $v(0)=v_0$ であった．以下の問に答えよ．

(1) 時刻の関数として速度 $v(t)$ を求めよ．またその結果を $v-t$ グラフに表せ．

(2) 時刻の関数として位置 $x(t)$ を求めよ．またその結果を $x-t$ グラフに表せ．

(3) 一般に力 $\boldsymbol{F}$ がなす仕事は $W = \int \boldsymbol{F}\cdot d\boldsymbol{s}$ で与えられる．滑走体の速度が v_0 から 0 に到るまでの間に滑走体に作用する抵抗力がなす仕事は $-\frac{1}{2}m{v_0}^2$ であることを示せ（ヒント：$dx = vdt$ であることを用い，時間積分を計算するとよい）．

（電気通信大学）

解説 運動方程式が微分方程式で表されている．変数分離形になっているので，変数分離して積分すれば解を得られる．このことをしっかり押さえる．

解答

(1) 初期条件は，

$$t=0 \text{ で } x=0,\ v=v_0 \tag{9.1}$$

運動方程式，$m\frac{dv}{dt} = -mkv$ は ★1 変数分離形なので ★2，変形して，

$$\frac{1}{v}dv = -kdt \qquad \therefore \int \frac{1}{v}dv = \int -kdt$$

$$\therefore \log|v| = -kt + C \ (C \text{ は定数}) \qquad |v| = e^{-kt+C} = e^C e^{-kt}$$

$$\therefore v = \pm e^C e^{-kt} = C_1 e^{-kt} \quad (C_1 = \pm e^C \text{ は定数})$$

★1

★2 変数分離形については 53 ページ，“**TeaTime** 数学ノート 1：1 階常微分方程式，変数分離形”を参照.

初期条件 (9.1) を代入して，$C_1 = v_0$，

$$\therefore \quad \underline{v(t) = v_0 e^{-kt}} \tag{9.2}$$

グラフは図のようになる★3．

★3

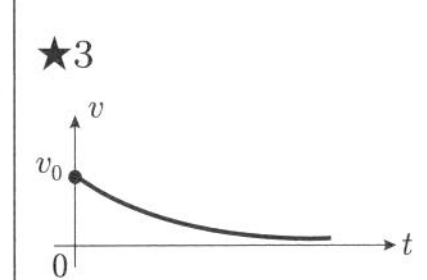

(2)

$$v = \frac{dx}{dt} \quad より，\quad dx = vdt \tag{9.3}$$

よって，$x = \int dx = \int vdt$．(9.2)を代入して $x = \int v_0 e^{-kt}dt = -\frac{v_0}{k}e^{-kt} + C_2$ （C_2は定数）

初期条件 (9.1) より，$0 = -\frac{v_0}{k} + C_2 \quad \therefore \quad C_2 = \frac{v_0}{k}$．よって，$\underline{x(t) = \frac{v_0}{k}(1 - e^{-kt})}$．グラフは図のようになる★4．

★4

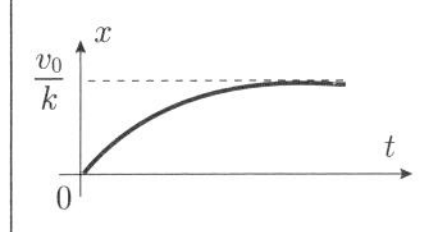

(3) 抵抗力のなす仕事 W は，

$$W = \int \boldsymbol{F} \cdot d\boldsymbol{s} \tag{9.4}$$

1 次元運動なので図★1 のように x 成分で考えて，

$$d\boldsymbol{s} = dx,\ \boldsymbol{F} = -mkv \quad \therefore \ \boldsymbol{F} \cdot d\boldsymbol{s} = (-mkv) \cdot (dx) = -mkvdx$$

よって (9.4) は，$W = \int -mkvdx$．(9.3) を用いて，$W = \int -mkv \cdot vdt = -mk \int v^2 dt$．(9.2)を代入して，

$$W = -mk{v_0}^2 \int e^{-2kt}dt \tag{9.5}$$

(9.2) より，$v = v_0$ のとき $t = 0$，$v = 0$ のとき t は無限大なので，滑走体の速度が v_0 から 0 に到るまでの抵抗力がなす仕事 W は，

$$W = -mk{v_0}^2 \int_0^\infty e^{-2kt}dt = -mk{v_0}^2 \left[-\frac{1}{2k}e^{-2kt} \right]_0^\infty = \underline{-\frac{1}{2}m{v_0}^2}$$

（別解） 簡単に考えれば，**仕事＝エネルギー変化: $\boldsymbol{W = \Delta E}$** より，

$$W = 0 - \frac{1}{2}m{v_0}^2 = -\frac{1}{2}m{v_0}^2$$

ΔE のような (Δ物理量) = (変化後の値) − (変化前の値) とする．つまり，仕事が負なので．滑走体は始めに持っていた運動エネルギーを失い，最終的に停止する．

ポイント

$v = \frac{dx}{dt}$ すなわち $dx = vdt$ の関係を用いて，位置 x の積分から時間 t の積分に変えることができる．

問題 29 仕事の計算 標準

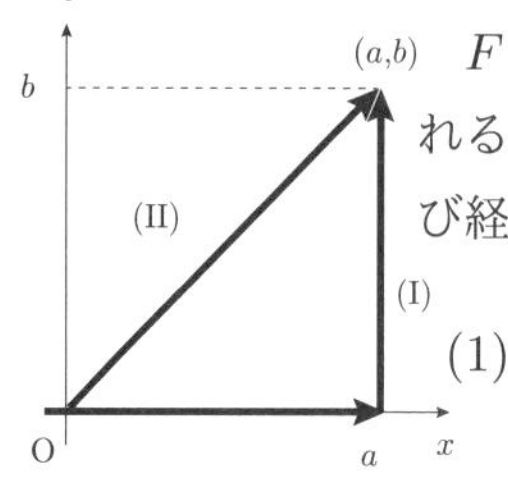

$F = (F_x, F_y) = (Ay^2, xy)$（ただし，$A$ は定数）と表される力を受けて，質点が図の太い矢印で示す経路 (I) および経路 (II) に沿って原点 $(0, 0)$ から (a, b) まで移動した．

(1) 経路 (I) について，力のした仕事 W_{I} を求めなさい．ただし，計算の手順も示すこと．

(2) 経路 (II) について，力のした仕事 W_{II} を求めなさい．ただし，計算の手順も示すこと．

(3) 力 F が保存力であるかどうかを判定する式を力 F の成分 F_x および F_y を用いて書きなさい．

(4) 力 F が保存力となる定数 A の値を求めなさい．

(5) 力 F が保存力となる場合に，位置エネルギー $U(x, y)$ を求めなさい．ただし，$U(0, 0) = 0$ とする．（慶應義塾大学）

解説 物体に働く力 $\boldsymbol{F}$ が，一定でなく変化するときには，仕事は積分を用いて，$W = \int_A^B \boldsymbol{F} \cdot d\boldsymbol{s}$ となる．

x, y 平面上で，$\boldsymbol{F} = (F_x, F_y), d\boldsymbol{s} = (dx, dy)$ の場合，$W = \int \boldsymbol{F} \cdot d\boldsymbol{s} = \int (F_x, F_y) \cdot (dx, dy) = \int F_x dx + \int F_y dy$ で，これを用いて計算すればよい．

解答

(1)

$$\boldsymbol{F} = (F_x, F_y) = (Ay^2, xy) \quad (A\ は定数) \tag{9.6}$$

$$d\boldsymbol{s} = (dx, dy) \tag{9.7}$$

のとき，仕事 $W = \int \boldsymbol{F} \cdot d\boldsymbol{s}$ は★1，

$$\int \boldsymbol{F} \cdot d\boldsymbol{s} = \int (F_x, F_y) \cdot (dx, dy) = \int F_x dx + \int F_y dy \tag{9.8}$$

経路 (I) について図★2 の A 部分では $dy = 0$，B 部分では $dx = 0$ なので，(9.8)，(9.6) を用いて，

★1 $\boldsymbol{F}$ は (9.6) より x, y の関数で一定でないので，仕事は積分となる（98 ページ，(9.31)参照）．

A 部分　$\cdots$　$W_A = \int F_x dx = \int_0^a Ay^2 dx$　(9.9)

B 部分　$\cdots$　$W_B = \int F_y dy = \int_0^b xydy$　(9.10)

A 部分では $y = 0$ なので (9.9) より $W_A = 0$，B 部分では $x = a$ なので (9.10) より $W_B = \int_0^b aydy$. 経路 (I) について力のした仕事 W_I は，A 部分と B 部分の仕事の和なので，

$$W_I = W_A + W_B = \quad 0 + \int_0^b aydy = a\left[\frac{1}{2}y^2\right]_0^b = \underline{\frac{1}{2}ab^2} \qquad (9.11)$$

★2

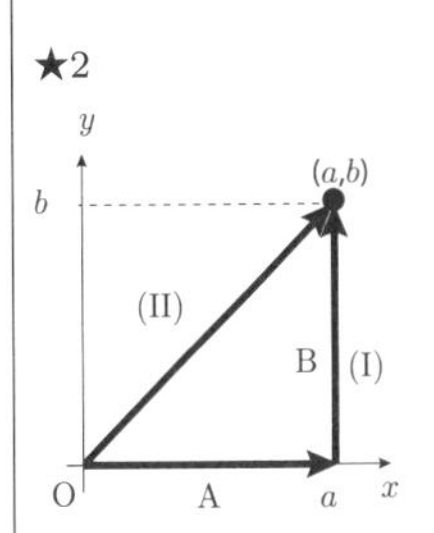

(2)　(9.8)，(9.6) より，$W = \int F_x dx + \int F_y dy = \int Ay^2 dx + \int xydy$. 経路 (II) の積分範囲は $x : 0 \to a$, $y : 0 \to b$ なので，

$$W_{\mathrm{II}} = \int_0^a Ay^2 dx + \int_0^b xydy \qquad (9.12)$$

経路 (II) は $y = \frac{b}{a}x$，あるいは $x = \frac{a}{b}y$ で表される★3．これを (9.12) の右辺第 1 項，第 2 項に代入して，

$$W_{\mathrm{II}} = \int_0^a A\left(\frac{b}{a}x\right)^2 dx + \int_0^b \left(\frac{a}{b}y\right) ydy$$
$$= A\left(\frac{b}{a}\right)^2 \int_0^a x^2 dx + \frac{a}{b}\int_0^b y^2 dy = \underline{\frac{1}{3}ab^2(A+1)} \qquad (9.13)$$

(3)　$\boldsymbol{F} = (F_x, F_y)$ が保存力である条件は★4，

$$\underline{\frac{\partial F_x}{\partial y} = \frac{\partial F_y}{\partial x}} \qquad (9.14)$$

(4)　力 $\boldsymbol{F} = (F_x, F_y) = (Ay^2, xy)$ が保存力となるには，(9.14) を用いて，

$$\frac{\partial}{\partial y}Ay^2 = \frac{\partial}{\partial x}xy \qquad \therefore \quad 2Ay = y \qquad (9.15)$$

よって，$A = \underline{\frac{1}{2}}$★5

(5)　$(0, 0)$ と (x, y) の位置エネルギーの差 $U(x, y) - U(0, 0)$ が $(0, 0)$ から (x, y) までの保存力 F のなす仕事 W に等しい．よって，

$$U(x, y) - U(0, 0) = W \qquad (9.16)$$

$U(0, 0) = 0$ および，W は (9.11) で a, b を x, y に代え，$U(x, y) = \underline{\frac{1}{2}xy^2}$.

★3 経路 (II) の式は $y = \frac{b}{a}x$, あるいは，$x = \frac{a}{b}y$ であるため．

★4 2 次元力の $\boldsymbol{F} = (F_x, F_y)$ が保存力である条件は，$\frac{\partial F_y}{\partial x} - \frac{\partial F_x}{\partial y} = 0$ である（参照：102 ページ，(9.49)）．

★5 別解　F が保存力の場合，仕事は経路によらない（参照：100 ページ，保存力）ので，$W_{\mathrm{I}} = W_{\mathrm{II}}$, (9.11), (9.13)より，

$$\frac{1}{2}ab^2 = \frac{1}{3}ab^2(A+1)$$

よって，$A = \underline{\frac{1}{2}}$

ポイント

力 $\boldsymbol{F}$ が一定ではない場合，仕事 W は積分，$W = \int \boldsymbol{F} \cdot d\boldsymbol{s}$ になる．

問題 30 ポテンシャルのもとでの質点の運動 発展

ポテンシャル $V = V_0\left(\dfrac{x}{a} + \dfrac{a}{x}\right)$ のもとでの質量 m の質点の運動を考える．V_0 と a は正の定数で，質点は x 軸上の正の領域を運動するとする．

(1) 質点に働く力を求めよ．つり合いの位置はどこか．

(2) 質点をつり合いの位置からわずかにずらして静かに手を放してみる．その後，質点がどんな運動をするか簡単に文章で説明せよ．

(3) 時刻を t として，(2) の運動を記述する運動方程式を求めよ．

(4) (3) で求めた運動方程式の一般解を書け．ただし，運動方程式を解く過程は書かなくてよい．

（九州大学）

解説 ポテンシャルエネルギー（位置エネルギー）のもとでの物体の運動で，物体に働く力は，$F = -\dfrac{dV(x)}{dx}$ で与えられる．

解答

(1) ポテンシャルを

$$V(x) = V_0\left(\frac{x}{a} + \frac{a}{x}\right) \tag{9.17}$$

としたとき，質点に働く力は★1，

$$F = -\frac{dV(x)}{dx} = \underline{V_0\left(\frac{a}{x^2} - \frac{1}{a}\right)} \tag{9.18}$$

つり合いの位置は，

$$F = 0 \quad \text{より，} \quad \frac{a}{x^2} - \frac{1}{a} = 0,\ x > 0 \quad \text{より，} \quad \underline{x = a}$$

(2) <u>単振動する．</u>（(3)，(4) を参照．）

(3) つり合いの位置からわずかにずれた位置での質点の運動を考えるので，つりあいの位置 $x = a$ の近傍で $V(x)$ をテイラー展開すると★2，

$$V(x) = V(a) + V'(a)(x-a) + \frac{1}{2}V''(a)(x-a)^2 + \cdots \tag{9.19}$$

ここで，

★1 参照：99 ページ，(9.38)

★2 参照：176 ページ，(13.68)

$$V'(x) = -V_0\left(\frac{a}{x^2} - \frac{1}{a}\right) \qquad \therefore \quad V'(a) = 0 \tag{9.20}$$

$$V''(x) = \frac{2V_0 a}{x^3} \qquad \therefore \quad V''(a) = \frac{2V_0}{a^2} \tag{9.21}$$

よって，

$$V(x) = V(a) + \frac{V_0}{a^2}(x-a)^2 \tag{9.22}$$

近傍を調べているので $x-a$ は微小ゆえ，$x-a$ の 3 次以降の項を無視する．このポテンシャルのもとで質点の運動方程式は，

$$\underline{m\frac{d^2x}{dt^2}} = -\frac{dV(x)}{dx} = \underline{-\frac{2V_0}{a^2}(x-a)} \tag{9.23}$$

(4)　$x-a=u$ とおくと，$\dfrac{d^2x}{dt^2} = \dfrac{d^2u}{dt^2}$ なので，つり合いの位置近傍での運動方程式は，(9.23) より，

$$m\frac{d^2u}{dt^2} = -\frac{2V_0}{a^2}u$$

この式は単振動（調和振動ともいう）の方程式で，

$\omega^2 = \dfrac{2V_0}{ma^2}\left(\omega = \sqrt{\dfrac{2V_0}{ma^2}}\right)$ とおくと，一般解は ★3，

$$u = x - a = A\sin\omega t + B\cos\omega t \quad (A, B \text{ は定数}) \tag{9.24}$$

$$\therefore \quad \underline{x = a + A\sin\omega t + B\cos\omega t \quad \left(A, B \text{ は定数}, \omega = \sqrt{\frac{2V_0}{ma^2}}\right)} \tag{9.25}$$

●(3) をテイラー展開を使わずにより簡単に考えれば，微小距離 $u(u \ll a)$ だけつり合いの位置 $x=a$ よりずれた位置 $x=a+u$ $(u=x-a)$ で物体に働く力を調べる．(9.18)より，

$$F(a+u) = V_0\left(\frac{a}{(a+u)^2} - \frac{1}{a}\right) = \frac{V_0}{a}\left(\left(1+\frac{u}{a}\right)^{-2} - 1\right)$$
$$\simeq \frac{V_0}{a}\left(1 - 2\frac{u}{a} - 1\right)^{\bigstar 4} = -\frac{2V_0}{a^2}u$$

$u = x-a$ なので (9.23)右辺の外力項になり，運動方程式 (9.23)が出る．

★3 179 ページ，(13.82)を参照．

★4 u が微小なので，第 3 項から第 4 項の近似は，176 ページ，(13.67)を参照．

ポイント

物理で，テイラー展開は近似計算に大いに有用であり，広く用いられる．

問題 31 エネルギー積分 発展

質量 m の物体が1次元空間（直線）を運動する場合を考え，その位置座標を x と書く．以下の問に答えよ．

(1) 物体に働く力が物体の位置座標 x だけの関数（ポテンシャルエネルギー）$U(x)$ を使って，

$$F = -\frac{dU}{dx}$$

と与えられる時，この物体の運動方程式を示せ．

(2) 前問で与えた運動方程式を用いて，

$$E = \frac{1}{2}m\dot{x}^2 + U(x)$$

で定義される力学的エネルギーが時間によらず一定であることを示せ．ただし $\dot{x}$ は物体の座標 x の時間微分（速度）を表す．

(3) この物体に（1）で表される力に加えて，物体の速度に比例する粘性抵抗 $-\eta\dot{x}(\eta > 0)$ が働く時，力学的エネルギーの時間変化はどうなるかを説明せよ．

（中央大，一部省略）

解説 運動方程式を時間で積分するとエネルギー保存則が導かれることをしっかり押さえる．エネルギー積分といっている．

解答

(1) 運動方程式は，

$$m\ddot{x} = F \text{ より，} \quad \underline{m\ddot{x} = -\frac{dU}{dx}} \tag{9.26}$$

(2) 運動方程式 (9.26) の両辺に $\dot{x}$ を乗じて ★1，

$$m\dot{x}\ddot{x} = -\frac{dU}{dx}\dot{x} \tag{9.27}$$

左辺について，$\dfrac{d}{dt}(\dot{x})^2 = 2\dot{x}\ddot{x}$ なので ★2，$m\dot{x}\ddot{x} = \dfrac{d}{dt}\left(\dfrac{1}{2}m\dot{x}^2\right)$

右辺について，$-\dfrac{dU}{dx}\dot{x} = -\dfrac{dU}{dx}\dfrac{dx}{dt} = -\dfrac{dU}{dt}$

したがって，(9.27)は，

★1 この過程をエネルギー積分という（参照：98 ページ，**エネルギー積分**）．ドット表示ではなく簡略化しないで書かれています．

★2 ドット表示（参照：38 ページ，(4.23)，39 ページ，(4.24)）に慣れていない場合は，そのまま書き下すと，$\dfrac{d}{dt}\left(\dfrac{dx}{dt}\right)^2 = 2\dfrac{dx}{dt}\dfrac{d^2x}{dt^2} = 2\dot{x}\ddot{x}$ である．

$$\frac{d}{dt}\left(\frac{1}{2}m\dot{x}^2\right) = -\frac{dU}{dt} \qquad \therefore \quad \frac{d}{dt}\left(\frac{1}{2}m\dot{x}^2 + U\right) = 0$$

両辺を時間 t で積分して，$\underline{\frac{1}{2}m\dot{x}^2 + U(x) = E \ (E \text{ は定数})}$ (9.28)

力学的エネルギー E ★3 は時間によらず一定である（エネルギー保存則）.

(3) 運動方程式 (9.26)右辺の外力項に粘性抵抗 $-\eta\dot{x}$ を加えて，粘性抵抗が働くときの運動方程式は，

$$m\ddot{x} = -\frac{dU}{dx} - \eta\dot{x}, \qquad \therefore \quad m\ddot{x} + \eta\dot{x} + \frac{dU}{dx} = 0 \tag{9.29}$$

両辺に $\dot{x}$ を乗じて，

$$m\dot{x}\ddot{x} + \eta\dot{x}\dot{x} + \frac{dU}{dx}\dot{x} = 0$$

第 1，3 項について前問と同様に変形して，

$$\frac{d}{dt}\left(\frac{1}{2}m\dot{x}^2\right) + \eta\dot{x}\dot{x} + \frac{dU}{dt} = 0$$

上式に (9.28) を用いて，

$$-\frac{d}{dt}\left(\frac{1}{2}m\dot{x}^2 + U\right) = -\frac{d}{dt}E = (\eta\dot{x})\dot{x} \tag{9.30}$$

上式左辺は，力学的エネルギー $\frac{1}{2}m\dot{x}^2 + U(x) = E$ の時間当たりの減少率，右辺は，粘性抵抗力 $(\eta\dot{x})$ × 速度 $(\dot{x})$ = 粘性抵抗力による仕事率，つまり時間当たりの粘性抵抗が外部に行う仕事なので，(9.30)式は，

物体の力学的エネルギーの時間あたりの減少（変化）
= 粘性抵抗が時間当たりに物体に行う仕事，になっている.

★3 E は (9.28)より運動エネルギーとポテンシャルエネルギーの和で，力学的エネルギーという.

ポイント

エネルギー積分：ニュートンの第 2 法則（運動方程式）を時間積分して，エネルギー保存則を導くこと.

左ページ脚注★ 2 で合成関数の微分に慣れていない人は，

$\frac{dx}{dt} = X$ とおいて

$$\frac{d}{dt}(\dot{x})^2 = \frac{d}{dt}\left(\frac{dx}{dt}\right)^2 = \frac{d}{dt}X^2 = \frac{d}{dX}X^2 \cdot \frac{dX}{dt} = 2X\frac{dX}{dt} = 2 \cdot \frac{dx}{dt} \cdot \frac{d^2x}{dt^2} = 2\dot{x}\ddot{x}$$

とすればよい.

Tea Time ……仕事

物体に働く力 $\boldsymbol{F}$ が，一定でなく変化するときには，仕事は積分を用いて，

$$W = \int_A^B \boldsymbol{F} \cdot d\boldsymbol{s} = \int_A^B F ds \cos\theta \tag{9.31}$$

ここで θ は $\boldsymbol{F}$ と移動方向 $d\boldsymbol{s}$ とのなす角である．(8.18)に代わる式である．

Tea Time ……エネルギー積分

1 次元で考えるとニュートンの運動方程式は，

$$m\frac{d^2x}{dt^2} = F \tag{9.32}$$

両辺に $\dfrac{dx}{dt}$ をかけて，

$$m\frac{dx}{dt}\frac{d^2x}{dt^2} = F\frac{dx}{dt} \tag{9.33}$$

t で積分すると，

$$m\int_{t_0}^{t} \frac{dx}{dt}\frac{d^2x}{dt^2}dt = \int_{t_0}^{t} F\frac{dx}{dt}dt \tag{9.34}$$

上式の左辺は，合成関数の微分として，

$$\frac{d}{dt}\left(\frac{dx}{dt}\right)^2 = 2\frac{dx}{dt}\frac{d^2x}{dt^2}$$

なので，

$$\frac{m}{2}\int_{t_0}^{t} \frac{d}{dt}\left(\frac{dx}{dt}\right)^2 dt = \frac{m}{2}\left(\frac{dx}{dt}\right)^2\Bigg|_{t_0}^{t} \tag{9.35}$$

となり，$\dfrac{dx}{dt} = v$ として，$t = t_0$ で $v = v_0$ と書くと $\dfrac{1}{2}mv^2 - \dfrac{1}{2}m{v_0}^2$ となる．(9.34) の右辺は，$\displaystyle\int F\frac{dx}{dt}dt = \int Fdx$ なので，それぞれ t, t_0 に対応する位置を x, x_0 とすると，結局 (9.34) 式は，

$$\frac{1}{2}mv^2 - \frac{1}{2}m{v_0}^2 = \int_{x_0}^{x} Fdx \tag{9.36}$$

となる．$\dfrac{1}{2}mv^2$ は運動エネルギー，$\displaystyle\int Fdx$ は仕事なので，2 つの時刻の間に力 F が物体に与えた仕事は，同時刻の間の運動エネルギーの増加に等しいことを表し，**仕事＝エネルギー変化**の関係 (8.19) 式を説明する．なお，t, v, x は任意量，t_0, v_0, x_0 は定数とする．上の積分過程をエネルギー積分と言っている．

Tea Time ……………………… エネルギー保存則の導出

ポテンシャルエネルギー（位置エネルギー）を次のように定義する．力 F とつり合う反対方向の力 $-F$ を考え，x_0 から x へ動く間にする仕事を求め，これをこの間のポテンシャルエネルギー $V(x)$ の差であると定義する．式に書くと，

$$V(x) - V(x_0) = \int_{x_0}^{x} -F(x)dx \tag{9.37}$$

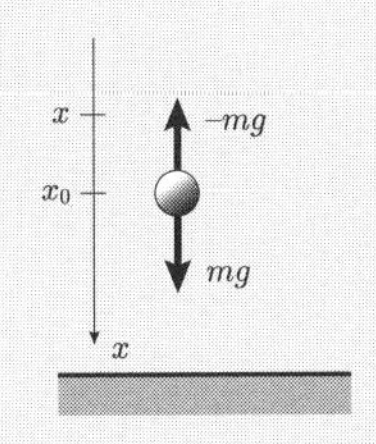

たとえば，地上の重力場で考えると，質量 m の物体には下方向を正として重力 mg が働く．これに逆らって，同じ大きさで逆向きの力 $-mg$ で上方に x_0 から x まで動かすと，物体に $\int_{x_0}^{x} -mgdx = -mg(x-x_0)$ の仕事を与えたことになり，仕事は物体にポテンシャルエネルギーとして蓄えられる．いま，下方向を正としているので，$x - x_0 = -h$ と置くと，これは物体を高さ h だけ上方に持ち上げる仕事を行うと，ポテンシャルエネルギー mgh 分が物体に蓄えられたことに相当する．

式 (9.37) を x について微分すると，下の重要な式が導かれる．

$$F(x) = -\frac{dV(x)}{dx} \tag{9.38}$$

力 $=$ −ポテンシャルエネルギーの微分

ポテンシャルエネルギー (9.37) を使って，(9.36) は以下のように書ける．

$$\frac{1}{2}mv^2 + V(x) = \frac{1}{2}m{v_0}^2 + V(x_0) = E \tag{9.39}$$

E は運動エネルギーとポテンシャルエネルギーの和で，**力学的エネルギー**と呼び，運動エネルギーやポテンシャルエネルギーが変化してもその和は運動を通じて一定の量である．これが**エネルギー保存則**である．

仕事により蓄えられたポテンシャルエネルギーは物体の位置にのみ依存する量である，逆にポテンシャルエネルギーが仕事に変わるときも，その過程の最初と最後の位置のみで決まり，途中の道筋によらない．ポテンシャルエネルギーで定義できない摩擦力や抵抗力のする仕事は途中の道筋によって変わる．

(9.38)式は 3 次元では，

$$\boldsymbol{F} = \left(-\frac{\partial V}{\partial x}, -\frac{\partial V}{\partial y}, -\frac{\partial V}{\partial z}\right) = -\mathrm{grad}\, V = -\boldsymbol{\nabla} V$$

上式第 2 項は略して第 3 項，あるいは第 4 項のように書くことが多く，記号は各々グラディエント，ナブラと読む．

Tea Time …… 保存力

(9.38)のように書ける（特別な）力を**保存力**という．保存力は，次の特徴を持つ．

(1)　保存力が働いても力学的エネルギーが保存される．
(2)　保存力のする仕事は，その仕事の道筋によらない，出発点と終点の位置のみにより決まる．

(1) について：
(9.38)のように書けるとき，また書けるときに限って，(9.36)に代入するとエネルギー保存則 (9.39) が導ける．

(2) について：
点 A から点 P に質点が移動する間に保存力 F がする仕事 W を考えると，$F(x) = -\dfrac{dV(x)}{dx}$ と書けるので，

$$W = \int_{\mathrm{A}}^{\mathrm{P}} F dx = -\int_{\mathrm{A}}^{\mathrm{P}} \frac{dV}{dx} dx = -\int_{\mathrm{A}}^{\mathrm{P}} dV = V(A) - V(P)$$

点 A から点 P にいたる道筋は多数考えられるが，仕事 W が出発点 A と終点 P のポテンシャルの差だけで決まっていて道筋によらないことを示す．保存力でない力による仕事の場合は，道筋により異なる．たとえば摩擦力を考えると，長い道筋ほど仕事が大きくなる．

Tea Time …… 保存力の判定条件

保存力 $\mathbf{F}$ による仕事は道筋によらないので，点 A →P へ C 経由と D 経由で等しいから，

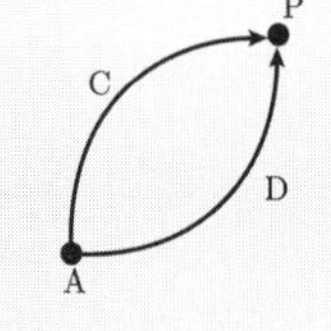

$$\int_{\mathrm{ACP}} \boldsymbol{F} \cdot d\boldsymbol{s} = \int_{\mathrm{ADP}} \boldsymbol{F} \cdot d\boldsymbol{s} \tag{9.40}$$

ここで，

$$\int_{\mathrm{ADP}} \boldsymbol{F} \cdot d\boldsymbol{s} = -\int_{\mathrm{PDA}} \boldsymbol{F} \cdot d\boldsymbol{s}$$

なので，

$$\oint \boldsymbol{F} \cdot d\boldsymbol{s} = \int_{\mathrm{ACP}} \boldsymbol{F} \cdot d\boldsymbol{s} + \int_{\mathrm{PDA}} \boldsymbol{F} \cdot d\boldsymbol{s} = 0 \tag{9.41}$$

ただし，$\oint$ は閉曲線に沿った周回積分を表す．(9.40)，あるいは (9.41) は**保存力の判定条件（積分形）**である．

次に保存力の判定条件の微分形を考える．図の xy 平面の微小区間で考えると，A→D→P への仕事 W_{ADP} と A→C→P への仕事 W_{ACP} は等しい．W_{ADP} は A→D の仕事と D→P の仕事の和で，$\boldsymbol{F} = (F_x, F_y)$ とすると，A→D の仕事は，A 点の x 方向の力 $F_x(x, y)$ が微小区間 Δx の間一定と考えて，$F_x(x, y) \times \Delta x$，D→P の仕事は，D 点の y 方向の力 $F_y(x + \Delta x, y)$ が Δy の間一定と考え，$F_y(x + \Delta x, y) \times \Delta y$ なので，和をとって，

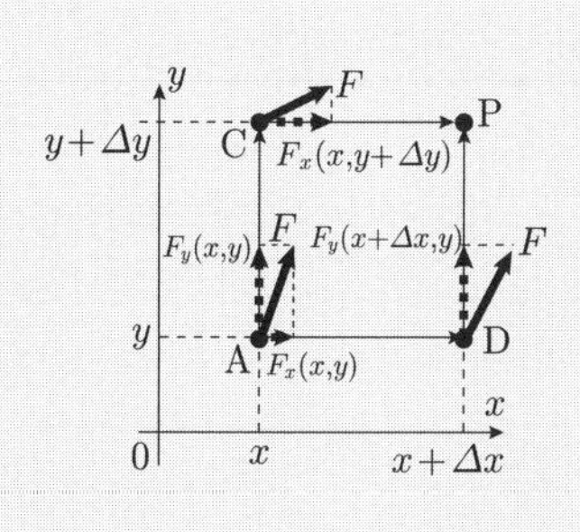

$$W_{\mathrm{ADP}} = F_x(x, y)\Delta x + F_y(x + \Delta x, y)\Delta y \tag{9.42}$$

同様に，

$$W_{\mathrm{ACP}} = F_y(x, y)\Delta y + F_x(x, y + \Delta y)\Delta x \tag{9.43}$$

仕事が道筋によらず等しいので，$W_{\mathrm{ADP}} = W_{\mathrm{ACP}}$，(9.42), (9.43) を用いてまとめると，

$$\begin{aligned} W_{\mathrm{ADP}} - W_{\mathrm{ACP}} &= \{F_y(x + \Delta x, y) - F_y(x, y)\}\Delta y - \{F_x(x, y + \Delta y) - F_x(x, y)\}\Delta x \\ &= \frac{F_y(x + \Delta x, y) - F_y(x, y)}{\Delta x}\Delta x\Delta y - \frac{F_x(x, y + \Delta y) - F_x(x, y)}{\Delta y}\Delta x\Delta y \\ &= 0 \end{aligned} \tag{9.44}$$

上式 (9.44) の分数部分は，微小区間を考えているので，

$$\lim_{\Delta x \to 0} \frac{F_y(x + \Delta x, y) - F_y(x, y)}{\Delta x} = \frac{\partial F_y}{\partial x} \quad , \quad \lim_{\Delta y \to 0} \frac{F_x(x, y + \Delta y) - F_x(x, y)}{\Delta y} = \frac{\partial F_x}{\partial y}$$

とおける（偏微分の定義）．したがって，

$$W_{\mathrm{ADP}} - W_{\mathrm{ACP}} = \left(\frac{\partial F_y}{\partial x} - \frac{\partial F_x}{\partial y}\right)\Delta x\Delta y = 0 \tag{9.45}$$

面積 $\Delta x\Delta y$ で割って単位面積あたり（面積密度）にすると，

$$\frac{\partial F_y}{\partial x} - \frac{\partial F_x}{\partial y} = 0 \tag{9.46}$$

上式が xy 平面（2 次元）での保存力の満たす条件（判定条件，微分形）である．3 次元に拡張して，yz 平面 zx 平面についても同様にして，

$$\frac{\partial F_z}{\partial y} - \frac{\partial F_y}{\partial z} = 0 \quad , \quad \frac{\partial F_x}{\partial z} - \frac{\partial F_z}{\partial x} = 0$$

以上の 3 式の左辺をそれぞれベクトルの z 成分 x 成分 y 成分とし，

$$\mathrm{rot}\,\boldsymbol{F} = \left(\frac{\partial F_z}{\partial y} - \frac{\partial F_y}{\partial z}, \frac{\partial F_x}{\partial z} - \frac{\partial F_z}{\partial x}, \frac{\partial F_y}{\partial x} - \frac{\partial F_x}{\partial y}\right) \tag{9.47}$$

を回転（ローテーション）と定義している．　よって**保存力の判定条件（微分形）**は，3 次元では，

$$\mathrm{rot}\,\boldsymbol{F} = \left(\frac{\partial F_z}{\partial y} - \frac{\partial F_y}{\partial z}, \frac{\partial F_x}{\partial z} - \frac{\partial F_z}{\partial x}, \frac{\partial F_y}{\partial x} - \frac{\partial F_x}{\partial y}\right) = 0 \tag{9.48}$$

2 次元では（xy 平面），

$$\frac{\partial F_y}{\partial x} - \frac{\partial F_x}{\partial y} = 0 \tag{9.49}$$

である．以上まとめると，以下となる．

- **保存力の判定法**

1）保存力 $\boldsymbol{F}$ による仕事が道筋によらず出発点と終点の位置だけに依存する：式 (9.40), (9.41)

2）rot $\boldsymbol{F} = 0$ である：式 (9.48), (9.49)

Chapter 10

力積と運動量

力積は力と時間の積（$\boldsymbol{F}\Delta t$）で力の持続効果を表す量であり，運動量は質量と速度の積 ($m\boldsymbol{v}$) で運動している物体の勢いを表す量で，共にベクトル量である．この 2 つの量の間には，力積（$\boldsymbol{F}\Delta t$）＝運動量変化（$\Delta(m\boldsymbol{v})$）の関係がある．力が働かない ($\boldsymbol{F} = 0$) と運動量変化がない ($\Delta(m\boldsymbol{v}) = 0$)，すなわち運動量が保存する．運動量保存則である．

この章では，「運動量」「力積」「力積と運動量変化の関係」「運動量保存則」「内力，外力とは」「運動量保存則の導出」「反発係数」「衝突問題の解き方」「注意すること」の順に学ぶ．

問題 32 バネに繋がれた物体への衝突 1 基本

図のように，一定速度 V で運動している物体 A（質量 m）が，一端を固定されたバネ（バネ定数 k）の他端に繋がれ静止している物体 B（質量 M）に衝突するとして，以下の問に答えよ．ただし，重力などの外力は働かないものとし，A，B の大きさは無視してよい．また，矢印の方向に x 軸をとり，運動は x の方向にのみおこるものとする．時刻 $t=0$ で，衝突したものとする．

A B V m M x

衝突後は，A と B は一体となって運動したとする．

（1） 衝突直後の速度 V' を求めよ．

（2） 衝突直前と直後での，運動エネルギーの変化 ΔE を求めよ．

（3） 衝突後，時刻 t での，物体 A，B の位置を $x(t)$ とする．$x(t)$ に対する運動方程式を書け．

（4） $x(t)=C\sin\omega t$ として，定数 C と ω を求めよ．

（5） 衝突してから，B が初めて元の位置に戻るまでの時刻 τ を求めよ．

（名古屋工大）

解説 衝突時ばねはまだ縮んでないので，ばねに力は働かない．よって，衝突直前直後で運動量保存則が成り立つ．また，衝突後に一体となった場合（完全非弾性衝突）は，エネルギー変化（損失）が生ずる．

解答

（1）運動量保存の法則より，

$$mV=(m+M)V' \quad \therefore\ \underline{V'=\frac{m}{m+M}V} \tag{10.1}$$

（2）$\Delta E=\dfrac{1}{2}(m+M)V'^2-\dfrac{1}{2}mV^2$

上式の V' に (1) の答を代入して，

$$\underline{\Delta E=-\frac{mM}{2(m+M)}V^2} \tag{10.2}$$

（3）題意から，バネの縮みは $x(t)$ なので，一体となった物体 A，B に働くバネか

らの復元力は $-kx(t)$，よって，

$$\underline{(m+M)\frac{d^2x(t)}{dt^2} = -kx(t)} \tag{10.3}$$

(4) $x(t) = C\sin\omega t$ において，C は $x(t)$ の大きさの最大値，すなわち振幅である．よって，衝突直後（バネの位置エネルギーは 0 ）とバネの縮みが最大値 C のとき（このとき A，B の運動エネルギーは 0）の間で力学的エネルギー保存の法則を用いて C を求めることができる．すなわち，$\frac{1}{2}(m+M)V'^2 = \frac{1}{2}kC^2$ で V' に (10.1) の答を代入して，

$$C = \sqrt{\frac{M+m}{k}}V' = \underline{mV\sqrt{\frac{1}{k(M+m)}}} \tag{10.4}$$

ω は (A+B) の行っている単振動の角振動数 ω であるから，式 $k = m\omega^2$ を用いて，この場合質量が $m+M$ なので $k = (m+M)\omega^2$ より ★1

★1 $x(t) = C\sin\omega t$ を (10.3)に代入して求めることもできる．

$$\underline{\omega = \sqrt{\frac{k}{m+M}}} \tag{10.5}$$

(5) 衝突後に両物体 A，B は，衝突直後の位置 $x = 0$ を中心とした単振動を行う．よってもとの位置に戻るまでの時間 τ は単振動の半周期 $\frac{1}{2}T$ となる．

$$\tau = \frac{1}{2}T = \frac{1}{2}\cdot\frac{2\pi}{\omega} = \frac{\pi}{\omega} = \underline{\pi\sqrt{\frac{m+M}{k}}} \tag{10.6}$$

となる．

ポイント

衝突後一体となった場合（完全非弾性衝突），運動量保存則のみで解ける．

問題	*33*	バネに繋がれた物体への衝突 2	基本

前問で，衝突が完全弾性衝突であるとしたとき，以下の問に答えよ．ただし，$m < M$ とする．
(6) 衝突直後の A，B それぞれの速度 V_A，V_B　を求めよ．
(7) 衝突後，時刻 t での物体 A，B それぞれの位置を $x_A(t)$，$x_B(t)$ とする．それぞれに対する運動方程式を書け．
(8) $x_A(t) = c_0 + c_1 t$ として，定数 c_0, c_1 を求めよ．
(9) $x_B(t) = D \sin \Omega t$ として，定数 D，Ω を求めよ．
(10) 衝突後，A と B が再び衝突することはなかった．$x_A(t)$，$x_B(t)$ の概略を図示せよ．　（名古屋工大）

解 説　完全弾性衝突の場合は，運動量保存則，はねかえり係数の式（$e = 1$ とする）を連立して解く．もしも，はねかえり係数の式が適用できない場合は，運動量保存則，エネルギー保存則の式を連立して解く．

解 答

(6) 衝突直前，直後の間の運動量保存の法則より，

$$mV = mV_A + MV_B$$

完全弾性衝突なので，はね返り係数は 1．よってはね返り係数の式 ★1 から，

$1 = -\dfrac{V_A - V_B}{V}$ となる．両式より，

★1 121 ページ，(10.45)，(10.46) 参照．

$$V_A = \frac{m - M}{m + M}V, \qquad V_B = \frac{2m}{m + M}V \tag{10.7}$$

(7) A は衝突後 $m < M$ より $V_A < 0$ となり，左向きに等速運動をする．時刻 t での A に働く外力は 0 であるから，

$$m\frac{d^2 x_A(t)}{dt^2} = 0 \tag{10.8}$$

物体 B の外力はバネからの復元力 $-kx_B(t)$ であるから，

$$M\frac{d^2 x_B(t)}{dt^2} = -kx_B(t) \tag{10.9}$$

(8) A は衝突後, V_A で左向きに等速度運動を行うから $V_A = \dfrac{m - M}{m + M}V < 0(m <$

M) に注意して, $x_A(t) = V_A t = \dfrac{m-M}{m+M}Vt$ となる．ここで $x_A(t) = c_0 + c_1 t$ の設定より,

$$c_0 = \underline{0}, \qquad c_1 = \underline{\frac{m-M}{m+M}V} \tag{10.10}$$

(9) 衝突後 B は単振動を行う ★2 ．$x_B(t) = D\sin\Omega t$ で, D は振幅, すなわちバネの縮みの最大値なので, 衝突直後（このときバネの位置エネルギーは 0）とバネの縮みが最大値 D のとき（物体の運動エネルギーは 0）の間で力学的エネルギー保存の法則を用いて，$\dfrac{1}{2}M{V_B}^2 = \dfrac{1}{2}kD^2$ となる．D を求めて V_B に (10.7) を代入して,

$$\begin{aligned} D =& V_B\sqrt{\frac{M}{k}} = \frac{2m}{M+m}V\sqrt{\frac{M}{k}} \\ =& \underline{\frac{2m}{M+m}\sqrt{\frac{M}{k}}V} \end{aligned} \tag{10.11}$$

Ω については, $x_B(t) = D\sin\Omega t$ を (10.9)に代入して整理すると,

$$M\Omega^2 = k \qquad \therefore \quad \Omega = \underline{\sqrt{\frac{k}{M}}}$$

(10) 衝突後 A は左向きに $V_A = \dfrac{m-M}{m+M}V$ (<0) で等速度運動し, B は最初両球が衝突した位置（バネの自然長の末端）を中心として周期 $T = \dfrac{2\pi}{\Omega} = 2\pi\sqrt{\dfrac{M}{k}}$ で単振動をするから, $x_A(t)$, $x_B(t)$ のグラフの概略を図示すると,

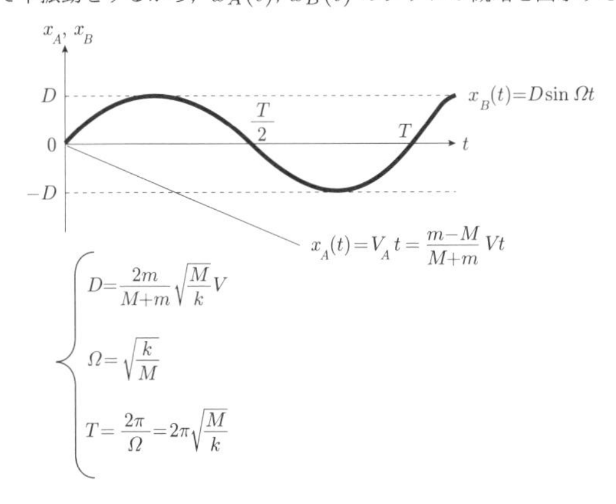

★2　B の運動方程式 (10.9) は単振動を表す．179 ページ, **単振動の微分方程式**で詳しく述べる．

ポイント
完全弾性衝突のときは, まず反発係数 $e=1$ を用いることを考える．

問題	34	1次元衝突（直衝突）	標準

同一直線上を速さ v_1, v_2 で運動する質量 m_1, m_2 の球が衝突する．この2つの球の間の反発係数を e とするとき，衝突による運動エネルギーの減少量を求めよ．また，$e=1$ のとき運動エネルギーは保存されることを示せ．

解説 この問は計算力が試される．まず計算の方針を立て，何を求めるのかを常に頭において計算する．もしも，解く式が全て対称式になっていれば，解に至る式，解も対称式になっている．対称式については脚注★2を参照．

解答

質量 m_1，m_2 の球の衝突前後の速度をそれぞれ，v_1，$v_1{}'$，v_2，v_2' とする★1．

運動量保存則は，

$$m_1v_1 + m_2v_2 = m_1v_1{}' + m_2v_2{}' \tag{10.12}$$

反発係数 e は，

$$e = -\frac{衝突後の相対速度}{衝突前の相対速度} = -\frac{v_1{}' - v_2{}'}{v_1 - v_2}$$

$$\therefore \quad e(v_1 - v_2) = v_2{}' - v_1{}' \tag{10.13}$$

(10.12)+(10.13)×m_1 より，

$$m_1v_1 + m_2v_2 + m_1e(v_1 - v_2) = (m_1 + m_2)v_2{}'$$

$$\therefore v_2{}' = \frac{1}{m_1 + m_2}\quad((1+e)m_1v_1 + (m_2 - em_1)v_2) \tag{10.14}$$

(10.12)−(10.13)×m_2 より，同様に計算して，

$$v_1{}' = \frac{1}{m_1 + m_2}((1+e)m_2v_2 + (m_1 - em_2)v_1)^{\star 2} \tag{10.15}$$

運動エネルギー減少量は，

$$\Delta E = \left(\frac{1}{2}m_1v_1{}'^2 + \frac{1}{2}m_2v_2{}'^2\right) - \left(\frac{1}{2}m_1v_1{}^2 + \frac{1}{2}m_2v_2{}^2\right) \tag{10.16}$$

(10.14)，(10.15)を用いて，次を計算すると

★1

	m_1	m_2
衝突前	v_1	v_2
衝突後	$v_1{}'$	$v_2{}'$

よくミスする人は，表を作るとミスしない．運動量保存則は表の各列で順に乗じて加え（矢印），

$$m_1v_1 + m_2v_2$$
$$= m_1v_1' + m_2v_2'$$

反発係数 e は，各行で差をとり，分数にして，負号をつけて，

$$e = -\frac{衝突後の相対速度}{衝突前の相対速度}$$
$$= -\frac{v_1' - v_2'}{v_1 - v_2}$$

★2
(10.12)，(10.13)式で添え字の1と2を互いに交換しても式の値は変わらない．このような式を**対称式**という．

$$
\begin{aligned}
A =& m_1 {v_1'}^2 + m_2 {v_2'}^2 \\
=& \frac{m_1}{(m_1+m_2)^2}\left((1+e)m_2v_2 + (m_1 - em_2)v_1\right)^2 \\
&+ \frac{m_2}{(m_1+m_2)^2}\left((1+e)m_1v_1 + (m_2 - em_1)v_2\right)^2 \\
=& \frac{1}{(m_1+m_2)^2}\Big[\{m_1(m_1-em_2)^2 + (1+e)^2{m_1}^2m_2\}{v_1}^2 \\
&+ \{m_2(m_2-em_1)^2 + (1+e)^2{m_2}^2m_1\}{v_2}^2 \\
&+ \{m_1(1+e)m_2(m_1-em_2) + m_2(1+e)m_1(m_2-em_1)\}\times 2v_1v_2\Big]
\end{aligned}
$$

上式の大括弧 [　] 内の第 1〜3 項を (I)〜(III) とおいて計算する．

$$
\begin{aligned}
\text{(I)} &= m_1{v_1}^2\{(m_1-em_2)^2 + (1+e)^2m_1m_2\} \\
&= m_1{v_1}^2(m_1+m_2)(e^2m_2+m_1)
\end{aligned}
\tag{10.17}
$$

同様に計算して，$\text{(II)} = m_2{v_2}^2(m_2+m_1)(e^2m_1+m_2)$ （(I) 式の最後の式の添字について 1 と 2 を互いに交換したものが (II) 式になっている）．

$$
\begin{aligned}
\text{(III)} &= 2v_1v_2m_1m_2(1+e)(m_1-em_2+m_2-em_1) \\
&= 2(1-e^2)v_1v_2m_1m_2(m_1+m_2)
\end{aligned}
$$

すると，

$$
\begin{aligned}
A = \frac{1}{(m_1+m_2)^2}〔\text{(I)}+\text{(II)}+\text{(III)}〕 &= \frac{1}{m_1+m_2}\{(e^2m_2+m_1)m_1{v_1}^2 \\
&+ (e^2m_1+m_2)m_2{v_2}^2 + 2(1-e^2)v_1v_2m_1m_2\}
\end{aligned}
\tag{10.18}
$$

また，$B = m_1{v_1}^2 + m_2{v_2}^2$ とおくと，(10.16)より，

$$
\begin{aligned}
\Delta E &= \frac{1}{2}(A-B) \\
&= \frac{1}{2}\frac{1}{m_1+m_2}\Big\{(e^2m_2+m_1)m_1{v_1}^2 + (e^2m_1+m_2)m_2{v_2}^2 \\
&\quad + 2(1-e^2)v_1v_2m_1m_2 - (m_1+m_2)(m_1{v_1}^2+m_2{v_2}^2)\Big\} \\
&= -\frac{(1-e^2)m_1m_2(v_1-v_2)^2}{2(m_1+m_2)}
\end{aligned}
\tag{10.19}
$$

となる．$1 \geqq e \geqq 0$ なので $\Delta E \leqq 0$ と負になっているので運動エネルギーは減少する．エネルギー減少量は，$|\Delta E| = \dfrac{(1-e^2)m_1m_2(v_1-v_2)^2}{2(m_1+m_2)}$，式で $e=1$（完全弾性衝突）とすると $|\Delta E| = 0$ （エネルギー損失$=0$），すなわち運動エネルギーは保存される．

連立した 2 本の対称式から 2 解を得た場合，他方の解は一方の解の**添え字の交換**により得られる．(10.14) と (10.15)は添え字の交換の関係になっている．解 (10.15) は解 (10.14) の添え字の 1 と 2 を互いに入れ替えたものになっている．このことは非常に役立つ．計算ミスを防ぎ，計算の見通しをよくし，解の予測がつく．憶えておくとよい．添字の交換の関係は，他にもこのページの本文第 2 行と 3 行，4 行以降の第 1 項と 2 項の｛　｝内などでもいえる．

ポイント

2 次以上の式を含む計算の注意，1) 共通因数をくくり出す，2) まとまった項は置き換えて計算する，3) 式の対称性を用いる．対称式の性質を用いる．

問題 35 2 次元衝突 標準

質量 m_1 の滑らかな球が，静止している質量 m_2 の滑らかな球に衝突し，速度の方向が入射方向から θ だけ変わり，質量 m_2 の球は m_1 の入射方向から ϕ の角をなす方向に動き出した．両球を完全弾性体として，θ を ϕ で表す式を求めよ．

解 説 ●**計算の方針**は以下のようになる．出てくる文字は m_1，m_2，v，v_1，v_2，θ，ϕ で，題意から m_1，m_2 が既知より，残る 5 文字が未知になる．2 次元なので，独立な式は，運動量保存，エネルギー保存合わせて **3 式**（(10.20)～(10.22)）あるので，**3 文字**消去できる．5 文字のうち 3 文字 v，v_1，v_2 を消去すると，θ，ϕ の式が残る．ここから θ を ϕ で表すことが可能になる．

●この問は計算力が試される．まず計算の方針を立て，何を求めたいのかを頭において解くことをマスターする．2 次元衝突は運動量保存則とエネルギー保存則を組み合わせて解くのが原則である．2 次元衝突を解くときのパターンなので，必ず自分の手で計算して修得すること．ここに出てくるような**解法の原理**を理解しないとたとえ簡単な計算であっても手も足も出ない．

解 答

衝突後の m_1, m_2 の速さを v_1, v_2 とする．運動量保存とエネルギー保存は，

x 方向運動量保存則
$$m_1 v = m_1 v_1 \cos\theta + m_2 v_2 \cos\phi \tag{10.20}$$

y 方向運動量保存則
$$0 = m_1 v_1 \sin\theta - m_2 v_2 \sin\phi \tag{10.21}$$

エネルギー保存則
$$\frac{1}{2} m_1 v^2 = \frac{1}{2} m_1 {v_1}^2 + \frac{1}{2} m_2 {v_2}^2 \tag{10.22}$$

(10.21) より，

$$m_2 v_2 = m_1 v_1 \frac{\sin\theta}{\sin\phi} \quad (v_1 \text{と } v_2 \text{の関係}) \tag{10.23}$$

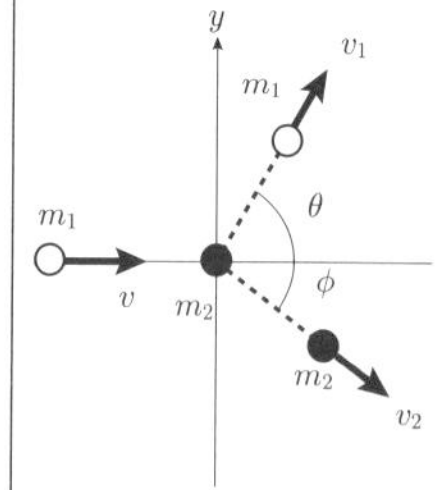

(10.20)より，

$$v = v_1 \cos\theta + \frac{m_2 v_2}{m_1} \cos\phi$$

（右辺第 2 項に (10.23) を代入して v_2 を消去して，）

$$= v_1\cos\theta + v_1\frac{\sin\theta}{\sin\phi}\cos\phi = v_1\left(\cos\theta + \frac{\sin\theta\cos\phi}{\sin\phi}\right) \text{（}v\text{ と }v_1\text{の関係）} \tag{10.24}$$

(10.22) より，

$$m_1v^2 = m_1v_1^2 + \frac{(m_2v_2)^2}{m_2} \star 1$$

上式に (10.24), (10.23) を代入して計算すると，

$$\therefore \quad m_1{v_1}^2\left(\cos\theta + \frac{\sin\theta\cos\phi}{\sin\phi}\right)^2 = m_1v_1^2 + \frac{(m_1v_1)^2}{m_2}\cdot\frac{\sin^2\theta}{\sin^2\phi}$$

$$\therefore \quad \left(\cos\theta + \frac{\sin\theta\cos\phi}{\sin\phi}\right)^2 = 1 + \frac{m_1}{m_2}\frac{\sin^2\theta}{\sin^2\phi}$$

$$\therefore \quad \cos^2\theta\left(1 + \frac{\sin\theta}{\cos\theta}\cdot\frac{\cos\phi}{\sin\phi}\right)^2 = 1 + \frac{m_1}{m_2}\frac{\sin^2\theta}{\sin^2\phi}$$

両辺を $\cos^2\theta$ で割り，カッコ内の $\dfrac{\sin\theta}{\cos\theta} = \tan\theta$ と置くと，

$$\left(1 + \tan\theta\frac{\cos\phi}{\sin\phi}\right)^2 = \frac{1}{\cos^2\theta} + \frac{m_1}{m_2}\frac{\sin^2\theta}{\cos^2\theta}\frac{1}{\sin^2\phi}$$
$$= 1 + \tan^2\theta + \frac{m_1}{m_2}\tan^2\theta\frac{1}{\sin^2\phi} \tag{10.25}$$

(10.25) は $\tan\theta$ の 2 次方程式なので，$\tan\theta = X$ とおき計算して，

$$\left(1 + \frac{\cos\phi}{\sin\phi}X\right)^2 = 1 + X^2 + \frac{m_1}{m_2\sin^2\phi}X^2$$

$$\therefore \quad \left(1 + \frac{m_1}{m_2\sin^2\phi} - \frac{\cos^2\phi}{\sin^2\phi}\right)X^2 - 2\frac{\cos\phi}{\sin\phi}X$$
$$= \left[\left(1 + \frac{m_1}{m_2\sin^2\phi} - \frac{\cos^2\phi}{\sin^2\phi}\right)X - 2\frac{\cos\phi}{\sin\phi}\right]X = 0 \tag{10.26}$$

$\theta \neq 0$ より，$X = \tan\theta \neq 0$ なので，

$$X = \underline{\tan\theta} = \frac{2\frac{\cos\phi}{\sin\phi}}{1 + \frac{m_1}{m_2\sin^2\phi} - \frac{\cos^2\phi}{\sin^2\phi}} = \frac{2m_2\sin\phi\cos\phi}{m_2\sin^2\phi + m_1 - m_2\cos^2\phi}$$
$$= \underline{\frac{m_2\sin 2\phi}{m_1 - m_2\cos 2\phi}}$$

または，$\underline{\theta = \tan^{-1}\left(\dfrac{m_2\sin 2\phi}{m_1 - m_2\cos 2\phi}\right)}$

上式，最後の変形に三角関数公式：$2\sin\phi\cos\phi = \sin 2\phi$, $\cos 2\phi = \cos^2\phi - \sin^2\phi$ を用いた．

★1 (10.24)（v を v_1 で表した式），(10.23)（v_2 を v_1 で表した式）を代入して，v, v_2 を v_1 の式で置き換える．すると v_1 が消去でき θ と ϕ だけの（θ を ϕ で表す）式が得られる．

ポイント

2 次元衝突問題は：x 方向運動量保存則，y 方向運動量保存則と力学的エネルギー保存則を組み合わせて解く．

問題 36 台上の小球の運動 基本

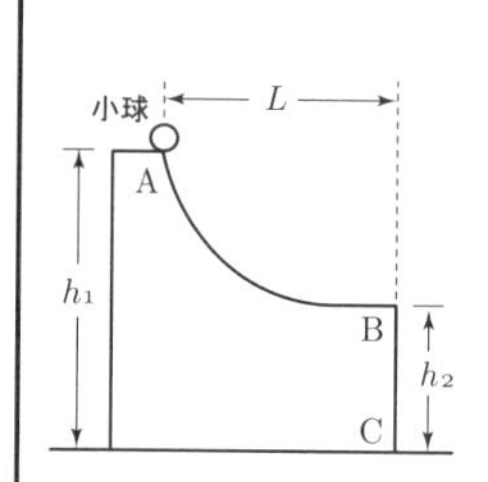

図のように，滑らかで水平な床の上に，滑らかな曲面ABをもつ質量 M の台が置かれている．いま，質量 m の小球を頂点Aで静かに離したところ，小球は曲面ABに沿って滑り落ち，台の先端Bから床と平行に飛び出し，床上に落下した．台の頂点A，先端Bの床からの高さはそれぞれ h_1，h_2 で，AB間の水平距離を L とする．小球と曲面ABの間，台と床との間に摩擦はないものとして，つぎの問いに答えよ．なお，空気の抵抗は無視し，重力加速度の大きさは g とせよ．

(1) 小球がB点から飛び出すとき，小球と台のそれぞれの床に対する速度を求めよ．ただし，水平右向きを正とする．

(2) 小球がBに達したときに，台と小球が床に対して動いた距離はそれぞれいくらか．

(3) 小球がB点を離れてから床面に落下するまでの時間を求めよ．

(4) 小球が床面に落下した瞬間の，落下位置とC点との距離を求めよ．

（日本大学，一部改変）

解説 運動量保存則は外力が働かないときに成立する．設問では水平方向に外力成分が存在しないので，水平方向の運動保存則が成立する．

解答

(1) 水平右向きに x 軸をとる．小球と台から成る系に水平方向に働く**外力成分はないので**，水平方向の**運動量保存則が成り立つ** ★1．Bから小球が飛び出すときの小球の水平速度を v_B，そのときの台の速度を V_B とすると，水平方向の運動量保存則は，はじめ小球も台も静止していたので，

$$mv_B + MV_B = 0 \tag{10.27}$$

また，エネルギー保存則は，

$$\frac{1}{2}mv_B{}^2 + \frac{1}{2}MV_B{}^2 = mg(h_1 - h_2) \tag{10.28}$$

$v_B > 0,\ V_B < 0$ に注意して (10.27)，(10.28)を解いて，

★1 系に**外力**が働かないとき，運動量保存則が成り立つ．小球と台の系に働く**外力**は小球，台にかかる重力，床から台にかかる垂直抗力で，共に鉛直成分のみで，**水平成分を持たないので，水平方向の運動量保存則が成り立つ．**

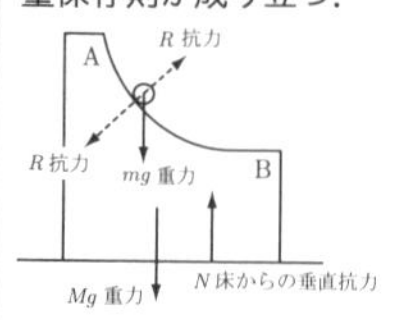

実線は外力、点線は内力

$$V_B = -m\sqrt{\frac{2}{M(m+M)}g(h_1-h_2)}, \quad v_B = \sqrt{\frac{2M}{(m+M)}g(h_1-h_2)} \tag{10.29}$$

(2) 小球が A 点から滑り出した時刻を $t=0$ とする．時刻 t での小球の（重心の）x 座標を $x(t)$，台の重心の x 座標を $X(t)$ とすると，全体の重心の x 座標 x_G は，

$$x_G = \frac{mx(t)+MX(t)}{m+M} \tag{10.30}$$

時刻 t での小球，台の速度の水平方向成分をそれぞれ $v(t)$, $V(t)$ とする．時刻 t での系の全運動量は，はじめの運動量に等しく，はじめ小球も台も静止していたので，水平方向の運動量保存則は，

$$mv(t)+MV(t)=0 \tag{10.31}$$

(10.30) を時間 t で微分して，最後に (10.31) を用いると，

$$\frac{dx_G}{dt} = \frac{m\frac{dx(t)}{dt}+M\frac{dX(t)}{dt}}{m+M} = \frac{mv(t)+MV(t)}{m+M} = 0^{\star 2} \tag{10.32}$$

よって，重心の x 方向速度は 0，すなわち系の重心位置は x 方向に動かない．すなわち，（時刻 $t=0$ での系の重心の x 座標）＝（時刻 t での系の重心の x 座標）．式にすると，

$$\frac{mx(0)+MX(0)}{m+M} = \frac{mx(t)+MX(t)}{m+M} \tag{10.33}$$

変形して，

$$x(t)-x(0) = \frac{M}{m}(X(0)-X(t)) \tag{10.34}$$

t を B 点から小球が飛び出した時刻とすると，小球と台が（床に対して）動いた距離 $\Delta x, \Delta X$ は，$\Delta x = x(t)-x(0)$, $\Delta X = X(0)-X(t)$ ★3．よって (10.34) は $\Delta x = \frac{M}{m}\Delta X$，また $\Delta x + \Delta X = L$．両式を解いて，

$$\Delta x = \frac{M}{m+M}L \quad , \quad \Delta X = \frac{m}{m+M}L.$$

(3) 小球は B で水平に飛び出すから，床に落ちるまでの時間を t_2 とすると，

$$\frac{1}{2}gt_2^2 = h_2 \qquad \therefore \quad t_2 = \sqrt{\frac{2h_2}{g}}$$

(4) この間，水平方向に小球も台も等速度運動なので，$V_B < 0$ に注意して，求める距離は，(10.29)を用いて，$S = v_Bt_2 + (-V_B)t_2 = 2\sqrt{\frac{m+M}{M}(h_1-h_2)h_2}$

★2 式からわかるように，

$$\text{重心速度} = \frac{\text{全運動量}}{\text{全質量}}$$

である．外力が働かなければ全運動量は保存するので，重心速度＝一定，すなわち**重心は等速運動する**．(10.31)のように全運動量=0 なら重心は静止，つまり**重心位置は一定**である．

★3

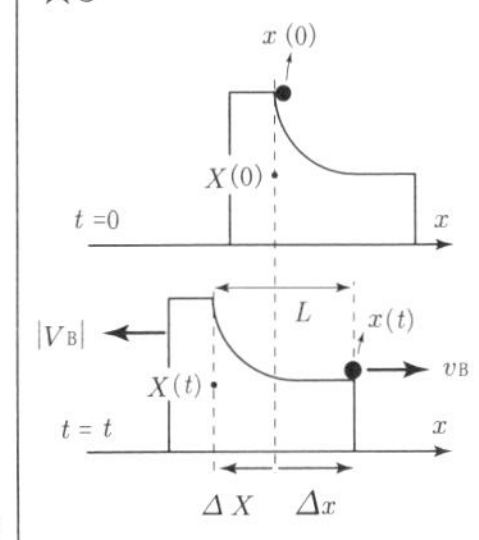

問題 37　ロケットの運動 1　基本

ロケットが燃料を後方に相対速度 v_0 で放出して垂直に上昇する場合を考える．燃料の放出によってロケットの質量は時間とともに減少する．質量は時間 t の関数として $m(t) = m_0 + m_1 - at$ で与えられる．m_0 は燃料が空のロケットの質量，m_1 はロケットに積み込む燃料の質量，a は正の定数である．ロケットは初期時刻 $t = 0$ で静止状態から燃料を放出して上昇を始め，時刻 $t = m_1/a$ で燃料がなくなってそれ以後質量は一定になる．重力加速度の大きさを g とし，重力以外の影響は無視する．ロケットが燃料を放出している時間 $(0 \leqq t \leqq m_1/a)$ のみを考える．

(1) 速度 $v(t)$ のロケットは微小時間 Δt の間に燃料を $a\Delta t$ 放出してその速度を $v(t + \Delta t)$ に変化させる．時刻 $t + \Delta t$ でのロケットの運動量と時間 Δt の間に放出された燃料の運動量の和を微小時間 Δt の 1 次まで求めよ．また，微小時間 Δt の間の運動量の変化 Δp を Δt の 1 次まで求めよ．

(2) 前問で求めた運動量の変化が，微小時間 Δt の間に重力がロケットに及ぼす力積に等しいことを用いて，ロケットの速度 $v(t)$ を決定する運動方程式を導け．

（お茶の水女子大）

解説　ロケットは燃料放出の反動で進む．これは分裂の問題で，放出の前後で運動量保存則の適用を考える．しかし，この問の場合ロケットは地上発射のため，ロケットと燃料が“分裂”する間に重力が働くので，運動量変化＝重力による力積，として解く．ロケットが重力を無視できる宇宙空間を進むのであれば，重力による力積=0 なので運動量変化=0，すなわち運動量保存則で解けばよい．この場合ロケットの進む方向と逆方向に作用する重力による力積を無視できる分だけ，ロケットはより大きな速度を得ることになる．微小時間 Δt の間に燃料を一度に噴射すると考えれば問題は単純化される．

解答

(1) 図のように，上向きを正とし，微小時間 Δt の間に燃料を一度に $a\Delta t$ 放出したとする．燃料の静止系から見た速度を v' とすると相対速度★1 v_0 で後方（下向き）に放出したので，v_0 に負号（−）をつけて，

★1 ［A に対する B の相対速度 (V_{BA})］＝［B の速度 (V_B)］−［A の速度 (V_A)］，この場合は A はロケット，B は燃料にあたる．

$$
\begin{aligned}
-v_0 =& v' - v(t+\Delta t) \\
&\therefore\ v' = -v_0 + v(t+\Delta t)
\end{aligned}
\tag{10.35}
$$

となる．よって，時刻 $t+\Delta t$ での全運動量（ロケットと放出された燃料の運動量の和）$p(t+\Delta t)$ は，

$$p(t+\Delta t) = m(t+\Delta t)v(t+\Delta t) + a\Delta t\cdot v'^{\bigstar 2} \tag{10.36}$$

$$=(m_0+m_1-a(t+\Delta t))\,v(t+\Delta t) + a\Delta t\cdot(-v_0+v(t+\Delta t)) \tag{10.37}$$

★2 運動量の計算では静止系での速度 v' を用いる．相対速度 v_0 は使えない．また，$m(t+\Delta t) = (m_0+m_1-a(t+\Delta t)) = m_0+m_1-at-a\Delta t$ である．

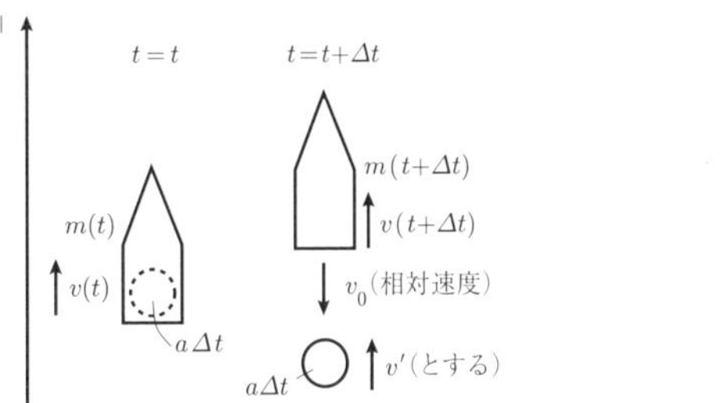

Δt が微小なので $v(t+\Delta t)$ を 1 次の項まで展開すると ★3，

★3 テイラー展開（176 ページ，(13.69)）を用いて近似する．

$$v(t+\Delta t) \simeq v(t) + \frac{dv(t)}{dt}\Delta t$$

これを (10.37) に代入して整理すると，

$$p(t+\Delta t) = \underline{(m_0+m_1-at)\left(v(t)+\frac{dv(t)}{dt}\Delta t\right) - v_0\,a\Delta t} \tag{10.38}$$

Δt の間の全運動量の変化 Δp は，

$$\Delta p = p(t+\Delta t) - p(t) = p(t+\Delta t) - m(t)v(t)$$

右辺第 1 項に (10.38)，第 2 項に $m(t) = m_0+m_1-at$ を代入すると，

$$\Delta p = \underline{(m_0+m_1-at)\frac{dv(t)}{dt}\Delta t - v_0\,a\Delta t} \tag{10.39}$$

(2)　重力がロケットに及ぼす力積 i は ★4，上向き正で重力は下方向なので，

★4 力積の計算で，微小時間 Δt の間ロケットの質量は噴射前の質量で一定とみなす．

$$i = -m(t)g\cdot\Delta t = -(m_0+m_1-at)\,g\Delta t \tag{10.40}$$

"運動量変化（Δp）=力積（i）" の関係 ★5 に (10.39) (10.40) を代入して，

★5 参照：118 ページ，Tea Time，力積と運動量変化の関係

$$
\begin{aligned}
&(m_0+m_1-at)\frac{dv(t)}{dt}\Delta t - a\Delta t\cdot v_0 = -(m_0+m_1-at)\,g\,\Delta t \\
&\therefore\quad \underline{(m_0+m_1-at)\frac{dv(t)}{dt} = -(m_0+m_1-at)g + av_0}
\end{aligned}
\tag{10.41}
$$

問題 38 ロケットの運動 2 発展

問題 37 について，

(3) 初期時刻 $t=0$ でロケットが上昇し始めるための条件を求めよ．

(4) 運動方程式を解いてロケットの速度 $v(t)$ を求めよ．

(5) 燃料の放出によって得られるロケットが上昇する加速度の最大値と，加速度が最大値に到達する時刻を求めよ． （お茶の水女子大）

解答

(3) $t=0$ のときの運動方程式は (10.41) より，

$$(m_0+m_1)\frac{dv}{dt}=-(m_0+m_1)g+av_0$$

静止していたロケットが上昇するには加速度 $\dfrac{dv}{dt}>0$ でなければならない．このとき $m_0+m_1>0$ より，右辺$=-(m_0+m_1)g+av_0>0$，よって上昇条件は，

$$\underline{v_0>\frac{(m_0+m_1)g}{a}}$$

(4) (10.41) より，

$$\begin{aligned}\frac{dv}{dt}&=-g+\frac{av_0}{m_0+m_1-at}\\&=-g-\frac{1}{t-(m_0+m_1)/a}v_0\quad\left(0\leqq t\leqq\frac{m_1}{a}\right)\end{aligned}\tag{10.42}$$

$$\therefore\quad v=-gt-v_0\log\left|t-\frac{m_0+m_1}{a}\right|+C\quad(C\ \text{は定数})$$

$0\leqq t\leqq\dfrac{m_1}{a}$ より｜ ｜内は負なので，

$$v=-gt-v_0\log\left(\frac{m_0+m_1}{a}-t\right)+C\tag{10.43}$$

初期条件は $t=0$ でロケットは静止状態 $(v=0)$ なので上式に代入して C を決めると，

$$C=v_0\log\frac{m_0+m_1}{a}$$

よって (10.43) は，

$$v(t) = -gt - v_0 \left(\log \left(\frac{m_0 + m_1}{a} - t \right) - \log \frac{m_0 + m_1}{a} \right)$$

$$= -gt - v_0 \log \left(1 - \frac{a}{m_0 + m_1} t \right) = \underline{-gt + v_0 \log \frac{m_0 + m_1}{m_0 + m_1 - at}}$$

(5)　(10.42)より，

$$\frac{dv}{dt} = -g + \frac{1}{(m_0 + m_1)/a - t} v_0$$

上式第 2 項の分母が最小になるとき，加速度 $\dfrac{dv}{dt}$ は最大値をとる．$0 \leqq t \leqq \dfrac{m_1}{a}$ より $t = \dfrac{m_1}{a}$ のとき，(10.42)に代入して，加速度の最大値は，

$$\frac{dv}{dt} = \underline{-g + \frac{a}{m_0} v_0}$$

加速度が最大値に到達する時刻は，

$$t = \underline{\frac{m_1}{a}}$$

Tea Time　運動量

運動量

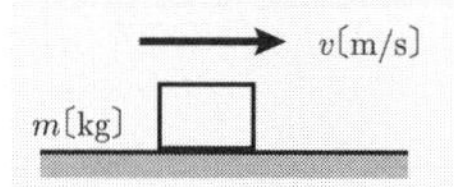

向き；速度 $\boldsymbol{v}$ と同じ
大きさ；mv〔kg･m/s〕

質量 m の物体が速度 $\boldsymbol{v}$ で運動するとき，その積を運動量という．**運動量はベクトルである．**

$$\boldsymbol{p} = m\boldsymbol{v}$$

Tea Time　力積

力積

（FをΔt秒間加え続ける）

向き；力($\boldsymbol{F}$)と同じ
大きさ；$F\Delta t$〔N･s〕

物体に力 $\boldsymbol{F}$ を，時間 Δt の間加え続けたとき，その積を物体に働いた力積という．　**力積はベクトル**　である．

$$\boldsymbol{i} = \boldsymbol{F}\Delta t$$

運動量は運動の勢いを表す量，力積は力の持続効果を表す量と理解できる．

Tea Time　力積と運動量変化の関係

速度 $\boldsymbol{v}_0$ で運動している質量 m の物体に力 F を時間 Δt 加えて，速度が $\boldsymbol{v}$ になったとき，**物体に加えた力積＝物体の運動量の変化**　の関係が成立する．

$$\underbrace{\boldsymbol{F}\Delta t}_{\text{力積}} = \underbrace{m\boldsymbol{v} - m\boldsymbol{v}_0}_{\text{運動量変化}} \tag{10.44}$$

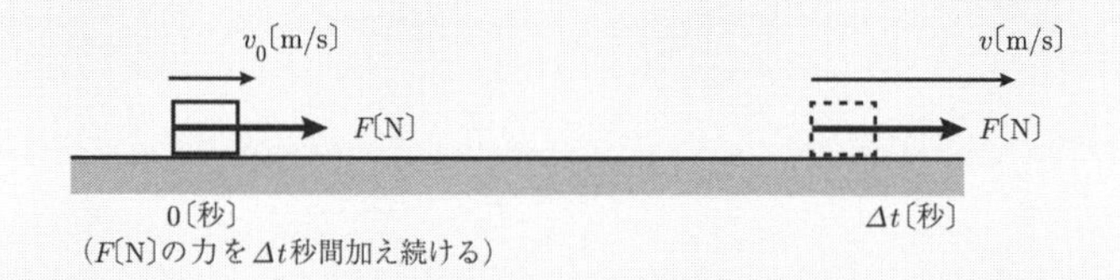

1 次元で考えると，ニュートンの運動方程式 $F = \dfrac{dp}{dt}$　(6.31) を変形すると，$Fdt = dp = d(mv) = mdv$　(m は一定)，dv は速度変化なので $dv = v - v_0$，より，$Fdt = m(v - v_0)$ で，(10.44) を得る．すなわちニュートンの運動方程式の別表現と言ってよい．**外力 $\boldsymbol{F} = 0$ なら運動量変化 $= 0$，すなわち運動量は保存する．**

Tea Time ……運動量保存則

2 つ以上の物体に**外力が働かず，互いに内力のみを及ぼし合って**運動が変化したとき，変化の前後で，運動量の和（ベクトル和）は変わらない．これを運動量保存則という．銀河サイズの巨視的世界からミクロレベルの微視的世界にまで成り立つ**普遍的法則**である．

速度 $\boldsymbol{v}_1, \boldsymbol{v}_2$ で運動している質量 m_1, m_2 の 2 物体が衝突して，速度が $\boldsymbol{v}_1'$，$\boldsymbol{v}_2'$ になったとき，衝突前後で，

$$m_1\boldsymbol{v}_1 + m_2\boldsymbol{v}_2 = m_1\boldsymbol{v}_1' + m_2\boldsymbol{v}_2'$$

1 次元では，

$$m_1v_1 + m_2v_2 = m_1v_1{}' + m_2v_2{}'$$

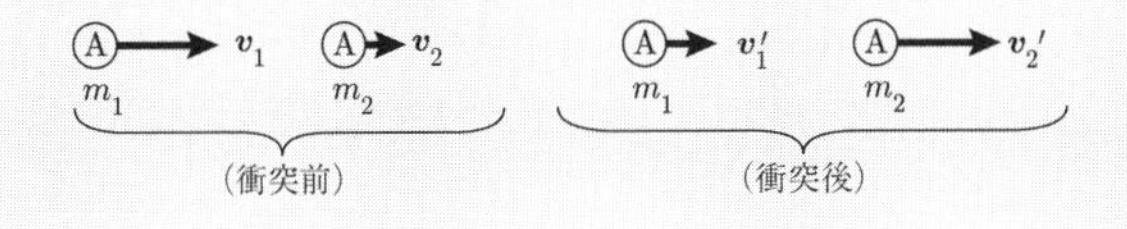

Tea Time ……内力，外力とは

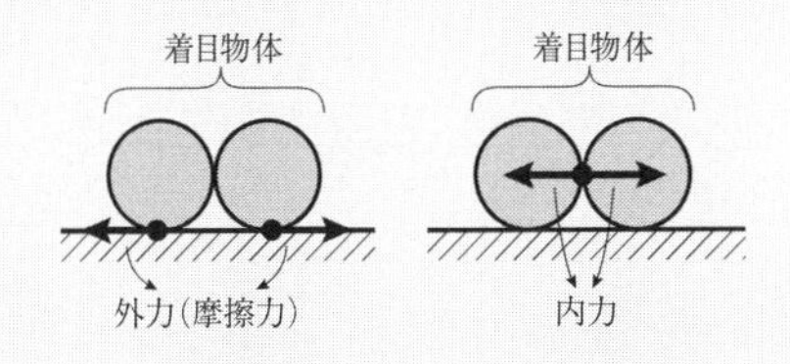

内力：着目している物体系の**内部**でやり取りされる力，2 つの球の衝突なら衝突したときに働く力（抗力）が内力である．内力は作用反作用の関係があり，同じ大きさの力が逆向きに働いていることに注意する．結局，打ち消しあってしまうため，外力による力積しか系の運動量を変化させられない．よって外力が働かなければ系の運動量は保存される．

外力：着目している物体系の外部から働く力，たとえば床上の 2 つの球の衝突なら床からの摩擦力，空気抵抗など．

Tea Time ······ 運動量保存則の導出

● 運動量保存則はニュートンの運動の法則から導かれるニュートンの運動の法則の別表現である．

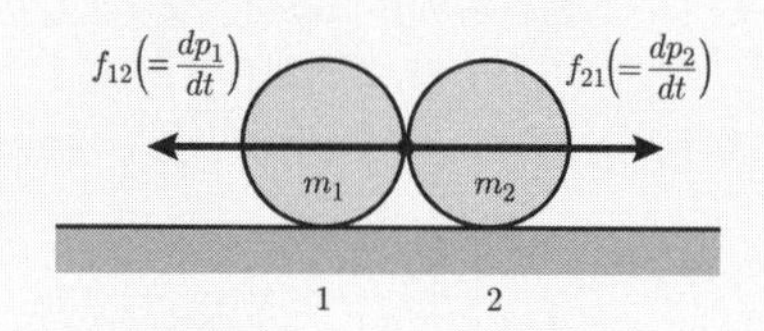

1, 2 の系に**外からの力（外力）が働かない状況**で，図のように 2 つの球 1，2 の衝突を考える．衝突時に働く抗力（内力）f_{12}, f_{21} は**ニュートンの作用反作用の法則**により等しいので，

$$f_{12} = -f_{21}$$

f_{12}, f_{21} はそれぞれ，1 が 2 から受ける抗力，2 が 1 から受ける抗力とする．1, 2 の運動量を p_1, p_2 とすると，ニュートンの運動方程式より，

$$f_{12} = \frac{dp_1}{dt}, \quad f_{21} = \frac{dp_2}{dt}$$

よって，

$$\frac{dp_1}{dt} = -\frac{dp_2}{dt} \qquad \therefore \ \frac{d(p_1+p_2)}{dt} = 0$$

これより，

$$p_1 + p_2 = 一定$$

$m_1v_1 + m_2v_2 = 一定$，とも書け，**外力が働かない状況で**，2 つの球の運動量の和，すなわち**全運動量**は保存される（**運動量保存則**）．多粒子系になっても衝突時に働く力が内力だけで外力が働かなければ，同様に全運動量は保存される．

$$m_1v_1 + m_2v_2 + m_3v_3 + \cdots = 一定$$

運動量はベクトル量である．1 次元成分で考えたが，2 次元以上に拡張して，

$$m_1\boldsymbol{v}_1 + m_2\boldsymbol{v}_2 + m_3\boldsymbol{v}_3 + \cdots = 一定$$

が成り立つ．

Tea Time ……………………………… 反発係数

摩擦を考えない表面が滑らかな 2 物体が衝突するとき，衝突前後の相対速度の比を反発係数 e という．e は衝突する物体の面の材質のみで決まる定数で，$0 \leqq e \leqq 1$ の正の値をとる．各速度成分の符号は，衝突方向の速度成分を正，その逆を負とする．

$$e = -\frac{\text{衝突後の（遠ざかるときの）相対速度}}{\text{〃 前の（近づくときの）相対速度}} = -\frac{v_2' - v_1'}{v_2 - v_1} \tag{10.45}$$

具体例を挙げると，

- 1 次元衝突（直衝突）の場合

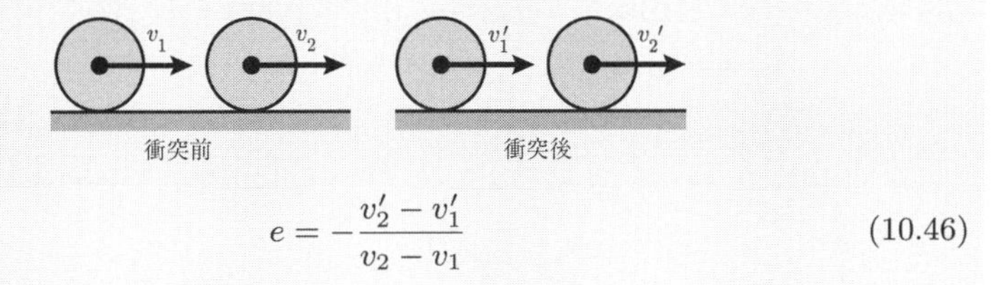

$$e = -\frac{v_2' - v_1'}{v_2 - v_1} \tag{10.46}$$

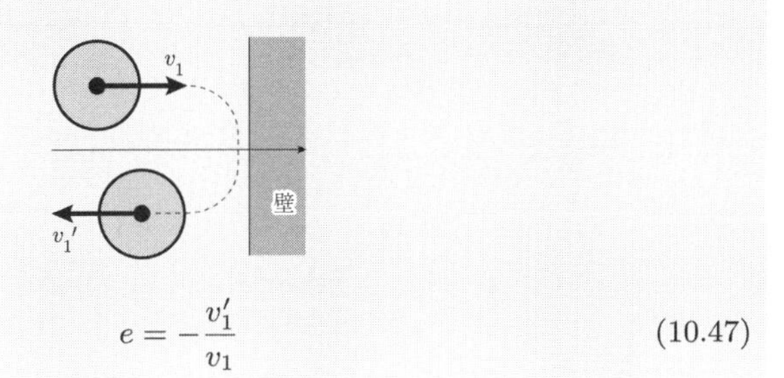

$$e = -\frac{v_1'}{v_1} \tag{10.47}$$

この場合衝突相手の壁は動かないので，(10.46)で $v_2 = v_2' = 0$ ．

- 2 次元衝突の場合

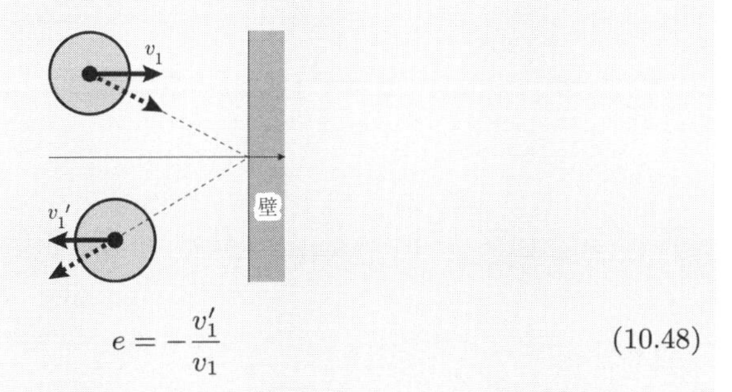

$$e = -\frac{v_1'}{v_1} \tag{10.48}$$

衝突方向と平行（壁と垂直）の速度成分をとる．壁は動かないので，(10.46)で $v_2 = v_2' = 0$.

いろいろな衝突は反発係数 $e(0 \leqq e \leqq 1)$ の値により次の 3 つの場合に分けられる．

$e = 1$　（完全）弾性衝突；力学的エネルギーは**保存する**，衝突時に熱などのエネルギー損失は発生しない．

$0 < e < 1$　非弾性衝突；力学的エネルギーは衝突後**減少する**，衝突時に熱などのエネルギー損失を発生する．

$e = 0$　完全非弾性衝突；衝突後に一体となってしまう場合．エネルギー損失を発生する．

Chapter 11

円運動

次の2つの見方ができるようになることがポイントである．1) **外から見ると**，円運動する物体は，加速度を持ち中心を向く（$\Longrightarrow$ **運動方程式で解く**），2) **物体に乗って一緒に回る人から見ると**，物体には遠心力が外向きに働いて見える（$\Longrightarrow$ **つり合いの問題として解く**）．

問題　39　糸につけたおもりの運動　**基本**

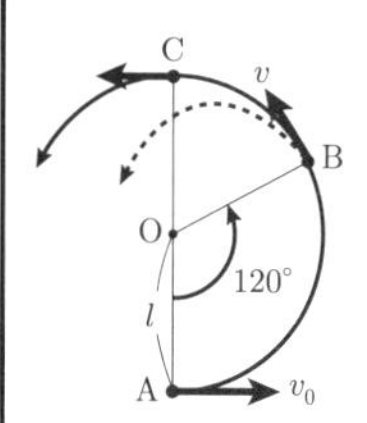

質量 m のおもりが点 O から長さ l の糸によりつるしてある．このおもりに水平に初速度 v_0 を与えたところ円運動をはじめ，その後点 B で糸はたるみ，おもりは放物運動をはじめた．重力加速度を g とする．

(1)　点 B でのおもりの速さ v を g, l を使って求めよ．

(2)　v_0 を g, l を使って求めよ．

(3)　糸がたるむことなく円運動して真上の点 C を通過するための初速度の最小値はいくらになるか．

(4)　糸がたるまずに振動するための初速度 v_0 の条件はどうなるか．

（類題　筑波大，他多数）

解 説　鉛直方向の円運動では，速さの関係は力学的エネルギー保存則によって求める．本問では，v と v_0 の間に力学的エネルギー保存則を用いる．

鉛直面内の円運動は，

1) 遠心力を考えて半径方向のつり合いの式（または，半径方向の運動方程式），

2) 力学的エネルギー保存の式，を連立して解く

解 答

(1)　円運動で半径方向のつり合いの式は，T を張力，θ を T と鉛直線のなす角として

$$\frac{mv^2}{l} = T + mg\cos\theta \tag{11.1}$$

ここで，mv^2/l は遠心力である．B 点で糸がたるむので，$T = 0$，その時の角 $\theta = 60°$ を上式に代入して v を求めると

$$v = \sqrt{gl\cos\theta} = \sqrt{gl\cos 60°} = \underline{\sqrt{\frac{gl}{2}}}$$

(2)　v と v_0 の関係は，B 点と A 点の間の力学的エネルギー保存則より，重力による位置エネルギーの基準を A 点において，

$$\frac{1}{2}mv^2 + mgl(1+\cos\theta) = \frac{1}{2}m{v_0}^2, \tag{11.2}$$

$\theta = 60°$ を代入して

$$v_0^2 = v^2 + 3gl$$

ここに（1）の結果 $v = \sqrt{gl/2}$ を用いて，$\underline{v_0 = \sqrt{\dfrac{7gl}{2}}}$.

(3)　真上の点 C において半径方向のつり合いの式は，C 点でのおもりの速さを v とすれば，(11.1)で $\theta = 0°$ を代入して，$\dfrac{mv^2}{l} = T + mg$. C 点で糸がたるんでいないので $T \geqq 0$ より

$$T = m\frac{v^2}{l} - mg \geqq 0 \qquad \therefore \quad v^2 \geqq gl \tag{11.3}$$

C 点と A 点の間の力学的エネルギー保存則は (11.2) で $\theta = 0°$ として

$$\frac{1}{2}mv^2 + 2mgl = \frac{1}{2}m{v_0}^2 + 0 \qquad \therefore \quad v^2 = {v_0}^2 - 4gl$$

これを (11.3) の第 2 式に代入して

$$v_0^2 - 4gl \geqq gl \qquad v_0^2 \geqq 5gl \qquad \therefore\ v_0 \geqq \sqrt{5gl}$$

よって C 点を通過するための初速度の最小値は，$v_0 = \underline{\sqrt{5gl}}$.

(4)　振り子のように振動する条件として，1）どこかで $v = 0$ になる，2）糸がたるまない → $T \geqq 0$ ，ならばよい．(11.1) で $v = 0$，$T \geqq 0$ より

$$T = -mg\cos\theta \geqq 0 \qquad \therefore \cos\theta \leqq 0 \tag{11.4}$$

これがたるまずに振動するための θ の条件である ★1 ．エネルギー保存則 (11.2) で $v = 0$ として，v_0 の条件を求めると

$$mgl(1+\cos\theta) = \frac{1}{2}mv_0^2 \qquad \therefore \quad \cos\theta = \frac{v_0^2}{2gl} - 1$$

(11.4) に代入して

$\dfrac{v_0^2}{2gl} - 1 \leqq 0$　よって，　$\underline{v_0 \leqq \sqrt{2gl}}$ ★2

★1 ここから条件は，$90° \leqq \theta \leqq 270°$ であることが分かる．(1) の図 θ をこの範囲で変えてみれば下半円内の運動となり納得できる．

★2 不等号の最大値 $v_0 = \sqrt{2gl}$ の場合おもりは糸が水平になる位置 D に行く条件である．$\frac{1}{2}m{v_0}^2 = mgl$ より $v_0 = \sqrt{2gl}$ となることから分かる．よって，D,(D′) より上がり過ぎないような v_0 を与えれば振り子運動することになる．

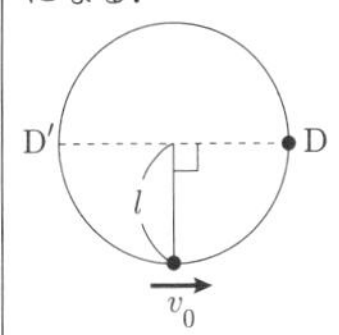

ポイント

“糸がたるまない” ⟶ 張力 $T \geqq 0$ (場合によって $T > 0$)，糸がたるむ ⟶ $T = 0$ とする．

問題 40 半円筒面に沿って上昇する小球 基本

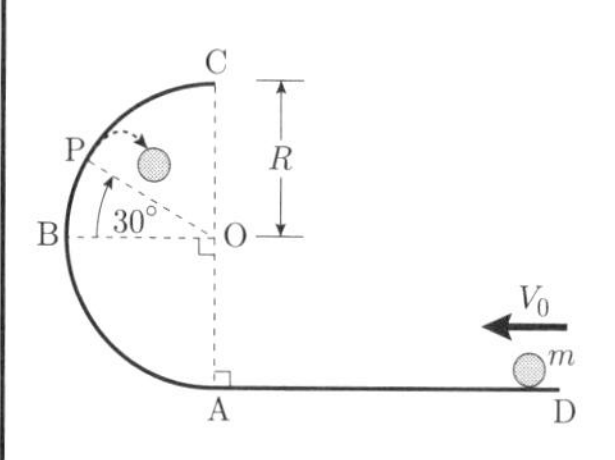

図において，弧 ABC は半径 R の半円筒面，点 O は中心軸，AC は直径である．水平面 AD は AC に直交し，また，OB も AC に直交している．大きさが無視できる質量 m の小球が速度 V_0 で水平面上を点 D から点 A の方向に直進運動し，その後，小球が半円筒面に沿って上昇する運動について，以下の問いに答えよ．ただし，重力加速度を g，小球と水平面および半円筒面の間に摩擦はないものとする．

(1) 小球が半円筒面に沿って上昇し，点 B に到達するために必要な最小の速度 V_0 を求めよ．

(2) 図に示すように，小球が半円筒面に沿って上昇し点 P で半円筒面から離れる場合，その後は放物運動を行うが，点 P における小球の速度 V_P が，$V_P = \sqrt{gR/2}$ であることを示せ．ただし，$\angle$ BOP $= 30^\circ$ である．

(3) （2）の一連の運動を行うために必要となる速度 V_0 が $V_0 = \sqrt{7gR/2}$ であることを示せ．

(4) （2）において，点 P で半円筒面から離れた小球が点 A に着地することを示せ．

（豊橋技術科学大）

解 説 点 P で，中心方向に小球に働く力は垂直抗力と重力の中心方向成分の和である．また，垂直方向の円運動なので，点 A,P で力学的エネルギー保存則を用いる．

解 答

(1) 点 D，B で力学的エネルギー保存則を用いて，$\dfrac{1}{2}mV_0{}^2 = mgR$ より

$\therefore \quad \underline{V_0 = \sqrt{2gR}}$ となる．

(2) 小球にかかる垂直抗力を N とする．P 点での半径方向のつり合いは，点 P での遠心力が $m\dfrac{V_P{}^2}{R}$ であるので（図 ★1），

$$m\frac{V_P{}^2}{R} = N + mg\sin 30^\circ \tag{11.5}$$

点 P で小球が面から離れる★2 ので，

$$N = 0 \tag{11.6}$$

(11.5)，(11.6) より，

$$V_P = \sqrt{\frac{gR}{2}} \tag{11.7}$$

(3) 図★3 で点 A（または D）と P で力学的エネルギー保存則を用いると，

$$\frac{1}{2}mV_0{}^2 = \frac{1}{2}mV_P{}^2 + mg(R + R\sin 30^\circ) \tag{11.8}$$

上式に (11.7) を代入して，V_0 を求めると，

$$V_0 = \sqrt{\frac{7gR}{2}} \tag{11.9}$$

(4) 点 P を原点として，図★4 のように x，y 軸をとる．点 P を離れた小球は，初速度 V_P の放物運動（斜め投げ上げ運動）を行う．点 P を離れて時間 t の後の小球の座標 (x, y) は放物運動の式より，

$$x = V_P\cos 60^\circ\, t,\quad y = V_P\sin 60^\circ\, t - \frac{1}{2}gt^2$$

第 1 式より $t = \dfrac{x}{V_P\cos 60^\circ}$ を第 2 式に代入して，小球の軌道の式を求めると，

$$y = x\tan 60^\circ - \frac{1}{2}g\left(\frac{x}{V_P\cos 60^\circ}\right)^2 = x\left(\sqrt{3} - \frac{2gx}{V_P{}^2}\right) \tag{11.10}$$

小球が点 A に着地することを示すには小球の軌道の式 (11.10) が点 A を通ることをいえばよい（図★4）．点 A の座標は，

$$(R\cos 30^\circ, -(R + R\sin 30^\circ)) = \left(\frac{\sqrt{3}}{2}R, -\frac{3}{2}R\right) \tag{11.11}$$

(11.11)より $x = \dfrac{\sqrt{3}}{2}R, y = -\dfrac{3}{2}R$ を (11.10)に代入すると，

$$(\text{左辺}) = -\frac{3}{2}R,\quad (\text{右辺}) = \frac{\sqrt{3}}{2}R\left(\sqrt{3} - \frac{\sqrt{3}gR}{V_P{}^2}\right)$$

(右辺) 式のカッコ内に (11.7)を代入して，(左辺) = (右辺) $= -\dfrac{3}{2}R$ より，小球は点 A に着地する．

★1

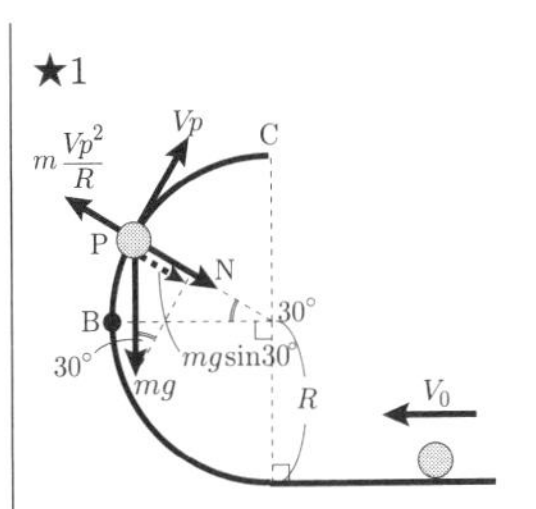

★2 面から離れる → 垂直抗力 $N = 0$

★3

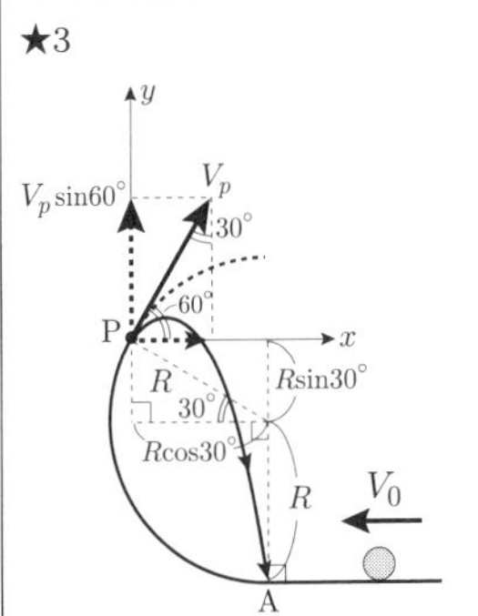

★4 参照：40 ページ，放物運動：基本 5 公式

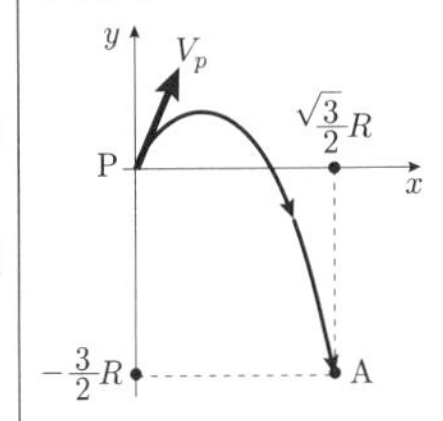

ポイント

鉛直面内の円運動では，速さの関係は力学的エネルギー保存則によって求める．本問では V_p と V_0 について力学的エネルギー保存則を用いる．

問題 41 球上の小球の円運動 基本

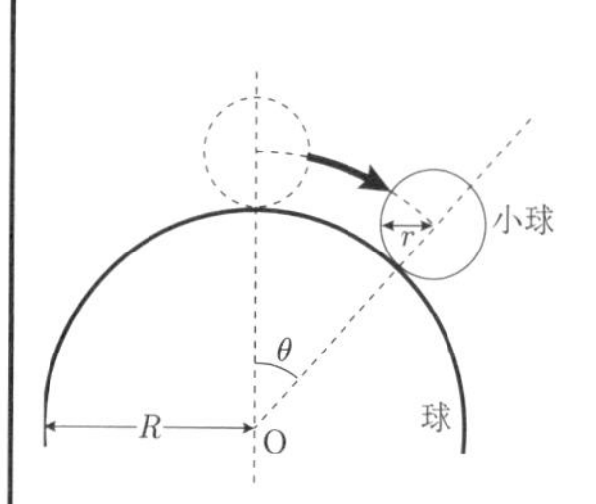

図に示すように，固定された半径 R の球の頂点に半径 r の小球がある．いま，球の頂点から小球が初速度 0 で静かに動きはじめた．二つの球の接触が滑らかで小球が回転しない場合，小球が球から離れる位置（鉛直上方となす角）θ を考える．ただし，小球の質量を m，重力加速度は g とする．また球の中心を点 O とする．

(1) 小球が球から離れる瞬間の小球中心の速度を v とするとき，小球に働く遠心力 F_1，および小球に働く重力の O 方向の成分 F_2 はいくらか．また，F_1 と F_2 にはどのような関係が成り立つか．

(2) 小球のエネルギー保存式を示せ．

(3) $\cos\theta$ を数値で示せ．

(4) 頂点で小球に v_0 の初速度を与えた場合，球が滑ることなく頂点から離れるための v_0 の条件を示せ．

(5) 二つの球の接触が粗で，小球が滑らずに転がる場合，離れる位置 θ を数値で示せ．小球の慣性モーメントを $I = \dfrac{2}{5}mr^2$ とする．

（岡山大，(4)，(5) 追加）

解 説 鉛直面内の円運動では，物体に働く重力の接線成分が 0 ではないので，非等速円運動になる．物体に働く垂直抗力，張力などの束縛力は中心方向を向くので仕事をしない．したがって，力学的エネルギー保存則が成り立つ．

解 答

(1) “小球が回転しない場合” → “質量 m の質点が半径 $R+r$ の滑らかな球面を滑り落ちる”として扱う．小球が球面から離れる位置の鉛直軸となす角を θ（図），そこでの小球の速さを v として，小球の遠心力 ★1 は，

$$F_1 = m\frac{v^2}{R+r} \tag{11.12}$$

重力の中心 O 方向成分 F_2 は，

★1 131 ページ，(11.21)参照

$$F_2 = \underline{mg\cos\theta} \tag{11.13}$$

θ の位置での小球の受ける垂直抗力を N とすると，半径方向のつり合いは（図），$F_1 + N = F_2$ となる．離れる瞬間は $N = 0$ とおいて★2，求める関係は，

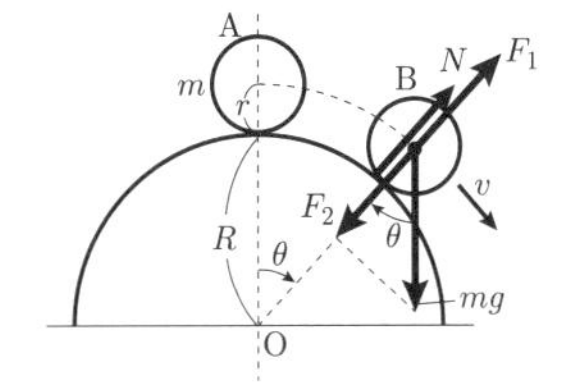

$$\underline{F_1 = F_2} \tag{11.14}$$

★2 離れる瞬間 → 垂直抗力 $N = 0$.

(2) エネルギー保存式は，位置エネルギーの基準を O 点において，図の A と B の位置について，

$$\underline{mg(R+r) = \frac{1}{2}mv^2 + mg(R+r)\cos\theta} \tag{11.15}$$

(3) (11.14)に (11.12)，(11.13)を代入して，球面を離れる瞬間の関係は

$$m\frac{v^2}{R+r} = mg\cos\theta \tag{11.16}$$

(11.15)，(11.16)より v を消去し $\cos\theta$ を求めると，$\cos\theta = \underline{\frac{2}{3}}$

(4) 球面を離れる条件式 (11.16) に，頂点で $v = v_0, \theta = 0$ なので，これを代入して，

$$m\frac{v_0^2}{R+r} = mg \qquad \therefore v_0 = \sqrt{g(R+r)}$$

この速度以上なら良いので，

$$\underline{v_0 \geqq \sqrt{g(R+r)}}$$

(5) エネルギー保存則は，(11.15)に小球の角速度を ω として回転運動エネルギーを加えて，

$$mg(R+r) = \frac{1}{2}mv^2 + \frac{1}{2}I\omega^2 + mg(R+r)\cos\theta \tag{11.17}$$

小球は滑らないので $v = r\omega$ より $\omega = \dfrac{v}{r}$，$I = \dfrac{2}{5}mr^2$ を (11.17)に代入して，

$$\frac{7}{10}mv^2 = mg(R+r)(1-\cos\theta)$$

ここに，球面を離れる瞬間の関係式 (11.16)より，$mv^2 = (R+r)mg\cos\theta$ を代入して，

$$\frac{7}{10}(R+r)mg\cos\theta = mg(R+r)(1-\cos\theta)$$

$$\therefore \quad \cos\theta = \frac{10}{17}\text{★3}$$

★3 207 ページ以降の “慣性モーメント”，215 ページ以降の “剛体の回転運動” を参照．(11.17)と(11.15)と比べると小球の回転運動エネルギーが加わり，この分 $\cos\theta$ の値が小さく（θ は大きく）なっている．運動エネルギー $\left(\dfrac{1}{2}mv^2\right)$ も小さくなり，面を離れるのに充分な遠心力（速度）が得られないので θ は大きくなる．

Tea Time ・・・・・・・・・・・・・・・・・・・・ 円運動

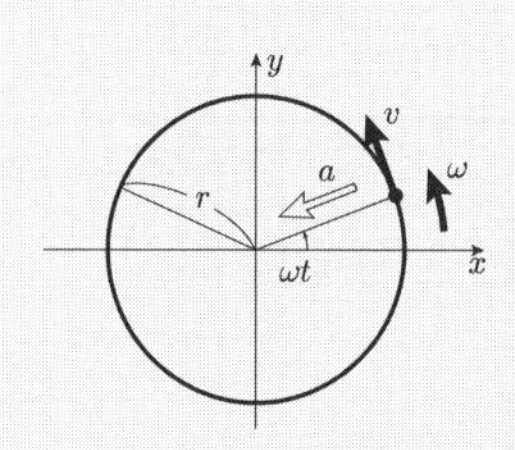

・**速度と角速度：**　角速度 ω とは 1 秒当たりの回転角で，角度の単位はラジアン〔rad〕を使うので，単位は〔rad/s〕．速度 $\boldsymbol{v}$ は円軌道の接線方向を向く．質点が半径 r の円軌道上を速さ v で円運動しているとき，

$$v = r\,\omega \tag{11.18}$$

の関係がある．

・**周期：**　周期 T は，$T = \dfrac{1\text{ 周の長さ}}{\text{速さ}} = \dfrac{2\pi r}{v} = \dfrac{2\pi}{\omega}$

・**加速度：**　加速度 a は，円の**中心を向いていて**，$a = r\,\omega^2 = \dfrac{v^2}{r}$

円運動の質点の位置は，

$$x = r\cos\omega t, \qquad y = r\sin\omega t$$

よって，

$$v_x = \frac{dx}{dt} = -r\omega\sin\omega t, \qquad v_y = \frac{dy}{dt} = r\omega\cos\omega t$$
$$a_x = \frac{dv_x}{dt} = -r\omega^2\cos\omega t, \qquad a_y = \frac{dv_y}{dt} = -r\omega^2\sin\omega t$$

したがって速度，加速度の大きさは，

$$v = \sqrt{{v_x}^2 + {v_y}^2} = r\omega\sqrt{\sin^2\omega t + \cos^2\omega t} = r\omega$$
$$a = \sqrt{{a_x}^2 + {a_y}^2} = r\omega^2\sqrt{\cos^2\omega t + \sin^2\omega t} = r\omega^2 = \frac{v^2}{r}$$

円運動は速さが一定でも，速度ベクトルの向きは変わってゆくので，加速度運動である．加速度は中心方向を向く，これを向心加速度という．向心加速度を生む原因となる力を向心力といい，中心を向く．向心力には，張力，垂直抗力，万有引力などが考えられる．運動方程式は，

$$ma = mr\omega^2 = m\frac{v^2}{r} = \text{向心力 } F \tag{11.19}$$

Tea Time ……………………… 円運動する物体の 2 つの見方

・**運動方程式**を用いるとき： 外の人，すなわち静止系から見ると円運動しているので，外力を F として運動方程式 $ma = F$ を用い，加速度 a に上記の円運動の加速度を代入して，**円運動の運動方程式**は，

$$mr\omega^2 = F \quad \text{，あるいは} \quad m\frac{v^2}{r} = F \tag{11.20}$$

円運動を引き起こす外力 F は中心を向き，張力，万有引力，クーロン力，ローレンツ力，などがよく出てくる．

・**遠心力**を用いるとき： 円運動している物体を，**その物体に乗り**一緒に円運動している人から見ると，**円の中心と反対の向きに**力が働いているように見える．この力を**遠心力**といい，慣性力である．その大きさ f は，ω，v を使って，

$$f = mr\omega^2 = m\frac{v^2}{r} \tag{11.21}$$

このときは，観測している人からは遠心力 f と外力 F がつり合って見え，**つり合いの問題**として解く．

$$f = F \tag{11.22}$$

（11.22）に（11.21）を代入すれば

$$mr\omega^2 = F\text{，あるいは } m\frac{v^2}{r} = F \tag{11.23}$$

運動方程式 (11.20)，つり合いの式 (11.23) は数学的に同じ式の形をしているので，解くと同じ結果を得る．しかしどこから見ているか，すなわち観測する座標系が**異なる**のである．はじめは分かりやすいほうで解けばよい．

円運動　2つの見方(図解)

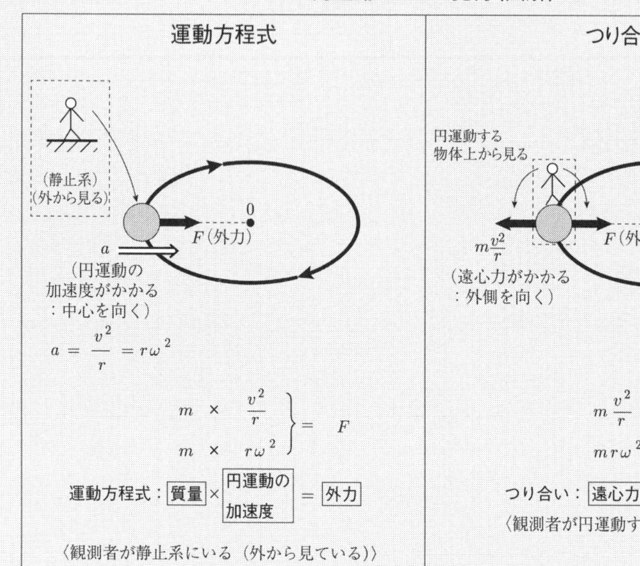

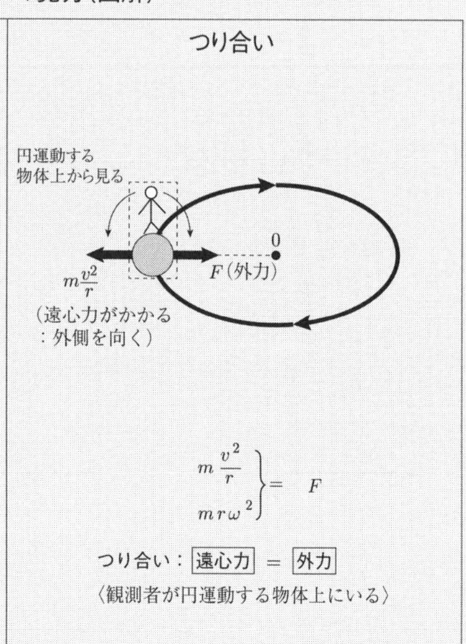

⇑　観測している（見ている）人の座標系が異なる　⇑

- “どこ”（静止系か円運動している物体上なのか）から見ているかに注意する
- 外力（向心力）には，張力，垂直抗力，万有引力，クーロン引力，ローレンツ力などがよく出てくる。

Tea Time ……………… 角速度ベクトル

角速度 $\boldsymbol{\omega}$ はベクトル量である．物体 P が速度 $\boldsymbol{v}$ で円運動しているとき，回転軸上の原点 O から P への位置ベクトルを $\boldsymbol{r}$ とすると，

$$\boldsymbol{v} = \boldsymbol{\omega} \times \boldsymbol{r} \tag{11.24}$$

と表される（外積)．角速度ベクトルの大きさは角速度 ω で，向きは P の円運動の向きに右ねじを回したときに進む向きである．$v = r\omega$ (11.18)のベクトル表現である

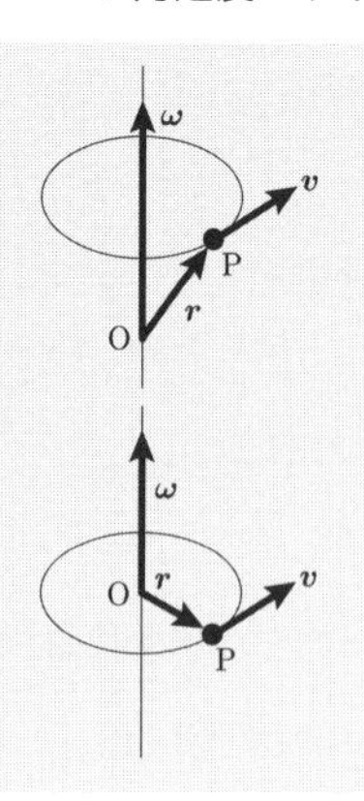

Chapter 12

万有引力による運動

地表付近ではなく宇宙的スケールでは，地表の重力加速度 g を用いた重力 mg や重力による位置エネルギー mgh は正しくない．代わりに，**万有引力** $F = G\dfrac{Mm}{r^2}$ や**万有引力による位置エネルギー** $U = -G\dfrac{Mm}{r}$ を使わなければならない．人工衛星や惑星の円運動，楕円運動，そして物体の無限遠への脱出，が頻出3重要項目である．

問題	42	第 1，2 宇宙速度	基本

地球の質量を M，半径を R，万有引力定数を G とする．

(1) 地表における重力加速度の大きさ g を M, R, G を用いて表せ．

(2) 地表すれすれに円軌道を描いて飛ぶ人工衛星の速さ v_1（これを第 1 宇宙速度という）と周期 T を求めよ．

(3) v_1 を地表面における重力加速度 g を用いて表せ．

(4) 地表面から人工衛星を打ち出し，地球から無限遠方に到達させたい．打ち出す速度は v_2 以上でなければならない．v_2（これを第 2 宇宙速度という）を求めよ．

解 説　地表の重力加速度，地球半径を，$g = 9.8$〔m/s^2〕，$R = 6.4 \times 10^3$〔km〕として計算すると，(12.2), (12.3)，135 ページ脚注★4 より，

第 1 宇宙速度：$v_1 = \sqrt{gR} \simeq 7.9$ [km/s]

第 2 宇宙速度：$v_2 = \sqrt{2}v_1 \simeq 11.2$[km/s]（地球脱出速度）

解 答

(1) 地表で質量 m の物体に働く重力 mg とは，物体と地球間の万有引力のことである★1．すなわち，

$$mg = G\frac{Mm}{R^2} \qquad \therefore \quad g = \frac{GM}{R^2} \tag{12.1}$$

★1 万有引力 $F = G\dfrac{Mm}{r^2}$ の r は物体の中心間距離で表面間距離ではない，参照：146 ページ，TeaTime 万有引力．

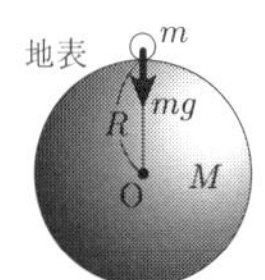

(2) 人工衛星の質量を m とする．地表すれすれの円運動なので軌道半径は R で，この場合のつり合い，遠心力＝万有引力より，$m\dfrac{{v_1}^2}{R} = G\dfrac{Mm}{R^2}$ となる★2．

★2 円軌道の場合：遠心力＝万有引力，として解く．

$$\therefore \ v_1 = \sqrt{\frac{GM}{R}} \text{（第 1 宇宙速度という）} \tag{12.2}$$

周期 $T = \dfrac{\text{1 周の長さ}}{\text{速さ}}$ なので，

$$T = \frac{2\pi R}{v_1} = \underline{2\pi R\sqrt{\frac{R}{GM}}}$$

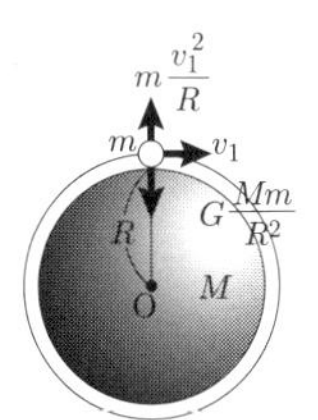

(3)　(12.1) より，$GM = gR^2$，これを (12.2)に代入して，

$$v_1 = \underline{\sqrt{gR}} \quad \text{（第 1 宇宙速度）} \tag{12.3}$$

$gR^2 = GM$: $g \leftrightarrow G$ の変換関係，G を含む式を g の式に，あるいはその逆の変換に使える．

(4)　地表 A と無限遠 B で”高さ”すなわち地球中心からの距離が異なるので，力学的エネルギー保存則 ★3 を用いる．A で打ち出す速さを v_2 無限遠での速さを v_3 とする（下図）．

$$\frac{1}{2}m{v_2}^2 + \left(-G\frac{Mm}{R}\right) = \frac{1}{2}m{v_3}^2 + \left(-G\frac{Mm}{\infty}\right)$$

v_2 の条件を求めるために式変形して，$v_3^2 \geqq 0$ なので，

$${v_3}^2 = {v_2}^2 - \frac{2GM}{R} \geqq 0 \qquad \therefore \quad v_2 \geqq \sqrt{\frac{2GM}{R}}$$

よって，

$$v_2 = \underline{\sqrt{\frac{2GM}{R}}} \quad \text{（第 2 宇宙速度 ★4 という）} \tag{12.4}$$

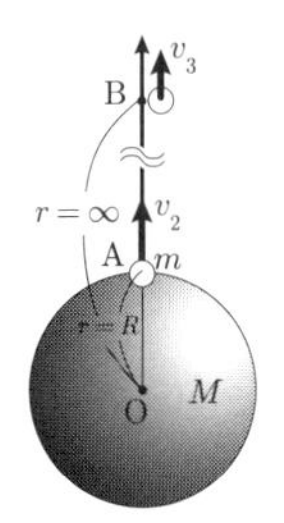

★3 宇宙的スケールの問題では万有引力による位置エネルギー

$$U_G = -G\frac{Mm}{r}$$

を使わねばならない．U_G は負であることに注意する．重力による位置エネルギー $U = mgh$ は地表付近でしか使えない．位置エネルギー U_G が負の値を持つとは，人工衛星が地球に束縛されているということで，それ以上のエネルギーを与えれば地球から脱出できるということである．

★4 地球脱出速度ともいう．第 2 宇宙速度と第 1 宇宙速度の関係は，(12.4)，(12.2) より $v_2 = \sqrt{2}v_1$．

ポイント

2 つの重力定数 $g \leftrightarrow G$ の変換関係，$\boldsymbol{gR^2 = GM}$ を押さえる．

問題 43　静止衛星，月ロケット，木星の角運動量　基本

地球質量を M，半径を R，万有引力定数を G とする．

(1) 静止衛星の軌道半径 r，およびその速さ v_4 を求めよ．ただし，地球自転周期を T_E とする．

(2) 地表面から月に衛星を打ち上げるためには，最低いくらの速さを与えねばならないか．ただし，地球中心から月までの距離は $60R$ とし，月の引力は考えない．

(3) 太陽系最大の木星は，地球の 320 倍の質量を持ち，太陽と地球間の距離の 5.2 倍の半径の円軌道を描いて太陽のまわりを公転している．木星の公転の角運動量は地球の公転の角運動量の何倍か答えよ．（電気通信大，他）

解説　(12.7)，(12.2)より，月への打ち上げ速度：$v_5 = \sqrt{\dfrac{59}{30}}v_1 \simeq 11.1$ [km/s]

v_5 は大まかな計算であるが，実際の値もこれに近いと思われる．ほぼ地球脱出速度 $v_2 \simeq 11.2$〔km/s〕になっている．

解答

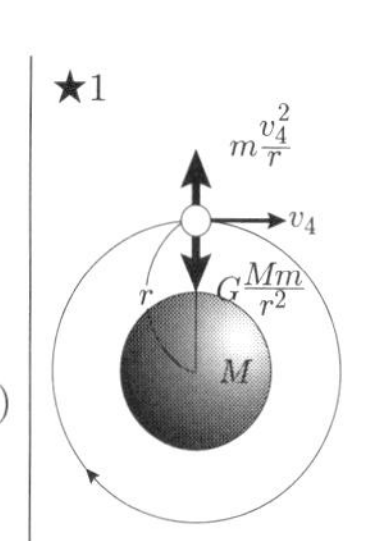

(1) 円運動の式は遠心力＝万有引力より（図 ★1 ），

$$m\frac{{v_4}^2}{r} = G\frac{Mm}{r^2} \tag{12.5}$$

静止衛星の周期 は T_E なので，

$$T_E = \frac{2\pi r}{v_4} \tag{12.6}$$

(12.5)，(12.6) より v_4 を消去して，

$$\frac{m}{r}\left(\frac{2\pi r}{T_E}\right)^2 = G\frac{Mm}{r^2} \qquad \therefore \quad r = \underline{\left(\frac{GM{T_E}^2}{4\pi^2}\right)^{\frac{1}{3}}}$$

これを (12.6)に代入して，

$$v_4 = \frac{2\pi}{T_E}\left(\frac{GM{T_E}^2}{4\pi^2}\right)^{\frac{1}{3}} = \underline{\left(\frac{2\pi GM}{T_E}\right)^{\frac{1}{3}}}$$

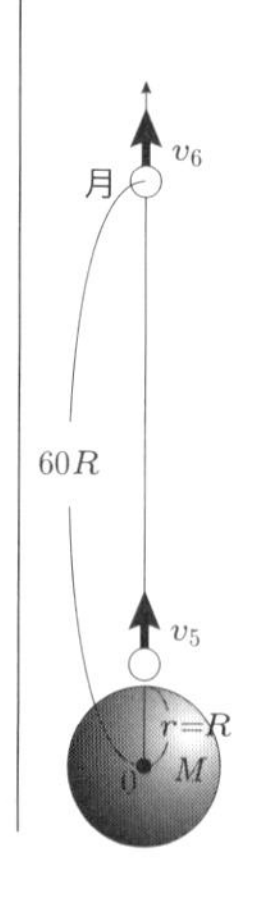

(2) 打ち上げの速さを v_5 ，月に到着したときの速さを v_6 とする．力学的エネルギー保存則より，

$$\frac{1}{2}m{v_5}^2 + \left(-G\frac{Mm}{R}\right) = \frac{1}{2}m{v_6}^2 + \left(-G\frac{Mm}{60R}\right)$$

これより，${v_6}^2 \geqq 0$ なので，

$${v_6}^2 = {v_5}^2 - 2GM\left(\frac{1}{R} - \frac{1}{60R}\right) = {v_5}^2 - 2GM \cdot \frac{59}{60R} \geqq 0$$

$$\therefore \quad v_5 \geqq \sqrt{\frac{59GM}{30R}}$$

最低の速さは等号をとって，

$$v_5 = \sqrt{\frac{59GM}{30R}} \tag{12.7}$$

(3) 地球の公転半径を R_0，公転の速さを v，角運動量を L ★2 として，木星の質量 $M'(= 320M)$，公転半径 $R_0'(= 5.2R_0)$，公転の速さを v'，角運動量を L'，太陽質量を M_s とする．v，v' は (12.2)で R を R_0, R_0'，地球質量 M を太陽質量 M_s に置き換えればよく ★3 ，$v = \sqrt{\frac{GM_s}{R_0}}$，$v' = \sqrt{\frac{GM_s}{R_0'}}$，$L = R_0Mv$，$L' = R_0'M'v'$ なので，

$$\frac{L'}{L} = \frac{R_0'M'v'}{R_0Mv} = \frac{R_0'M'\sqrt{\frac{GM_s}{R_0'}}}{R_0M\sqrt{\frac{GM_s}{R_0}}} = \frac{M'}{M}\sqrt{\frac{R_0'}{R_0}} \doteqdot \frac{320M}{M}\sqrt{\frac{5.2R_0}{R_0}}$$

$$= 320\sqrt{5.2} \simeq \underline{730\text{（倍）}}$$

★2 角運動量：188ページ，(14.18)参照．本問の場合 $\theta = 90°$．

★3 地球の公転に関して，遠心力 = 太陽からの万有引力が 134 ページ (2) のつり合いの式と同じ形になるので，速度 v について，(12.2)の R を R_0, M を M_s に置き換えればよい．木星に対しても同様．

ポイント

角運動量 = 半径 × 運動量 = rmv である．

問題 44　万有引力を考慮した重力による位置エネルギー　標準

次の設問に答えよ．地球以外の天体の影響は無視してよい．

(1) 万有引力定数を G，地球の質量を M，地球の半径を R とする．このとき地表における重力加速度 g はどのように表されるか．

(2) 質量 m の物体が地表にあるときの位置エネルギーを 0 とする．物体が地表から高さ x にあるときの位置エネルギー U を求めよ．ただし上空に行くにしたがい重力加速度が減少することを考慮すること．

(3) 地表から鉛直上方に初速度 v_0 で物体を打ち出すとき，物体が地球の引力圏から脱出するための条件を求めよ．

(4) 前問の条件が満たされない場合に，物体が到達する最高高度 h を求めよ．

(5) 地球半径 R は 6400〔km〕である．物体が地球の引力圏を脱出するための最小の初速度 v_m を計算せよ．（電気通信大）

解説　●重力による位置エネルギーは，地表付近では，高さ h の場所で $U = mgh$ である．しかし宇宙的スケールでは重力加速度 g が上空に行くにしたがい減少するので，万有引力を考慮する必要がある．

●ここでの計算は定数 G, M の値が与えられていない．(12.8) の関係（$\boldsymbol{g} \leftrightarrow \boldsymbol{G}$ の変換関係）を用いて，**自分の知っている定数 $\boldsymbol{g}$，$\boldsymbol{R}$ に置き換えて**計算すればよい．$g = 9.8$〔m/s^2〕，$R = 6400$〔km〕は憶えておく．

●平方根の中に $g = 9.8$ を含む場合，$9.8 \to (9.8 =)2 \times 7^2 \times 10^{-1}$ に**置き換えて**計算すると楽である．

解答

(1) 地表の重力加速度 g は，

$$g = \frac{GM}{R^2} \quad \bigstar1 \tag{12.8}$$

(2) 重力加速度は上昇するにつれて減少する．地表から x 上昇したときの重力加速度 g' は，(12.8)の分母 R を $R + x$ に代えて，

$$g' = \frac{GM}{(R+x)^2} \quad \bigstar2 \tag{12.9}$$

重力 mg' に逆らって地表から高さ x まで，反対向きの力 mg' で物体を運

★1 導出過程は問題 42 の (1) に同じ．

★2

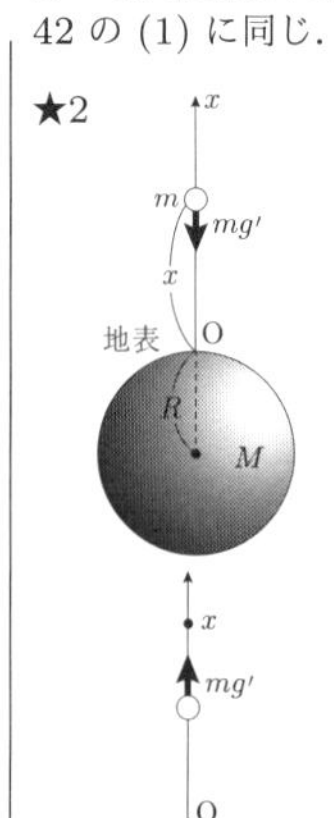

ぶ仕事が位置エネルギーの変化として物体に蓄えられる★3．地表から高さ x の位置エネルギーを $U(x)$ とおくと，$U(x)-U(0)=\int_0^x mg'dx$.
式に題意より $U(0)=0$ および g' に (12.9)を代入して，

$$U=U(x)=\int_0^x \frac{GMm}{(R+x)^2}dx=-GMm\left[\frac{1}{R+x}\right]_0^x$$
$$=GMm\left(\frac{1}{R}-\frac{1}{R+x}\right) \quad (12.10)$$

★3 参照：86 ページ，仕事とエネルギー変化の関係

(3) 地表 ($x=0$) と無限遠 ($x=\infty$) で，★4 前問で求めた位置エネルギー (12.10) を用いて力学的エネルギー保存則は，図★4 を参考にして，

$$\frac{1}{2}m{v_0}^2+U(0)=\frac{1}{2}mv^2+U(\infty)$$

(12.10) より $U(0)=0$，　$U(\infty)=\dfrac{GMm}{R}$ なので，

$$\frac{1}{2}m{v_0}^2=\frac{1}{2}mv^2+\frac{GMm}{R} \quad \therefore \quad v^2={v_0}^2-\frac{2GM}{R}\geqq 0$$

よって，地球の引力圏から脱出するための条件は，

$$v_0\geqq\sqrt{\frac{2GM}{R}}\ ★5 \quad (12.11)$$

★4

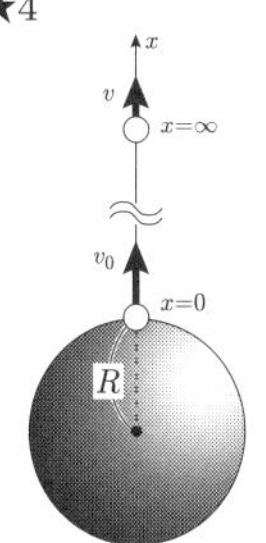

★5 134 ページ，問題 42(4) を参照

(4) 力学的エネルギー保存則は，最高高度 h で静止する（運動エネルギー $=0$）ので★6，(12.10)を用いて，

$$\frac{1}{2}m{v_0}^2+U(0)=U(h) \qquad \therefore \quad \frac{1}{2}m{v_0}^2=GMm\left(\frac{1}{R}-\frac{1}{R+h}\right)$$

$$\frac{{v_0}^2}{2GM}=\frac{1}{R}-\frac{1}{R+h} \qquad \therefore \quad h=\frac{{v_0}^2R^2}{2GM-{v_0}^2R}$$

★6

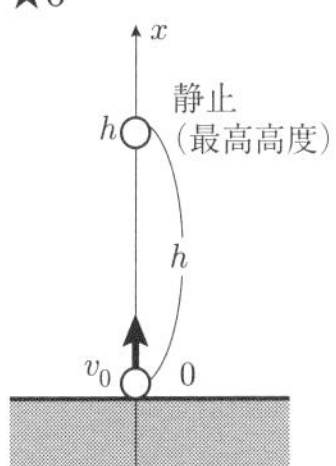

(5) v_m は (12.11)で等号をとり，

$$v_m=\sqrt{\frac{2GM}{R}}=\sqrt{2gR}★7 \quad (12.12)$$

ここに $g=9.8$〔m/s^2〕★8，$R=6400$〔km〕を代入して，

$$v_m=\sqrt{2\times9.8\times6400\times10^3}=\sqrt{2\times(7^2\times2)\times80^2\times10^2} \quad (12.13)$$

$$=2\times7\times80\times10=1.12\times10^4〔\mathrm{m/s}〕=11.2〔\mathrm{km/s}〕 \quad (12.14)$$

★7 (12.8)の関係を用いて G に代えて g で表す．147 ページ，g と G の変換関係を参照.

★8 平方根内の g は，$g=9.8=2\times7^2\times10^{-1}$ とすると計算に便利である.

問題 45　連星の運動　標準

2つの恒星が万有引力により互いの周りを運動する連星がある．連星は軌道の大きさと周期を測定することにより，恒星の質量を求めることができる．恒星1と恒星2の質量をそれぞれ m_1 と m_2，位置ベクトルを $\boldsymbol{r_1}$ と $\boldsymbol{r_2}$ として，以下の問に答えよ．なお，恒星1に働く万有引力は次式で表される．

$$\boldsymbol{F_{21}} = -G\frac{m_1 m_2}{|\boldsymbol{r_1} - \boldsymbol{r_2}|^2} \cdot \frac{\boldsymbol{r_1} - \boldsymbol{r_2}}{|\boldsymbol{r_1} - \boldsymbol{r_2}|}$$

(1)　恒星1と2のそれぞれについて運動方程式を記せ．

(2)　前問で答えた運動方程式から，恒星1の恒星2に対する相対座標 $\boldsymbol{r} = \boldsymbol{r_1} - \boldsymbol{r_2}$ の運動方程式を求めよ．

(3)　恒星1と2は相対距離 R の円運動をしているものとする．円運動の周期 T を求めよ．

(4)　ある連星が円運動をしている．その軌道半径が20AU，周期が50年であった．この連星の質量の和 $m_1 + m_2$ が太陽質量の何倍かを求めよ．（AUは天文単位で，1AUは地球の公転軌道の半径と等しい距離である．）

（電気通信大）

解 説　問題文で，万有引力 $\boldsymbol{F_{21}}$ のベクトル表示項 $\dfrac{\boldsymbol{r_1} - \boldsymbol{r_2}}{|\boldsymbol{r_1} - \boldsymbol{r_2}|}$ は $\boldsymbol{r_1} - \boldsymbol{r_2}$ 方向を向く長さ1のベクトル（単位ベクトル）を表す．また，(3)で，速度ベクトル $\boldsymbol{v}$ と角速度ベクトル $\boldsymbol{\omega}$ と $\boldsymbol{r}$ との関係 $\boldsymbol{v} = \boldsymbol{\omega} \times \boldsymbol{r}$（参照：132ページ，(11.24)），および $\boldsymbol{v} = \dfrac{d\boldsymbol{r}}{dt}$ を用いると，すっきり解ける．

解 答

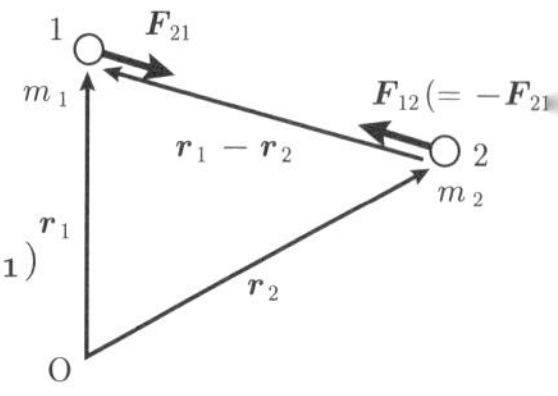

(1)

恒星2に働く万有引力 $\boldsymbol{F_{12}}$ は，恒星1に働く万有引力 $\boldsymbol{F_{21}}$ とは作用・反作用の関係にあり，$\boldsymbol{F_{12}} = -\boldsymbol{F_{21}}$ で，運動方程式は，★1

恒星1… $m_1\dfrac{d^2\boldsymbol{r_1}}{dt^2} = \boldsymbol{F_{21}}$　恒星2… $m_2\dfrac{d^2\boldsymbol{r_2}}{dt^2} = \boldsymbol{F_{12}}(= -\boldsymbol{F_{21}})$

★1

(2)　（恒星1の式）$/m_1$ －（恒星2の式）$/m_2$ より，

$$\frac{d^2\boldsymbol{r_1}}{dt^2} - \frac{d^2\boldsymbol{r_2}}{dt^2} = \frac{\boldsymbol{F_{21}}}{m_1} - \left(-\frac{\boldsymbol{F_{21}}}{m_2}\right) = \frac{m_1 + m_2}{m_1 m_2}\boldsymbol{F_{21}} \tag{12.15}$$

上式の左辺について，相対座標 $\boldsymbol{r} = \boldsymbol{r_1} - \boldsymbol{r_2}$ を用いると，

$$\frac{d^2\boldsymbol{r_1}}{dt^2} - \frac{d^2\boldsymbol{r_2}}{dt^2} = \frac{d^2}{dt^2}(\boldsymbol{r_1} - \boldsymbol{r_2}) = \frac{d^2}{dt^2}\boldsymbol{r} \tag{12.16}$$

$\boldsymbol{F_{21}}$ は相対座標 を用いて，

$$\boldsymbol{F_{21}} = -G\frac{m_1 m_2}{|\boldsymbol{r}_1 - \boldsymbol{r}_2|^2} \cdot \frac{\boldsymbol{r}_1 - \boldsymbol{r}_2}{|\boldsymbol{r}_1 - \boldsymbol{r}_2|} = -G\frac{m_1 m_2}{|\boldsymbol{r}|^2} \cdot \frac{\boldsymbol{r}}{|\boldsymbol{r}|} = -G\frac{m_1 m_2}{|\boldsymbol{r}|^3}\boldsymbol{r} \tag{12.17}$$

と書ける．(12.15) に (12.16) (12.17)を代入，変形して，

$$\underline{\frac{m_1 m_2}{m_1 + m_2}\frac{d^2}{dt^2}\boldsymbol{r} = -G\frac{m_1 m_2}{|\boldsymbol{r}|^3}\boldsymbol{r}} \tag{12.18}$$

上式が恒星 1 の恒星 2 に対する相対座標 $\boldsymbol{r}$ に関する運動方程式である．

(3) 恒星 2 から見ると恒星 1 は相対距離 $R = |\boldsymbol{r}| = |\boldsymbol{r_1} - \boldsymbol{r_2}|$ の円運動をしている．その角速度を ω とすると，円運動の加速度の大きさは $\left|\dfrac{d^2}{dt^2}\boldsymbol{r}\right| = R\omega^2$ とおけ，$\boldsymbol{e_r} = \dfrac{\boldsymbol{r}}{|\boldsymbol{r}|}$ （$\boldsymbol{r}$ 方向の単位ベクトル）とすると，$\dfrac{d^2}{dt^2}\boldsymbol{r} = R\omega^2(-\boldsymbol{e_r})$ と表せる．(12.18)は，★2

$$-\frac{m_1 m_2}{m_1 + m_2}R\omega^2\boldsymbol{e_r} = -G\frac{m_1 m_2}{R^2}\frac{\boldsymbol{r}}{R} = -G\frac{m_1 m_2}{R^2}\boldsymbol{e_r}$$

ここから，

$$\omega^2 = \frac{G(m_1 + m_2)}{R^3} \qquad \therefore \quad \omega = \sqrt{\frac{G(m_1 + m_2)}{R^3}}$$

よって周期 T は，

$$T = \frac{2\pi}{\omega} = \underline{2\pi\sqrt{\frac{R^3}{G(m_1 + m_2)}}} \tag{12.19}$$

(4) 太陽，地球を連星系と考える．太陽質量を M，地球の公転軌道半径を R_0，公転角速度を ω_0，公転周期を T_0 （=1 年）とすると，地球質量は太陽質量に対して無視できるので，(12.19) で $m_1 + m_2$ を M，R を R_0 とおいて，T_0 は，

$$T_0 = 2\pi\sqrt{\frac{{R_0}^3}{GM}} \tag{12.20}$$

((12.19) / (12.20))^2 を計算して，

$$\left(\frac{T}{T_0}\right)^2 = \left(\frac{R}{R_0}\right)^3 \frac{M}{m_1 + m_2} \tag{12.21}$$

設問から，$R_0 = 1$ AU ，$R = 20$ AU，$T_0 = 1$ 年，$T = 50$ 年 なので，(12.21) より，

$$\frac{m_1 + m_2}{M} = \left(\frac{R}{R_0}\right)^3 \left(\frac{T_0}{T}\right)^2 = \left(\frac{20}{1}\right)^3 \left(\frac{1}{50}\right)^2 = \underline{3.2\text{（倍）}}$$

問題 46　惑星の運動　発展

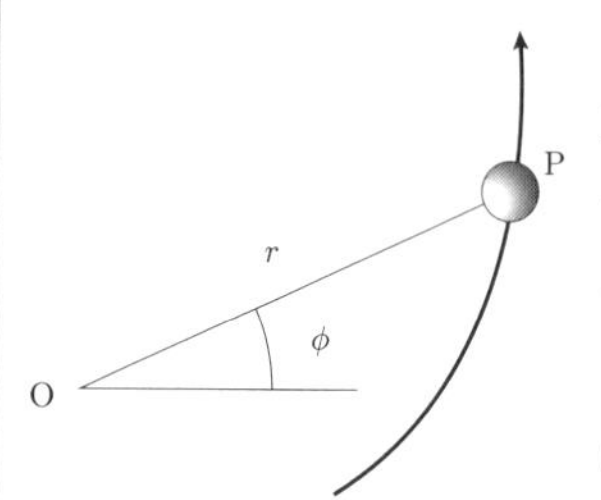

図に示すように原点 0 に存在する太陽から中心力を受け楕円軌道を描く質量 m の惑星 P の運動について考える．いま，惑星と太陽の距離 r，方位角 ϕ を用いて，惑星の座標を $x = r\cos\phi$，$y = r\sin\phi$ と表すとき次の各問に答えなさい．なお，設問 (2) は可能な限り簡潔な形で結果を示すこと．

(1)　x 方向，y 方向の速度を r，ϕ およびその微分形を用いて示せ．

(2)　動径 (線分 OP) 方向，方位角方向の速度を r，ϕ およびその微分形を用いて示せ．

(3)　動径方向，方位角方向の運動方程式を r，ϕ およびその微分形を用いて示せ．ただし，中心力の大きさを $F(r)$ とする

(4)　この惑星の面積速度が一定となることを示せ．（早稲田大，一部追加）

解 説　極座標表示の速度 v_r, v_ϕ，加速度 a_r, a_ϕ を求める事項は頻出である．回転行列を用いて解く方が容易であるが，ここでは図形で解く．また，万有引力は中心力である．中心力を受ける惑星の運動では面積速度が一定になることを押さえる．

解 答

(1)　$x = r\cos\phi, \qquad y = r\sin\phi$ 　(12.22)

x 方向，y 方向の速度 v_x，v_y は (12.22)を時間で微分して，

$$\begin{aligned} v_x &= \dot{x} = \underline{\dot{r}\cos\phi - r\sin\phi\,\dot{\phi}}, \\ v_y &= \dot{y} = \underline{\dot{r}\sin\phi + r\cos\phi\,\dot{\phi}} \end{aligned} \qquad (12.23)$$

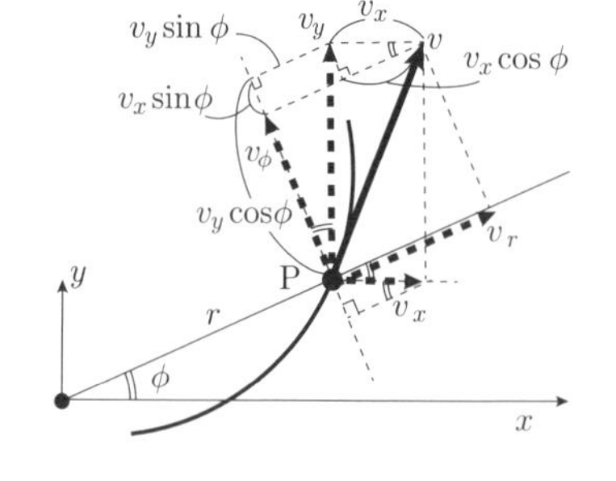

(2)　図より，動径 r 方向，方位角 ϕ 方向の速度 v_r，v_ϕ は，x 方向，y 方向の速度 v_x，v_y を用いて，以下のように表される．

$$v_r = v_x\cos\phi + v_y\sin\phi, \qquad v_\phi = -v_x\sin\phi + v_y\cos\phi \qquad (12.24)$$

(12.23)を (12.24)に代入して，

$$
\begin{aligned}
v_r =& (\dot{r}\cos\phi - r\sin\phi\,\dot{\phi})\cos\phi + (\dot{r}\sin\phi + r\cos\phi\,\dot{\phi})\sin\phi \\
=& \dot{r}(\cos^2\phi + \sin^2\phi) = \underline{\dot{r}} \\
v_\phi =& -(\dot{r}\cos\phi - r\sin\phi\,\dot{\phi})\sin\phi + (\dot{r}\sin\phi + r\cos\phi\,\dot{\phi})\cos\phi \\
=& \underline{r\dot{\phi}}
\end{aligned}
\tag{12.25}
$$

(3) 加速度 a_r， a_ϕ についても (12.24) と同様の関係が成り立つので，

$$
a_r = a_x\cos\phi + a_y\sin\phi,\ a_\phi = -a_x\sin\phi + a_y\cos\phi \tag{12.26}
$$

(12.23) を時間 t で微分して，

$$
\begin{aligned}
a_x =& \dot{v}_x = \ddot{r}\cos\phi - \dot{r}\sin\phi\,\dot{\phi} - \dot{r}\sin\phi\,\dot{\phi} - r\cos\phi\,\dot{\phi}^2 - r\sin\phi\ddot{\phi} \\
=& \ddot{r}\cos\phi - 2\dot{r}\sin\phi\,\dot{\phi} - r\cos\phi\,\dot{\phi}^2 - r\sin\phi\ddot{\phi} \\
a_y =& \dot{v}_y = \ddot{r}\sin\phi + \dot{r}\cos\phi\,\dot{\phi} + \dot{r}\cos\phi\,\dot{\phi} - r\sin\phi\,\dot{\phi}^2 + r\cos\phi\ddot{\phi} \\
=& \ddot{r}\sin\phi + 2\dot{r}\cos\phi\,\dot{\phi} - r\sin\phi\,\dot{\phi}^2 + r\cos\phi\ddot{\phi}
\end{aligned}
\tag{12.27}
$$

(12.27)を (12.26)に代入して整理して，

$$
\begin{aligned}
a_r &= \ddot{r} - r\dot{\phi}^2 \\
a_\phi &= 2\dot{r}\dot{\phi} + r\ddot{\phi} = \frac{1}{r}\frac{d}{dt}\left(r^2\frac{d\phi}{dt}\right)
\end{aligned}
\tag{12.28}
$$

よって，下図より動径方向，方位角方向の運動方程式は，$F(r)$ が中心力で動径中心 O 方向を向くので ★1 ，(12.28) を用いて，

$$
\begin{aligned}
\text{動径方向}: ma_r &= \underline{m(\ddot{r} - r\dot{\phi}^2) = -F(r)} \\
\text{方位角方向}: ma_\phi &= \underline{m(2\dot{r}\dot{\phi} + r\ddot{\phi}) = m\left(\frac{1}{r}\frac{d}{dt}\left(r^2\frac{d\phi}{dt}\right)\right) = 0}
\end{aligned}
\tag{12.29}
$$

★1

(4) 下図の微小時間 dt の間に惑星 P の動径が描く面積 dS は，三角形の面積に近似できるので ★2 ，

$$
dS = \frac{1}{2}(r + dr)\times rd\phi \simeq \frac{1}{2}r^2 d\phi
$$

ここで高次項 $dr \times d\phi$ は無視している．両辺を dt で割って，面積速度 $\dfrac{dS}{dt}$ は，$\dfrac{dS}{dt} = \dfrac{1}{2}r^2\dfrac{d\phi}{dt}$ となり，(12.29) 第 2 式より，$r^2\dfrac{d\phi}{dt} = $ 一定 なので，

$$
\text{面積速度}: \underline{\frac{dS}{dt} = \text{一定}}
$$

★2

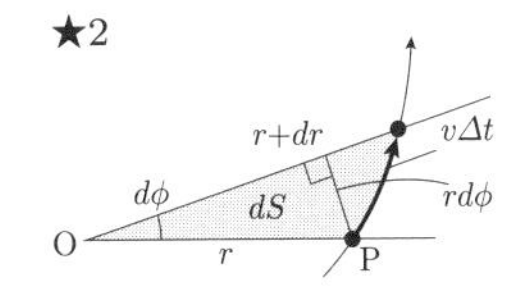

問題 47　球殻の作るポテンシャル　発展

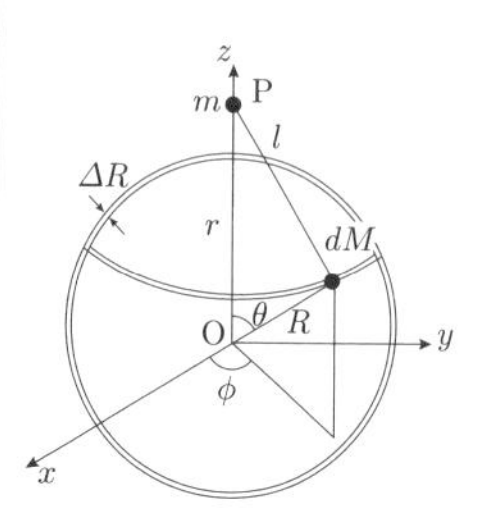

半径 R, 無視できるほど薄い厚さ ΔR, 密度 ρ, 質量 M の一様な球殻を考える．z 軸上の点 $\mathrm{P}(z=r)$ に質量 m の質点がおかれている．万有引力定数を G とする．

(1)　この球殻の一部，極座標を使い $d\theta$ と $d\phi$ で記述される微小領域の質量を求めよ．

(2)　この微小領域が点 P にある質点に対して作るポテンシャルを求めよ．

(3)　(2) を ϕ について積分し，θ と $d\theta$ で記述される帯状の領域が作るポテンシャルを求めよ．

(4)　$r > R$，$r < R$ それぞれの条件で，球殻全体が作るポテンシャルを求めよ．余弦定理，$l^2 = R^2 + r^2 - 2Rr\cos\theta$ を使い，θ から図中で示される変数 l へ積分の変数を変えるとよい．

(5)　質点が球殻から受ける力 F を r の大きさに注意して求めよ．

(6)　質量 m の質点が，質量 M，半径 a，密度 ρ の一様な球から受ける万有引力を求めよ．質点は球の中心から $r\,(>a)$ の距離にあるとする．

（金沢大，一部追加）

解説

球外の質点が球から受ける引力は，球を多く球殻に分けて計算すると，それぞれの球殻の質量が中心に集まった場合の引力に等しい．球殻を足し合わせれば，結局球全体の質点が中心に集まった場合の引力に等しい．このことを押さえる．

解答

(1)　微小領域の質量 dM はその体積要素 dV が以下のようになるので ★1，

$$dV = R\sin\theta d\phi \cdot Rd\theta \cdot \Delta R = R^2 \sin\theta \Delta R d\theta d\phi$$

$$\therefore \quad dM = \rho dV = \underline{\rho R^2 \sin\theta\, \Delta R\, d\theta d\phi}$$

(2)　dM が点 P の質点 m に対して作るポテンシャルを dU_1 とすると，

★1 極座標表示の体積要素：

$dV = R\sin\theta d\phi \cdot Rd\theta \cdot \Delta$

$= R^2 \sin\theta \Delta R d\theta d\phi$

$$dU_1 = -G\frac{m\,dM}{l} \star 2$$
$$= \underline{-G\frac{m\rho R^2 \sin\theta\,\Delta R\,d\theta d\phi}{l}}$$

(3) dU_1 を ϕ について 0 から 2π まで積分したものを dU_2 とすると，

$$dU_2 = -G\frac{m\rho R^2 \sin\theta\,\Delta R\,d\theta}{l}\int_0^{2\pi} d\phi = \underline{-\frac{2\pi G m\rho R^2 \Delta R \sin\theta\,d\theta}{l}}$$

(4) $l^2 = R^2 + r^2 - 2Rr\cos\theta$ の両辺を θ で微分すると，l, θ が変数なので，★3

$$2l\frac{dl}{d\theta} = 2Rr\sin\theta \qquad \therefore \quad \sin\theta d\theta = \frac{ldl}{Rr}$$

dU_2 の最後の式に代入して，$dU_2 = -\dfrac{2\pi G m\rho R\Delta R dl}{r}$．これを l で積分する．

$r > R$ のとき，積分範囲は $r - R \leqq l \leqq r + R$ なので，

$$U_2 = \int dU_2 = -\frac{2\pi G m\rho R\Delta R}{r}\int_{r-R}^{r+R} dl \star 4$$
$$= -\frac{4\pi G m\rho R^2 \Delta R}{r} = \underline{-G\frac{mM}{r}} \star 5 \tag{12.30}$$

最後の変形は球殻質量，$\rho 4\pi R^2 \Delta R = M$ による．

$r < R$ のとき，積分範囲は $R - r \leqq l \leqq R + r$ なので，

$$U_2 = \int dU_2 = -\frac{2\pi G m\rho R\Delta R}{r}\int_{R-r}^{R+r} dl = -\frac{2\pi G m\rho R\Delta R}{r}\cdot 2r$$
$$= -4\pi G m\rho R\Delta R = \underline{-G\frac{mM}{R}}$$

(5) 受ける力は，$r > R$ のとき，$F = -\dfrac{d}{dr}U_2$ ★6 $= -G\dfrac{mM}{r^2}$

$r < R$ のとき，$F = -\dfrac{d}{dr}U_2' = 0$ となる ★7 ．

(6) 半径 a の球全体が球外 $r(> a)$ の質点に作るポテンシャル U は，(12.30) の最後の 1 つ前の式で $\Delta R = dR$ とおいて，R につき 0 から a まで積分すればよく，

$$U = -\frac{4\pi G m\rho \int_0^a R^2 dR}{r} = -\frac{4\pi G m\rho a^3}{3r} = -G\frac{Mm}{r}$$

最後の変形は，$\dfrac{4}{3}\pi a^3 \rho = M$ を用いた．万有引力 F は，

$$F = -\frac{dU}{dr} = \underline{-G\frac{Mm}{r^2}}$$

★2 dU_1 は万有引力による位置エネルギーで，146 ページ，(12.32) を参照．位置エネルギーのことをポテンシャルともいう．

★3 R, r は定数である．θ が大きくなると l も大きくなるので，l は θ と関数関係にある．

★5 $\int_{r-R}^{r+R} dl = 2R$

★5 質量 M が中心 O に集中した形になっている．

★6 ポテンシャル U と力 F の関係は，$F = -\dfrac{dU}{dr}$ (99 ページ，(9.38)参照)

★7 このことから，球殻から作用する引力は，球殻外部の質点に対しては球殻質量が中心に集まったときの引力に等しく，球殻内部の質点に対しては 0 である．

Tea Time ………………………… 万有引力

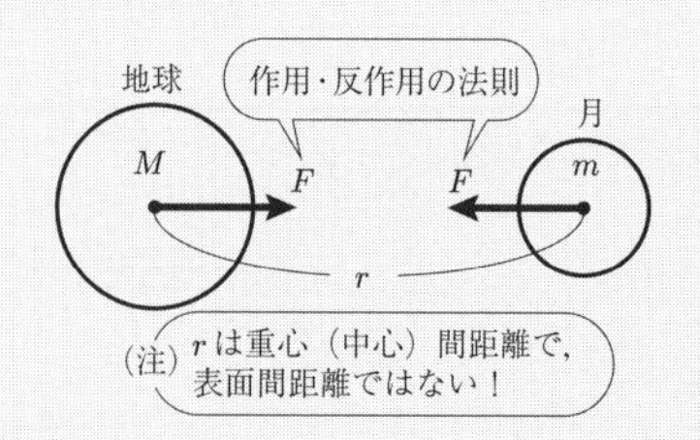

質量が M と m の 2 物体が**中心間距離** r 離れているとき，大きさ

$$F = G\frac{Mm}{r^2} \tag{12.31}$$

の力で引き合う．これを万有引力といい，G を万有引力定数という．万有引力はすべての質量のあるものどうしで働くが，万有引力定数 G が極端に小さい ($G = 6.67 \times 10^{-11}\mathrm{Nm^2/kg^2}$) ので，（少なくとも一方が）質量の極端に大きい**天体との間でしかきいてこない**．

Tea Time ………………………… 万有引力による位置エネルギー

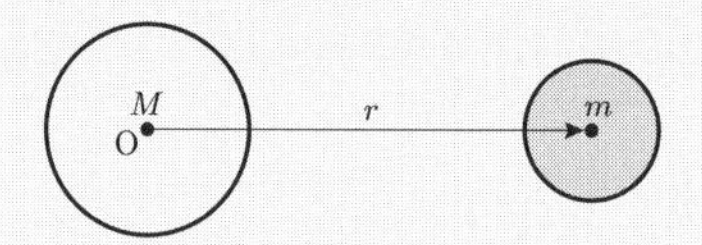

質量 M の天体の重心から r 離れた点にある質量 m の物体が持つ位置エネルギーは，無限遠を基準として，

$$U = -G\frac{Mm}{r} \tag{12.32}$$

重力による位置エネルギー mgh は地表付近でのみ使えるもので，宇宙的スケールでは，代わりに万有引力による位置エネルギーを用いる．符号が**負**になっているのは引力であることによる．また，無限遠が基準とは，無限遠 $r = \infty$ で $U = 0$ とするということである．

Tea Time ……………………重力定数 g と G の変換関係

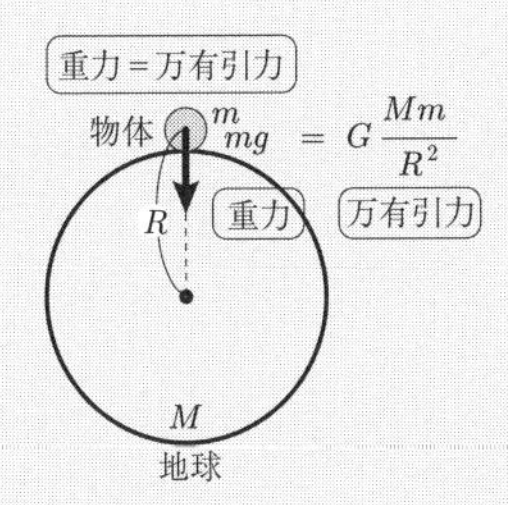

今まで重力 mg と呼んでいたものは，天体としての地球とその表面にある物体に働く万有引力のことである．地球の質量を M，半径を R，物体の質量を m とすると，**地表の重力加速度 g と万有引力定数 G の間には次の関係がある．**

$$mg = G\frac{Mm}{R^2} \quad \therefore \ \boldsymbol{g = \frac{GM}{R^2}} \quad \text{, あるいは} \quad \boldsymbol{gR^2 = GM}$$

g を含む式を G を用いて表したい（あるいはその逆）場合に使える．

Tea Time ……………………………ケプラーの 3 法則

万有引力により，惑星は太陽の周りを楕円運動する．このときケプラーの 3 法則が成り立つ．

- **第 1 法則**　惑星は太陽を 1 つの焦点とする**楕円軌道**を描く．

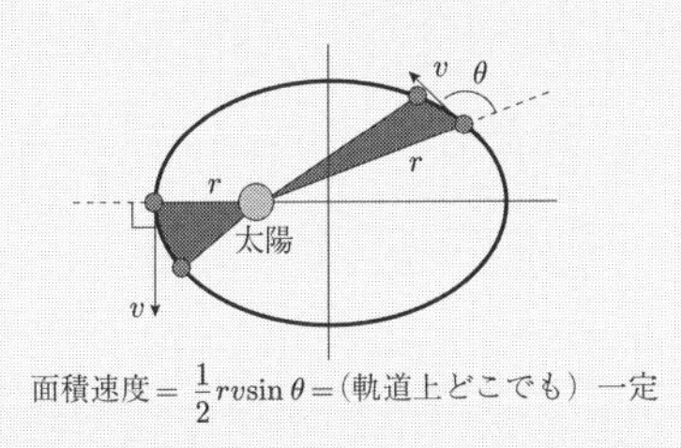

面積速度 $= \frac{1}{2}rv\sin\theta =$（軌道上どこでも）一定

- **第 2 法則**　惑星の**面積速度は，軌道上どこでも一定**である．r を太陽と惑星を結ぶ線分（動径という）とすると，面積速度とは動径が単位時間に描く面積のことで v を速度，θ を動径と速度のなす角として，

$$\text{面積速度} \ = \frac{1}{2}rv\sin\theta \tag{12.33}$$

と表される．角運動量保存則に相当する．

- **第 3 法則**　太陽系の各惑星の**公転周期 T の 2 乗は**，各楕円軌道の**長半径 a の 3 乗に比例**する．k は（全惑星に共通の）比例定数である．

$$T^2 = ka^3$$

ケプラーの 3 法則は観測結果から導かれたものであるが，その後に出てきたニュートンの運動方程式と万有引力の法則によって導くこともできる．

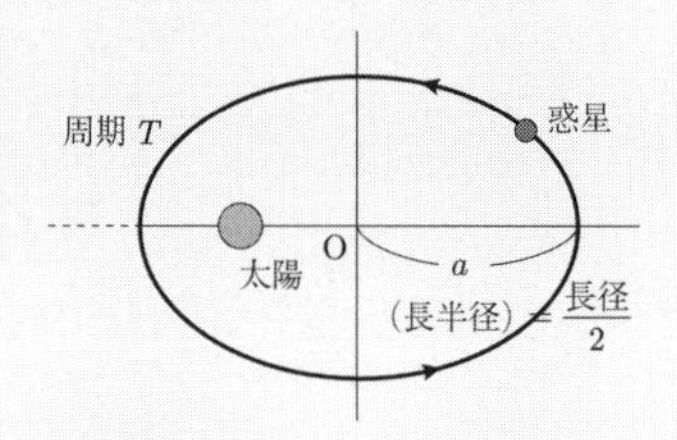

Tea Time ……… 円軌道を描く天体（物体）の問題の解き方

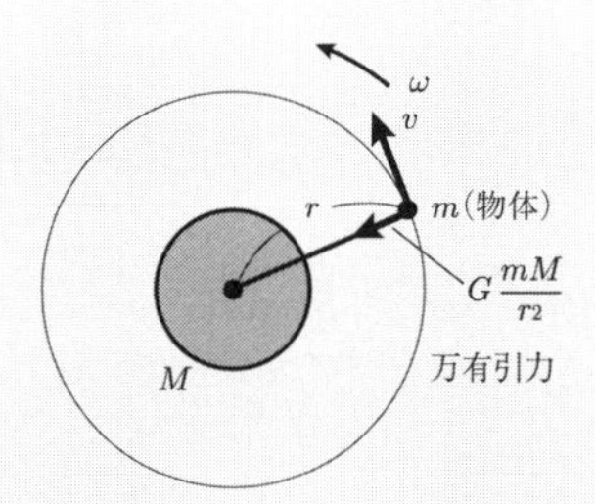

- 惑星，人工衛星など**円軌道を描く天体の問題を解く**ときには，次の**等速円運動の式**を用いて解く．

$$等速円運動の式：\ m\frac{v^2}{r}(= mr\omega^2) = G\frac{mM}{r^2} \qquad (1)$$

また，周期 T，および力学的エネルギー E に関して，(1) から v あるいは ω を求めて，

$$周期：\ T = \frac{2\pi r}{v} = \frac{2\pi}{\omega} = 2\pi r\sqrt{\frac{r}{GM}}$$

$$力学的エネルギー：\ E = K + U = \frac{1}{2}mv^2 - \frac{GMm}{r} = -\frac{GMm}{2r} \qquad (2)$$

(2) は，$K = \frac{1}{2}mv^2$，　$U = -G\frac{Mm}{r}$，として，(1) より，$v^2 = \frac{GM}{r}$ なので，
$K = \frac{1}{2}mv^2 = \frac{1}{2}\cdot\frac{GMm}{r} = -\frac{1}{2}U$，　$\therefore\ E = K + U = -\frac{1}{2}U + U = \frac{1}{2}U = -\frac{GMm}{2r}$．
ここから力学的エネルギーは**負**になっていることがわかる．この式変形はよく用いる．

Tea Time ……楕円軌道を描く天体（物体）の問題の解き方

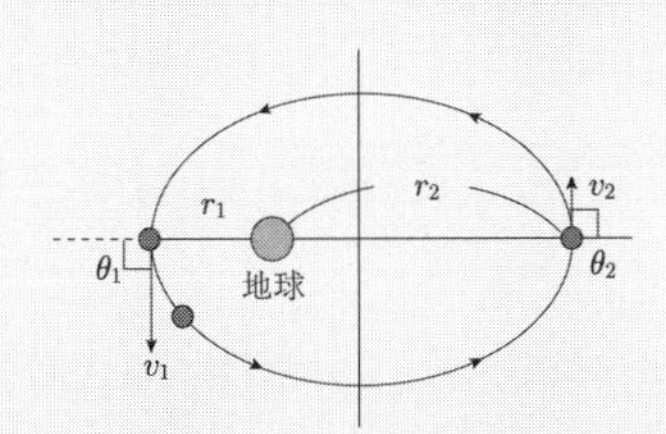

• 楕円軌道を描く天体の問題を解くときには，**(1) ケプラーの第 2 法則（面積速度＝一定），(2) 第 3 法則**および **(3) 力学的エネルギー保存則，の 3 式を連立**して解く

$$\text{(1) ケプラーの第 2 法則（面積速度 = 一定）：}\quad \frac{1}{2}r_1v_1 = \frac{1}{2}r_2v_2$$

$$\text{(2) ケプラーの第 3 法則：}\quad T^2 = ka^3 = k\left(\frac{r_1+r_2}{2}\right)^3$$

$$\text{(3) 力学的エネルギー保存則：}\quad \frac{1}{2}m{v_1}^2 - \frac{GMm}{r_1} = \frac{1}{2}m{v_2}^2 - \frac{GMm}{r_2}$$

17 世紀にニュートンが天体の運行から導いた万有引力の法則は，りんごが落ちるのを見て自ら思い至ったという話が有名であるが，実際にこの法則を導くことができた背景には，その前 16 世紀にケプラーがケプラーの法則をまとめていた基盤があったからである．そしてケプラーの 3 法則は，その先生であるティコ・ブラーエが天体観測により，大変な努力で膨大な惑星の運行データをノートに記録していたものをまとめ上げたものである．ティコ・ブラーエの努力と苦闘がもっと評価されても良いのではないだろうか．

Chapter 13

単振動，強制振動，減衰振動

単振動とは，

(1) 単振動はばねに取り付けられた物体の往復運動である．
(2) 等速円運動している物体に真横から光を当てて，光線に垂直に置いたスクリーンにできる影（正射影）の往復運動が単振動になっている．

このことを使って単振動の主要公式を導き出せる．
単振動の運動方程式は，k を比例（ばね）定数として，

$$m\ddot{x} + kx = 0$$

強制振動の運動方程式は，強制力を F として，

$$m\ddot{x} + kx = F$$

減衰振動の運動方程式は，速度に比例する抵抗力 $\gamma\dot{x}$（γ は定数）が働くとき，

$$m\ddot{x} + kx = -\gamma\dot{x}$$

である．

問題 48　糸にとりつけた質点の振動　基本

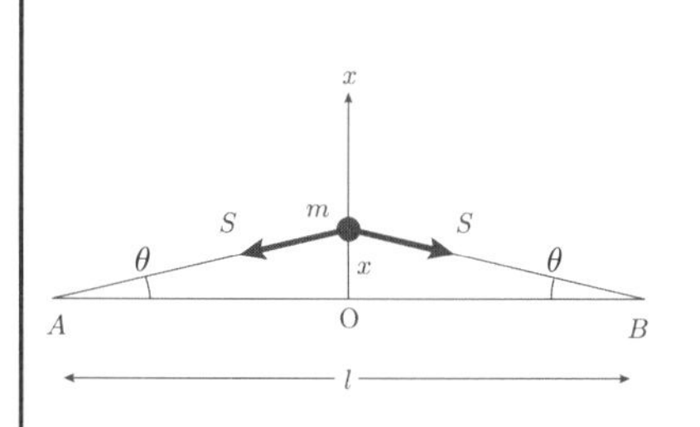

次の問題文中の（　　）内に最も良くあてはまる文字式を求めよ．

図に示すように，長さ l の糸を強く張り，両端 A，B を固定する．糸の中点に質量 m の質点をとりつけ，これを糸に直角方向に引っ張って放す．糸の張力を S とする．質点がつり合いの位置 O から x だけずれている瞬間（図）に糸は l よりも伸びているが，もともと S が大きいので伸びによる張力変化は考えない．このとき，糸と AB の作る角を図のように θ とすると，一方の糸から質点に作用する張力の x 方向成分の大きさは（　1　）であるから，質点に関する運動方程式は $m\dfrac{d^2x}{dt^2}=$（　2　）となる．
θ が微小の場合，$\sin\theta \simeq \tan\theta \simeq$（　3　）（$l$ と x で表せ）であるから，上記の運動方程式は，$m\dfrac{d^2x}{dt^2}=$（　4　）となる．これは単振動の運動方程式で a，α を定数として，$x=a\cos($（　5　）$+\alpha)$ となり，振動の周期は $T=$（　6　）となる．

解説　単振動の解き方は，以下のように段階的に考える．

(a)　**物体の振動の原点（つり合いの位置）を合力 $=0$ から求める**．このときつり合いの式を作っておく．

(b)　物体が原点から任意の距離 x だけ変位した位置で，すべての力の方向と大きさを図に書く．x は正にとるとよい，符号のミスがなくなる．

(c)　**物体の原点からの変位の向きを正方向として，合力 F を求める**．この合力が $F=-kx$ の形になれば，物体は単振動する．

(d)　$k=m\omega^2$ とおいて，**角振動数 ω を求める**．これを $T=\dfrac{2\pi}{\omega}$ に代入して，周期 T が求まる．

本問では題意より (a) はすでに与えられている．

解答

(1)　一方の糸から質点に作用する張力の x 方向成分の大きさは $\underline{S\sin\theta}$

(2)　質点の両側に張力が作用するので，x 方向成分の大きさは $2S\sin\theta$ で，x 軸負方向になるので，質点の運動方程式は

$$m\frac{d^2x}{dt^2} = \underline{-2S\sin\theta}$$

(3)　θ が小さいとき，近似式として[★1]

$$\sin\theta \simeq \tan\theta = \frac{x}{l/2} = \underline{\frac{2x}{l}}$$

(4)　運動方程式は，次式となる[★2]．

$$m\frac{d^2x}{dt^2} = -2S\times\frac{2x}{l} = \underline{-\frac{4S}{l}x} \tag{13.1}$$

(5)　(13.1) は単振動の微分方程式で，両辺を m で割り，

$$\frac{d^2x}{dt^2} = -\frac{4S}{ml}x$$

より，

$$\omega^2 = \frac{4S}{ml} \qquad \left(\omega = 2\sqrt{\frac{S}{ml}}\right)$$

とおくと，(13.1) の解（一般解）は a，α を定数として，

$$x = a\cos(\omega t+\alpha) \tag{13.2}$$

と書ける[★3]．(13.2) は

$$x = a\cos\left(\underline{2\sqrt{\frac{S}{ml}}}\,t+\alpha\right) \qquad (a, \alpha\text{は定数})$$

(6)　単振動の周期は，

$$T = \frac{2\pi}{\omega} = \underline{\pi\sqrt{\frac{ml}{S}}}$$

★1 176 ページ，(13.66)参照．

★2 運動方程式の右辺の外力項が $F = -\frac{4S}{l}x$ で $F = -kx$ の形になっているので $\left(k = \frac{4S}{l}\right)$，質点は単振動する．$k = m\omega^2$ とおいて，周期 T は $T = \frac{2\pi}{\omega}$ より求まる．小問 (5)，(6) の計算はこれと同等である．

★3 179 ページ，(13.83)参照．

問題 49　平面上のばねにつながれたおもりの運動１　基本

質量 m のおもり A と質量 M のおもり B が，自然長 l，ばね定数 k のばねでつながれ，滑らかな水平面上に置かれている．おもり A，B を静止させてから，おもり A に水平方向右向きに初速度 v を与えたところ（図 1），2 つのおもりは振動しながら右方向へ進んだ．ここで，ばねの質量は無視できるものとする．次の各問いに答えなさい．

A.　2 つのおもりが動き出してから，最初にばねが最も縮んだときのおもり A，B の速度 v_A, v_B とばねの縮み d を求めたい（図 2）．

(1)　v_A と v_B の間に成り立つ関係式を書きなさい．

(2)　v_A, v_B, d を求めなさい．

B.　おもり A，B の運動を，運動方程式を用いて考えよう．水平右向きを x 方向正の向きとして，おもり A，B の x 座標をそれぞれ x_A, x_B，おもり A，B の加速度をそれぞれ a_A, a_B とする（図 3）．

(3)　ばねの縮みを x_A, x_B を用いて表しなさい．

(4)　おもり A，B についての運動方程式は以下のようになる．各式の右辺に入る式を求めなさい．

おもり A：　$m a_A =$ ＿＿＿＿＿＿＿＿＿＿＿＿＿＿

おもり B：　$M a_B =$ ＿＿＿＿＿＿＿＿＿＿＿＿＿＿

解 説　重心とは質量の逆比に内分する点である．図で重心の座標を X として，$X - x_A : x_B - X = \dfrac{1}{m} : \dfrac{1}{M} = M : m$ となる X が重心である．

重心速度：$\dfrac{dX}{dt} = \dfrac{\text{全運動量}}{\text{全質量}}$.

1) 全運動量＝一定：重心は等速運動する，2) 全運動量＝ 0：重心は動かない．

解答

(1)　ばねが最も縮んだとき，A，B の相対運動が止まるので，

$$\underline{v_A = v_B} \tag{13.3}$$

(2)　滑らかな水平面上で運動しているので，**水平方向に外力は働かない**★1 ので，**水平方向の運動量保存則が成り立つ**．よって，

★1 摩擦力などの水平方向の外力は働かない．

$$mv = mv_A + Mv_B \tag{13.4}$$

(13.3)，(13.4)を解いて，

$$\underline{v_A = v_B = \frac{m}{m+M}v} \tag{13.5}$$

最初とバネが最も縮んだときの間で，エネルギー保存則は，

$$\frac{1}{2}mv^2 = \frac{1}{2}m{v_A}^2 + \frac{1}{2}M{v_B}^2 + \frac{1}{2}kd^2 \tag{13.6}$$

(13.5)，(13.6)より，

$$d = \underline{\sqrt{\frac{mM}{k(m+M)}}\ v}$$

(3)　ばねの縮み（変位）D は（自然長）−（現在の長さ），なので，

$$D = \underline{l - (x_B - x_A)}$$

(4)　運動方程式は，おもり A，B について，

$$\text{おもり A：}\quad ma_A = -kD = \underline{-k\{l - (x_B - x_A)\}} \tag{13.7}$$

$$\text{おもり B：}\quad Ma_B = kD = \underline{k\{l - (x_B - x_A)\}} \tag{13.8}$$

問題	50	平面上のばねにつながれたおもりの運動２	基本

(5) 前問 49 (4) で求めた二つの運動方程式の各辺どうしを足し合わせて得られる方程式より，おもり A，B の位置を 1 : (　　) に内分する点 X が加速度 0 で，つまり一定速度で移動することがわかる．(　　) 内に入るべき式を求めなさい．また，一定速度の大きさはいくらになるか．

(6) (5) で求めた点 X からおもり A，B の動きを見ると，おもり A，B はいずれも同じ周期 T の単振動をしていることがわかる．この周期 T を求めなさい．

解答

(5)　(13.7)，(13.8)を加えると，

$$ma_A + Ma_B = 0$$

ここで，加速度について，$a_A = \dfrac{d^2x_A}{dt^2}$，　$a_B = \dfrac{d^2x_B}{dt^2}$ なので，上式は，

$$m\frac{d^2x_A}{dt^2} + M\frac{d^2x_B}{dt^2} = \frac{d^2}{dt^2}(mx_A + Mx_B) = 0$$

上式の第 2，3 項を $m + M$ で割ると，

$$\begin{aligned}&\frac{1}{m+M}\ \frac{d^2}{dt^2}(mx_A + Mx_B)\\ &= \frac{d^2}{dt^2}\left(\frac{mx_A + Mx_B}{m+M}\right) = 0\end{aligned} \tag{13.9}$$

ここで，(13.9) の第 2 式の括弧の中身は A,B の**重心位置**なので ★1，

$$X = \frac{mx_A + Mx_B}{m+M} \tag{13.10}$$

とおくと，(13.9)は，

$$\frac{d^2X}{dt^2} = 0 \qquad \therefore\ \frac{dX}{dt} = 一定$$

よって A，B の重心 X は加速度 0，つまり**一定速度**で移動することがわかる．重心位置 (13.10)を変形すると，

★1 重心位置公式 : 187 ページ, (14.15)

$X(m+M) = mx_A + Mx_B \qquad \therefore \quad M(x_B - X) = m(X - x_A)$

よって，$\dfrac{x_B - X}{X - x_A} = \dfrac{m}{M} = \dfrac{m/M}{1}$

これより，重心位置 X はおもり A，B の位置 x_A, x_B の間の距離を $(M : m =)1 : \dfrac{m}{M}$ に内分する★2（図）．

(13.10)の両辺を時間 t で微分すると★3，

$$\frac{dX}{dt} = \frac{m\frac{dx_A}{dt} + M\frac{dx_B}{dt}}{m+M} = \frac{mV_A + MV_B}{m+M} \tag{13.11}$$

上式について，第 2 項の分子の $\dfrac{dx_A}{dt}$，$\dfrac{dx_B}{dt}$ は，それぞれ A，B の速度を表すので，$V_A = \dfrac{dx_A}{dt}$　$V_B = \dfrac{dx_B}{dt}$ とおいた．ここで，(13.11)の第 3 項の分子について，水平方向に運動量保存が成り立つので，運動量 $mV_A + MV_B$ は最初の運動量 mv に等しい，すなわち $mV_A + MV_B = mv$．よって，一定速度（重心速度）の大きさは，$\dfrac{dX}{dt} = \dfrac{m}{m+M}v$．

(6)　前問より，重心 X はばねを $1 : m/M = M : m$ に内分する点なので，X から見た左右のばねの長さ l_A, l_B は，自然長 l を $M : m$ に内分して，

$$l_A = \frac{M}{m+M}\,l \quad , \quad l_B = \frac{m}{m+M}\,l$$

ばね定数 k は**長さに反比例する**★4 ので，左右のばね定数 k_A, k_B は，

$$k_A : k = \frac{1}{l_A} : \frac{1}{l} \qquad \therefore \quad k_A = \frac{l}{l_A}k = \frac{m+M}{M}k$$

$$k_B : k = \frac{1}{l_B} : \frac{1}{l} \qquad \therefore \quad k_B = \frac{l}{l_B}k = \frac{m+M}{m}k$$

よって左右のばねの単振動の周期 T_A, T_B は，**周期公式**　$T = 2\pi\sqrt{\dfrac{m}{k}}$ ★5 を用いて，

$$T_A = 2\pi\sqrt{\frac{m}{k_A}} = 2\pi\sqrt{\frac{mM}{(m+M)k}}$$

$$T_B = 2\pi\sqrt{\frac{M}{k_B}} = 2\pi\sqrt{\frac{mM}{(m+M)k}} \quad (= T_A)$$

となる★6．

★2
$M : m = \dfrac{1}{m} : \dfrac{1}{M}$
なので，重心は 2 物体の**質量の逆比に内分する点**である．

★3 重心速度：
$\dfrac{dX}{dt} = \dfrac{\text{全運動量}}{\text{全質量}}$
である．

★4 25 ページ，(3.23)フックの法則より $F = kx$ から $k = \dfrac{F}{x}$ で分母の x は長さなので，ばね定数 k は長さに反比例する．

★5 参照：171 ページ，(13.50)

★6 **これより重心から見ると，A，B は同じ周期で単振動していることがわかる．**

問題 51　質点の万有引力による振動　基本

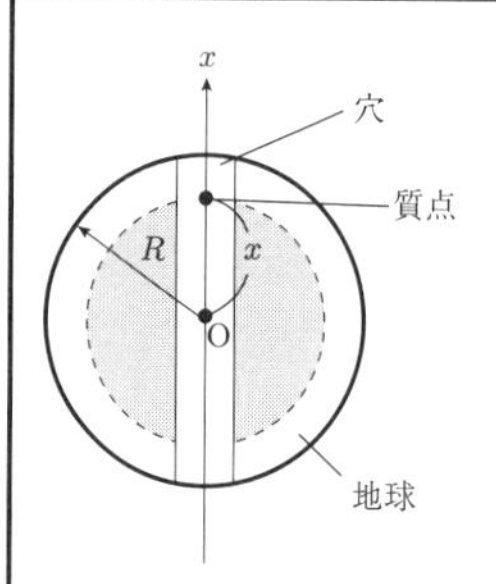

地球を半径 R，一様な密度の質量 M の球とする．地球に中心 O を貫く直線状の穴を掘る．穴の直径は地球の直径と比べ十分小さいとする．この穴に時刻 $t=0$，初速度ゼロで質量 m の質点を落下運動させた．このとき以下の設問に答えよ．ただし，質点の運動に摩擦はないとし　万有引力定数を G とする．

(1) 質点が地球の中心 O から x の距離にあるとき，質点には半径 x で囲まれた領域（図の濃い灰色部）からのみ引力が作用すると考えてよい．これは半径 x の外側の部分からの引力は打ち消しあってゼロになるためである．また，質点に働く引力は，半径 x で囲まれた領域の質量が中心 O に集まったときと等価である．このとき．質点の受ける引力 $F(x)$ が，$F(x)=-G\dfrac{Mm}{R^3}x$ となることを説明せよ．

(2) 質点の運動方程式を求めよ．

(3) 質点の座標 x は時刻 t の周期関数となる．その周期関数と周期を求めよ．

(4) 質点が地球の中心 O から x の距離にあるとき，(1) で与えた式を使って引力によるポテンシャルエネルギー U を求めよ．ただし，質点が中心 O にあるときのポテンシャルエネルギーをゼロとする．

(5) 質点のポテンシャルエネルギー U と運動エネルギー K を時刻 t の関数として求めよ．

（北海道大，類題 金沢大）

解説　物体に $F=-kx$ の形，すなわち**変位 x に比例**する外力が働くと物体は単振動する．単振動している物体の運動エネルギー (K) と位置エネルギー (U) を加えた力学的エネルギー $K+U$ は，摩擦力などの外力（非保存力）が働かなければ保存する．本文では，(13.15) + (13.16) = 一定となる．また (3) は，単振動形の微分方程式（179 ページ参照）の標準的な解き方である．

解答

(1)　地球密度を ρ とすると，$\rho = \dfrac{\text{地球質量}}{\text{地球体積}} = \dfrac{M}{\frac{4}{3}\pi R^3}$，半径 x で囲まれた領域の質量を M' とすると，$M' = \dfrac{4}{3}\pi x^3 \rho = \dfrac{4}{3}\pi x^3 \dfrac{M}{\dfrac{4}{3}\pi R^3} = \dfrac{x^3}{R^3}M$．質点に働く万有引力 $F(x)$ は，題意より M' から働く引力のみを考えるので ★1，$F(x) = -G\dfrac{mM'}{x^2} = \underline{-G\dfrac{Mm}{R^3}x}$

★1

(2)　前問の結果より，質点の運動方程式は，

$$\underline{m\ddot{x} = -G\frac{Mm}{R^3}x} \tag{13.12}$$

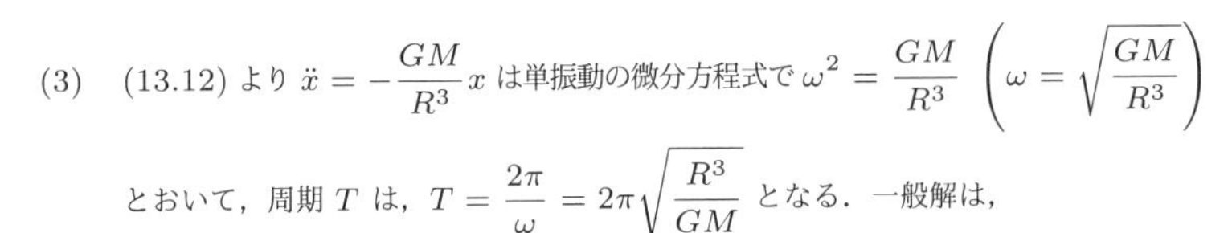

(3)　(13.12) より $\ddot{x} = -\dfrac{GM}{R^3}x$ は単振動の微分方程式で $\omega^2 = \dfrac{GM}{R^3}$ $\left(\omega = \sqrt{\dfrac{GM}{R^3}}\right)$ とおいて，周期 T は，$T = \dfrac{2\pi}{\omega} = \underline{2\pi\sqrt{\dfrac{R^3}{GM}}}$ となる．一般解は，

$$x = A\cos\omega t + B\sin\omega t \quad \left(A,\ B \text{ は定数}, \omega = \sqrt{\frac{GM}{R^3}}\right) \tag{13.13}$$

初期条件は設問より，$t = 0$ で $x = R$，$\dot{x}=0$ (初速度 0) なので，(13.13) に $t = 0$, $x = R$ を代入して，$A = R$. (13.13) を t で微分して，$\dot{x} = -A\omega\sin\omega t + B\omega\cos\omega t$. ここに $t = 0$ で $\dot{x}=0$ を代入して，$0 = B\omega$，　$\omega \neq 0$ より，$B = 0$. よって (13.13)に $A = R$，$B = 0$ を代入して，$\underline{x = R\cos\omega t \quad \left(\omega = \sqrt{\frac{GM}{R^3}}\right)}$.

(4)　引力 $F(x)$ によるポテンシャルエネルギー $U(x)$ は，$F(x)$ を 0 から x まで積分して ★2，$U(x) - U(0) = -\int_0^x F(x)dx$. $F(x) = -G\dfrac{Mm}{R^3}x$. 仮定より $U(0) = 0$ なので，

★2　参照：99 ページ，(9.37))

$$U = U(x) = \int_0^x \frac{GMm}{R^3}x dx = \underline{\frac{GMm}{2R^3}x^2} \tag{13.14}$$

(5)　ポテンシャルエネルギーは，(3) の結果 $x = R\cos\omega t$ を (13.14) に代入して，

$$U = \underline{\frac{GMm}{2R}\cos^2\omega t} \quad \left(\omega = \sqrt{\frac{GM}{R^3}}\right) \tag{13.15}$$

運動エネルギー $K = \dfrac{1}{2}m\dot{x}^2$ は $\dot{x} = -R\omega\sin\omega t = -R\sqrt{\dfrac{GM}{R^3}}\sin\omega t = -\sqrt{\dfrac{GM}{R}}\sin\omega t$

$$\therefore \quad K = \frac{1}{2}m\left(-\sqrt{\frac{GM}{R}}\sin\omega t\right)^2 = \underline{\frac{GMm}{2R}\sin^2\omega t} \quad \left(\omega = \sqrt{\frac{GM}{R^3}}\right) \tag{13.16}$$

問題 52 鉛直方向のばねの落下運動 標準

図のように，質量 m_1, m_2 の質点 1, 2 が自然長 l，ばね定数 k の軽いばねにつながれている．質点 1 を持って垂直に吊り下げ，ばねをつり合いの状態にしておき静かに手をはなした．ばねは振動しながら落下した．

鉛直上向きに z 軸をとり，質点 1, 2 の座標をそれぞれ z_1, z_2 とする．重力加速度を g とし，空気抵抗は無視する．

(1) 質点 1, 2 の運動方程式を求めよ．

(2) 質点 1, 2 の重心 z_G と相対座標 $r = z_1 - z_2$ について，運動方程式を求めよ．

(3) ばねの振動数を求めよ．

（北海道大，類題 新潟大）

解説

両端に質点をつけ垂直につり下げたばねの手を離すと，振動しながら落下する．重心，相対座標の運動に分離して運動方程式を解くと，ばねは単振動しながら，重心は自由落下する解が得られる．

解答

(1) ばねの伸びは ★1 ，$z_1 - z_2 - l$ なので，質点 1, 2 の運動方程式は，

質点 1 $\cdots m_1\ddot{z}_1 = \underline{-m_1 g - k(z_1 - z_2 - l)}$ (13.17)

質点 2 $\cdots m_2\ddot{z}_2 = \underline{-m_2 g + k(z_1 - z_2 - l)}$ (13.18)

★1 ばねが伸びているとして解いているが，縮んでいるとしても結果は変わらない．

(2) 重心 z_G ★2 ，相対座標 r は，

$$z_G = \frac{m_1 z_1 + m_2 z_2}{m_1 + m_2} \tag{13.19}$$

$$r = z_1 - z_2 \tag{13.20}$$

★2 187 ページ (14.15)参照．

(13.19)の両辺を時間で 2 階微分して (13.17) (13.18)を代入すると，

$$\ddot{z}_G = \frac{1}{m_1 + m_2}(m_1\ddot{z}_1 + m_2\ddot{z}_2) = -\frac{(m_1 + m_2)g}{m_1 + m_2}$$

重心の運動方程式は[★3]，

$$\underline{(m_1+m_2)\ddot{z}_G = -(m_1+m_2)g} \tag{13.21}$$

$(13.17) \times m_2 - (13.18) \times m_1$ より，

$$m_1 m_2(\ddot{z}_1 - \ddot{z}_2) = -(m_2+m_1)k(z_1 - z_2 - l)$$

(13.20)より $r = z_1 - z_2$, $\ddot{r} = \ddot{z}_1 - \ddot{z}_2$ を代入して，r についての運動方程式は，

$$\underline{\frac{m_1 m_2}{m_1+m_2}\ddot{r} = -k(r-l)}^{\star 4} \tag{13.22}$$

(3)　(13.22)で $R = r - l$ とおくと，$\ddot{r} = \ddot{R}$ より，

$$\ddot{R} = -\frac{(m_1+m_2)k}{m_1 m_2}R$$

上式は単振動を表し，$\omega^2 = \dfrac{(m_1+m_2)k}{m_1 m_2}$ とおくと，振動数 f は

$$f = \frac{\omega}{2\pi} = \underline{\frac{1}{2\pi}\sqrt{\frac{(m_1+m_2)k}{m_1 m_2}}}^{\star 5} \tag{13.23}$$

となる．

★3 運動方程式なので m_1+m_2 は消去しない．

★4 $(\mu =)\dfrac{m_1 m_2}{m_1+m_2}$ を換算質量と呼び，相対運動の質量の役目をする．

★5 (13.23) (13.21) より，振動数 f で振動しながら，重心 z_G は自由落下する．f と ω の関係は，$\omega = 2\pi f$ である．

問題 53　減衰振動　発展

質量 m の物体がポテンシャルエネルギー $U(x)$ の 1 次元空間（x 軸方向）を運動する場合を考える．物体に働く力は物体の位置座標 x だけの関数（ポテンシャルエネルギー）$U(x)$ を使って，

$$F = -\frac{dU}{dx} \qquad \text{(a)}$$

と与えられるとき，物体の運動方程式は，

$$m\ddot{x} = -\frac{dU}{dx} \qquad \text{(b)}$$

となる．1 次元単振動の場合，ポテンシャルエネルギーは $U(x) = \frac{1}{2}kx^2$ と表される．ただし k はバネ定数と呼ばれる正の定数である．物体に (a) で表されている力に加えて，速度に比例する粘性抵抗 $-\eta\dot{x}(\eta > 0)$ が働く場合について，物体の運動を表す運動方程式の一般解を求めよ．（中央大，一部改変）

解説　バネに結ばれた質点は単振動する．運動方程式は $m\ddot{x} = -kx$ である．ただし，m は質点質量，k はばね定数とする．ここに速度に比例する抵抗力 $-\eta\dot{x}$ が働くと，運動方程式は $m\ddot{x} = -kx - \eta\dot{x}$ となる．$\eta(> 0)$ は抵抗力の比例定数である．たとえば，バネ系全体が粘性をもつ油の中で振動するような場合である．η の大きさで減衰振動，臨界制動，過制動の 3 種の運動に分けられる．

解答

$U = \frac{1}{2}kx^2$ のとき，$\frac{dU}{dx} = kx$ なので，(b) は $m\ddot{x} = -kx$，ここに粘性抵抗力を加えて運動方程式は，

$$m\ddot{x} = -kx - \eta\dot{x}^{\star 1} \qquad (13.24)$$

$\omega_0 = \sqrt{\frac{k}{m}}$ $(\omega_0 > 0)$，$\frac{\eta}{m} = 2\gamma^{\star 2}$ $(\eta > 0$ より $\gamma > 0)$ とおくと，運動方程式 (13.24)は，

$$\ddot{x} + 2\gamma\dot{x} + \omega_0^2 x = 0 \qquad (13.25)$$

特性方程式 ★3 は，

★2 97 ページ，(9.29)参照.

★2 係数に 2 をつけると計算が楽になる.

★3 177 ページ，(13.75)参照.

$$\lambda^2 + 2\gamma\lambda + \omega_0^2 = 0 \qquad (\eta > 0,\ k > 0) \tag{13.26}$$

判別式 $D = \gamma^2 - \omega_0^2$ の γ，ω_0 の大小により，一般解は以下の 3 通りに分けられる ★4．

i) $\gamma < \omega_0$ の場合，
特性方程式 (13.26)は 2 虚解 λ_1，λ_2 を持つ．

$\lambda_1,\ \lambda_2 = -\gamma \pm \sqrt{\omega_0^2 - \gamma^2}\, i = -\gamma \pm \omega i \quad \left(\omega = \sqrt{\omega_0^2 - \gamma^2}\right)$

一般解は，

$$\begin{aligned} x &= Ae^{\lambda_1 t} + Be^{\lambda_2 t} = Ae^{(-\gamma+\omega i)t} + Be^{(-\gamma-\omega i)t} \\ &= e^{-\gamma t}(Ae^{i\omega t} + Be^{-i\omega t}) = e^{-\gamma t}(A' \cos\omega t + B' \sin\omega t) \\ &= \underline{Ce^{-\gamma t} \sin(\omega t + \phi)}^{\star 5} \end{aligned} \tag{13.27}$$

$\left(A,\ B,\ A' = A + B,\ B' = (A - B)i,\ C = \sqrt{A'^2 + B'^2}\ \text{は定数},\right.$

$\left.\omega = \sqrt{\omega_0^2 - \gamma^2},\ \omega_0 = \sqrt{\dfrac{k}{m}},\ \gamma = \dfrac{\eta}{2m}, \tan\phi = \dfrac{A'}{B'}\right)$

(13.27)より，$Ce^{-\gamma t}$ が振幅になり，振動しながら減衰する減衰振動を表す ★6．

ii) $\gamma = \omega_0$ の場合，
特性方程式 (13.26) は 2 重解 $\lambda_1 = \lambda_2 = -\gamma$ を持つ．一般解は，

$x = e^{-\gamma t}(A + Bt) \quad (A,\ B\ \text{は定数}, \gamma = \dfrac{\eta}{2m})$

非周期運動で臨界制動という ★7．

iii) $\gamma > \omega_0$ の場合，特性方程式 (13.26) は 2 実解 λ_1，λ_2 を持つ．

$\lambda_1,\ \lambda_2 = -\gamma \pm \sqrt{\gamma^2 - \omega_0^2} = -\gamma \pm \gamma' \quad \left(\gamma' = \sqrt{\gamma^2 - \omega_0^2}\right)$

一般解は，

$$\begin{aligned} x &= Ae^{\lambda_1 t} + Be^{\lambda_2 t} = Ae^{(-\gamma+\gamma')t} + Be^{(-\gamma-\gamma')t} \\ &= \underline{e^{-\gamma t}(Ae^{\gamma' t} + Be^{-\gamma' t})} \end{aligned} \tag{13.28}$$

$\left(A,\ B\ \text{は定数},\ \gamma' = \sqrt{\gamma^2 - \omega_0^2}\ ,\ \omega_0 = \sqrt{\dfrac{k}{m}}\ ,\ \gamma = \dfrac{\eta}{2m}\right)$

非周期運動で，過制動という ★8．

★4 以降の導出は，177 ページ，**定数係数の 2 階同次線形微分方程式**，**単振動の微分方程式** を参照．

★5 173 ページ：(13.56)，178 ページ：(13.79)参照．
式変形は**オイラーの公式**，
$e^{ix} = \cos x + i \sin x$
を用いる．

★6 減衰振動，振動の概形は，174 ページの図を参照．

★7 臨界制動，振動の概形は，174 ページの図を参照．

★8 過制動，振動の概形は，174 ページの図を参照．

ポイント

減衰振動は 2 階同次線形微分方程式の典型的で重要な物理例である．（2 階同次線形微分方程式については，177 ページ，**TeaTime 定数係数の 2 階同次線形微分方程式**，**単振動の微分方程式** を参照．）

問題 54 連成振動 発展

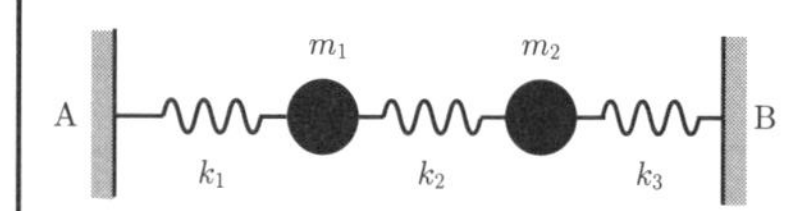

質量 m_1, m_2 の二つの質点と，ばね定数が k_1, k_2, k_3，またそれぞれの自然の長さが L_1, L_2, L_3 の三つのばねが，図に示すように水平距離が L の A，B 間で一直線に連結されており，この一直線上で振動している．ばねの質量は無視できるとし，運動中のばねの力についてはフックの法則に従うとして，以下の問いに答えよ．

(1) A から質点 m_1, m_2 までの距離を x_1, x_2 とするとき，質点 m_1 および m_2 に対する運動方程式を示せ．

(2) 基準となる振動の角振動数を求めよ．

(3) 今，$m_1 = m_2 = m$, $k_1 = k_2 = k_3 = k$ とするとき，基準となる振動の角振動数を求めよ．

（早稲田大）

解説 いくつかの質点が連結されて互いに影響を及ぼしあって，1 つの質点の振動が他の質点に影響を及ぼしながら振動する場合を**連成振動**，あるいは**連結振動**という．運動方程式は，それぞれの質点の運動が微小振動のときは，質点が n 個のとき n 個の独立した連立微分方程式になる．その解は一般に n 個の単振動の合成になる．その単振動を**規準振動**，振動数を**規準振動数**という．

解答

(1) 図のように質点 m_1, m_2 の平衡（つり合いの）位置からの変位 X_1 X_2 は $X_1 < X_2$ とすると，

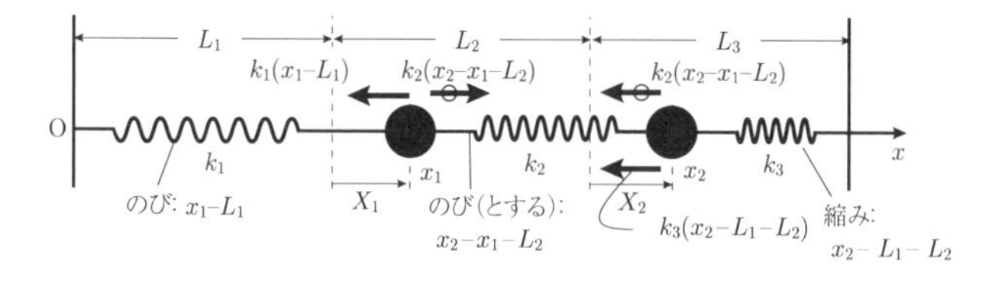

$$X_1 = x_1 - L_1, X_2 = x_2 - L_1 - L_2 \tag{13.29}$$

なので，自然長より左のばねは $X_1 = x_1 - L_1$ のび，中のばねは $X_2 - X_1 = x_2 - x_1 - L_2$ のび，右のばねは $X_2 = x_2 - L_1 - L_2$ 縮んでいる．

よって，各ばねの弾性力は図のようになり，質点 m_1, m_2 に対する運動方程式は，

$$\underline{m_1\ddot{x}_1 = -k_1(x_1 - L_1) + k_2(x_2 - x_1 - L_2)} \tag{13.30}$$

$$\underline{m_2\ddot{x}_2 = -k_2(x_2 - x_1 - L_2) - k_3(x_2 - L_1 - L_2)} \tag{13.31}$$

(2) (13.29)，より $\ddot{x_1} = \ddot{X}_1$, $\ddot{x_2} = \ddot{X}_2$ なので，(13.30)，(13.31) は，

$$m_1\ddot{X}_1 = -k_1X_1 + k_2(X_2 - X_1)$$
$$m_2\ddot{X}_2 = -k_2(X_2 - X_1) - k_3X_2$$

$X_1 = Ae^{i\omega t}$, $X_2 = Be^{i\omega t}$ とおいて ★1 上式に代入し整理すると，

★1 特解を求めるためでよく行われる．

$$(-m_1\omega^2 + k_1 + k_2)A + (\qquad\qquad - k_2)B = 0$$
$$(\qquad\qquad - k_2)A + (-m_2\omega^2 + k_2 + k_3)B = 0$$

$A = B = 0$ 以外の解があるためには ★2,

★2 連立方程式

$$\begin{cases} A_1x + B_1y = 0 \\ A_2x + B_2y = 0 \end{cases}$$

が $x = y = 0$ 以外の解を持つ条件は，

$$\begin{vmatrix} A_1 & B_1 \\ A_2 & B_2 \end{vmatrix} = A_1B_2 - A_2B_1 = 0$$

である．

$$(-m_1\omega^2 + k_1 + k_2)(-m_2\omega^2 + k_2 + k_3) - (-k_2)^2 = 0$$
$$\therefore \quad m_1m_2\omega^4 - (m_1(k_2 + k_3) + m_2(k_1 + k_2))\,\omega^2$$
$$+ (k_1 + k_2)(k_2 + k_3) - {k_2}^2 = 0 \tag{13.32}$$

ω^2 についての 2 次方程式なので解の公式を用いて，

$$\begin{aligned}
\omega^2 =& \frac{1}{2m_1m_2}\,(m_1(k_2 + k_3) + m_2(k_1 + k_2)) \\
&\pm \frac{1}{2m_1m_2}\sqrt{(m_1(k_2 + k_3) + m_2(k_1 + k_2))^2 - 4m_1m_2\left((k_1 + k_2)(k_2 + k_3) - {k_2}^2\right)} \\
=& \frac{k_1 + k_2}{2m_1} + \frac{k_2 + k_3}{2m_2} \pm \sqrt{\left(\frac{k_1 + k_2}{2m_1} + \frac{k_2 + k_3}{2m_2}\right)^2 - \frac{(k_1 + k_2)(k_2 + k_3) - {k_2}^2}{m_1m_2}} \\
=& \frac{k_1 + k_2}{2m_1} + \frac{k_2 + k_3}{2m_2} \pm \sqrt{\left(\frac{k_1 + k_2}{2m_1} - \frac{k_2 + k_3}{2m_2}\right)^2 + \frac{{k_2}^2}{m_1m_2}}
\end{aligned} \tag{13.33}$$

(13.33) 式中の ± （複合）の + の式を ${\omega_+}^2$，− の式を ${\omega_-}^2$ とすると，
$\underline{\omega_+,\ \omega_-}$ の 2 種の基準振動 $\underline{(\omega_+,\ \omega_- > 0)}$ となる．

(3) $m_1 = m_2 = m$, $k_1 = k_2 = k_3 = k$ とするとき，(13.33) より，

$$\omega^2 = \frac{3k}{m},\ \frac{k}{m} \qquad \therefore \quad \omega = \sqrt{\frac{3k}{m}} = \omega_1,\ \ \omega = \sqrt{\frac{k}{m}} = \omega_2 \text{として，}$$

よって，$\omega_1 = \underline{\sqrt{\dfrac{3k}{m}}}$，$\omega_2 = \underline{\sqrt{\dfrac{k}{m}}}$ の基準振動である．

ポイント

2 階微分方程式は，$X = Ae^{i\omega t}$ のように複素指数関数を用いて解く．

問題 55 強制振動 1 発展

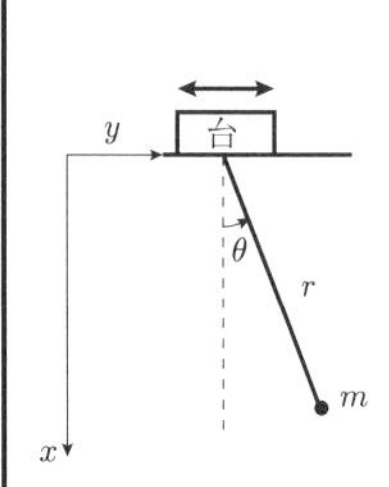

図のように水平面上（y 軸上）を動くことができる台に，質量 m の質点が長さ r の糸に振り子状態でつるされている．角 θ を図のようにとり，重力加速度を g とする．糸は伸び縮みすることなくその質量は無視できるものとして以下の問いに答えよ．台が $y = B\cos\omega_0 t$ で振動している場合を考える．台に固定した座標系で考えよ．

(1) 質点にかかる y 軸方向の慣性力を求めよ．

(2) 振り子の運動方程式を求めよ．ただし，θ の角速度を $\dot{\theta}$，角加速度を $\ddot{\theta}$ とする．

(3) (2) の運動方程式で，角 θ が小さい ($|\theta| \leqq 1$) とき，$\sin\theta \simeq \theta, \cos\theta \simeq 1$ の近似を用いて，θ に関する微分方程式を求めよ． （筑波大）

解説 おもりが振動しているときに外力を加えて強制的に揺さぶる場合を**強制振動**という．外力 F が周期的な力 $F = F_0\cos\omega t$ であるとき，以下のような運動方程式を考えることができる．ただし，θ を振れ角とし，F_0, m, k, ω は定数である．

$$m\ddot{\theta} + k\theta = F_0\cos\omega t$$

解答

(1) 台の y 軸方向の加速度を α とすると，質点には α と逆向きに $-m\alpha$ の慣性力がかかる．台の振動が $y = B\cos\omega_0 t$ なので ★1，

$$\alpha = \ddot{y} = -B{\omega_0}^2\cos\omega_0 t$$

となり，質点にかかる慣性力 f は ★2

$$f = -m\alpha = \underline{mB{\omega_0}^2\cos\omega_0 t}$$

★1
$y = B\cos\omega_0 t$ を t で 2 階微分する．

$$\dot{y} = -B\omega_0\sin\omega_0 t$$
$$\therefore \ddot{y} = -B\omega_0^2\cos\omega_0 t$$

★2 慣性力 f は加速度 α と逆方向にかかるので，$f = -m\alpha$.

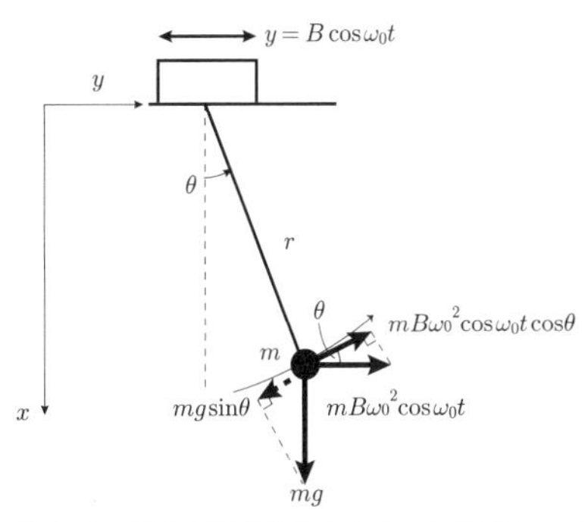

(2)　振り子の運動方程式は接線方向の加速度を a として，図より，

$$ma = mB{\omega_0}^2\cos\omega_0 t\cdot\cos\theta - mg\sin\theta$$

ここで $a = r\ddot{\theta}$ なので★3，

$$\underline{mr\ddot{\theta} = mB{\omega_0}^2\cos\omega_0 t\cdot\cos\theta - mg\sin\theta}$$

★3 $\theta = s/r$ より $s = r\theta$．よって $\dot{s} = r\dot{\theta}$．接線方向加速度は $a = \ddot{s} = r\ddot{\theta}$．

(3)　$|\theta| \ll 1$ なので，$\sin\theta \simeq \theta$，$\cos\theta \simeq 1$ より★4，上式は，

$$m\ddot{\theta} = \frac{mB{\omega_0}^2\cos\omega_0 t}{r} - \frac{mg\theta}{r}$$

★4 この近似は，176 ページ，(13.66)参照．

となる．ここで

$$\frac{g}{r} = \omega^2 \qquad \left(\omega = \sqrt{\frac{g}{r}}\right) \tag{13.34}$$

とおくと，

$$m\ddot{\theta} + m\omega^2\theta = \frac{mB{\omega_0}^2}{r}\cos\omega_0 t \tag{13.35}$$

この式は**強制振動の運動方程式**である．両辺を m で割って，

$$\underline{\ddot{\theta} + \omega^2\theta = \frac{B{\omega_0}^2}{r}\cos\omega_0 t} \quad \left(\omega = \sqrt{\frac{g}{r}}\right) \tag{13.36}$$

となる★5．

★5 (13.36) の一般解は (13.36)を満たす 1 つの特解を見つけ，(13.36) の左辺 $= 0(\ddot{\theta} + \omega^2\theta = 0)$ の一般解を加えたものである 174 ページ，**Tea Time** 強制振動参照)．特解の見つけ方は次ページで説明する．

問題 56　強制振動 2　発展

(4)　前問 (3) で求めた微分方程式を解くことにより，振り子が共振（共鳴）する条件を求めよ．また，必要であれば次の初期条件を用いよ．$t=0$ のとき $\theta=0,\ \dot{\theta}=0$

(5)　力学における共振（共鳴）とはどのような現象のことか．簡潔に述べよ．また，力学以外の物理学における共振の例をあげよ．

（筑波大，工学システム，一部略）

解 説　強制振動の運動方程式

$$m\ddot{x}+kx=F_0\cos\omega t \tag{13.37}$$

の一般解は，上式を満たす 1 つの特別な解（特解）を見つけ，左辺 $=0$ の一般解を加えたものである．参照：174 ページ，**Tea Time** 強制振動．

解 答

(4)　前問 (3)，(13.36) の特解を考える．時間が経つと振り子の振動は台の強制振動の角振動数 ω_0 に近づいてゆくと考えられるので，(13.36)の特解を

$$\theta=A\cos\omega_0 t \qquad (A\ は定数) \tag{13.38}$$

とおき，(13.36)に代入して A を決める．$\ddot{\theta}=-A{\omega_0}^2\cos\omega_0 t$ より代入した式の cos 項を落とすと，

$$-A{\omega_0}^2+\omega^2 A=\frac{B{\omega_0}^2}{r} \qquad \therefore \quad A=\frac{B{\omega_0}^2}{(\omega^2-{\omega_0}^2)r} \quad (\omega\neq\omega_0)$$

よって特解は，

$$\theta=\frac{B{\omega_0}^2}{(\omega^2-{\omega_0}^2)r}\cos\omega_0 t \qquad (\omega\neq\omega_0) \tag{13.39}$$

(13.36)の左辺 $=0$ とおいた式 $\ddot{\theta}+\omega^2\theta=0$ は単振動の式である．この一般解は ★1，

$$\theta=a\cos\omega t+b\sin\omega t \qquad (a, b\ は定数) \tag{13.40}$$

よって (13.36)の一般解は，(13.39) と (13.40) の右辺を加えたもので，

★1 179 ページ，(13.82)を参照.

$$\theta = a\cos\omega t + b\sin\omega t + \frac{B{\omega_0}^2}{(\omega^2 - {\omega_0}^2)r}\cos\omega_0 t \tag{13.41}$$

$(\omega \neq \omega_0)$　$(a, b$ は定数)

初期条件は，$t = 0$ のとき $\theta = 0$, $\dot{\theta} = 0$
i) $t = 0$ で　$\theta = 0$ を (13.41)に代入して，定数 a は，

$$a = -\frac{B{\omega_0}^2}{(\omega^2 - {\omega_0}^2)r} \tag{13.42}$$

ii) (13.41) より，

$$\dot{\theta} = -a\omega\sin\omega t + b\omega\cos\omega t - \frac{B{\omega_0}^3}{(\omega^2 - {\omega_0}^2)r}\sin\omega_0 t$$

初期条件 $t = 0$ で$\dot{\theta} = 0$ より，

$$0 = b\omega,\ \omega \neq 0 \text{ より}, b = 0 \tag{13.43}$$

よって，(13.41)に，(13.42)，(13.43) を代入して，

$$\theta = -\frac{B{\omega_0}^2}{(\omega^2 - {\omega_0}^2)r}(\cos\omega t - \cos\omega_0 t)\quad (\omega \neq \omega_0) \tag{13.44}$$

共振する条件を考えているので上式を次のように変形する．

$$\theta = -\frac{B{\omega_0}^2 t}{(\omega + \omega_0)r} \cdot \frac{\cos\omega t - \cos\omega_0 t}{(\omega - \omega_0)t} \tag{13.45}$$

微分の定義，$f'(x_0) = \lim_{x \to x_0}\dfrac{f(x) - f(x_0)}{x - x_0}$ より，上式の右辺第 2 項は $-\sin\omega_0 t$ となるので，$\omega \to \omega_0$ で

$$\begin{aligned}\theta &= -\frac{B{\omega_0}^2 t}{2r\omega_0} \cdot (-\sin\omega_0 t) \\ &= \left(\frac{B\omega_0 t}{2r}\right) \cdot \sin\omega_0 t\end{aligned} \tag{13.46}$$

上式は $\omega \to \omega_0$ にすると，時間が経つにつれて $(t \to \infty)$ sin 項が入っているので振動しながら振幅 $\left(\dfrac{B\omega_0}{2r}t\right)$ が大きくなってゆき発散する．これは共振（共鳴）を表す．よって，共振する条件は $\underline{\omega = \omega_0}$ である．実際には摩擦や空気抵抗があるので発散しないが，系の角振動数が外力による強制振動の角振動数に一致すると，振幅が非常に大きくなる．

(5) 系の角振動数が外力による強制振動の角振動数に一致すると，振幅が非常に大きくなる現象を共振（共鳴）という．例として，LC 回路の共振，音叉の共鳴，実際に起こった例として，アメリカ，ワシントン州の吊り橋タコマ橋の強風との共振崩落などがあげられる．

Tea Time ……………… 単振動，単振動の変位，速度，加速度

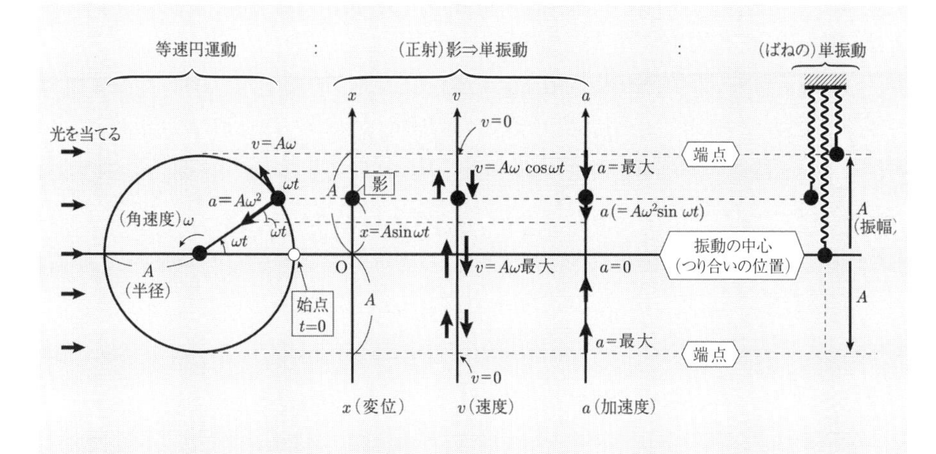

端点　⇒　$v=0$,　$a=$ 最大. 見つけ方：$v=0$ の点に注目する.

振動の中心　⇒　$v=$ 最大,　$a=0$. 見つけ方：合力 $=0$ のつり合いの点に注目する.

振幅 $\boldsymbol{A}$　⇒　求め方：端点と振動の中心の間の距離

半径 A の円の円周上を角速度 ω で**等速円運動している物体**の x 軸上への**影（正射影）**の**運動が単振動**（**調和振動**ともいう）である．単振動の振幅は A，角振動数は ω である．物体の単振動の変位 x，速度 v，加速度 a はこのことから導きだされる．図の始点から角速度 ω の等速円運動を始めると，時間 t が経過したときの物体のなす角度は $\theta=\omega t$ なので，

$$\text{変位}\quad x=A\sin\omega t$$

$$\text{速度}\quad v\left(=\frac{dx}{dt}\right)=A\omega\cos\omega t$$

$$\text{加速度}\quad a\left(=\frac{dv}{dt}\right)=-A\omega^2\sin\omega t=-\omega^2x$$

$\cos,\sin$ を 1 とおくと，単振動の **最大速度**：$A\omega$　**最大加速度**：$A\omega^2$ が出る．公式の覚え方は，図から変位 $x=A\sin\omega t$ を求め，それを時間 t で微分すると速度 v，続いて速度 v を t で微分すると加速度 a になることを使うと覚えやすい．加速度の第 2 項から第 3 項は，変位 $A\sin\omega t=x$ を用いた．

図の**始点**，すなわち $t=0$ での物体の位置を，図の位置 $(\omega t=0)$ にしている．任意の位置にとるときには，回転した角 ωt に任意のある角 ϕ を加えて，以下のように表すことも多い．ここで ϕ を**初期位相**といい，一般の単振動を表すことができる．

$$変位\quad x = A\sin(\omega t + \phi)$$

$$速度\quad v\,(= \frac{dx}{dt}) = A\omega\cos(\omega t + \phi)$$

$$加速度\quad a\,(= \frac{dv}{dt}) = -A\omega^2\sin(\omega t + \phi) = -\omega^2 x$$

Tea Time ………………… 単振動の復元力，角振動数

質量 m の物体の運動方程式は，働いている外力を F として，

$$ma = F \tag{13.47}$$

加速度 a に上記の単振動の加速度を用いて，単振動の運動方程式は，

$$ma = -m\omega^2 x = F$$

物体には $F = -m\omega^2 x$ の外力が働いていることになる．単振動の**中心**は $a(=\ddot{x}) = 0$ より上式から $x = 0$，すなわち外力（合力） $F = 0$ のつり合いの位置である．ω が一定なので $m\omega^2$ は定数で，$m\omega^2 = k(>0)$ とおくと，$F = -kx$ と書ける．負号がつくので，F は変位 x と逆向きで比例する．このような力 F は物体を振動の中心，つり合いの位置 $x = 0$ に戻すように働く力で**復元力**とよぶ．k を**ばね定数**とよび，F を**ばね力**ともいう．

$$単振動の復元力（ばね力）\qquad F = -kx \quad (k = m\omega^2) \tag{13.48}$$

逆に，**変位 x に比例する復元力（ばね力）F が働けば，物体の運動は単振動になる．** $m\omega^2 = k$ より，

$$\omega = \sqrt{\frac{k}{m}} \tag{13.49}$$

で，これを単振動の**角振動数（固有角振動数）**という．ω は対応する等速円運動の角速度で，これから**単振動の周期** T が得られる．

Tea Time ………………………… 周期，振動数

単振動の 1 往復する時間 T を周期という，対応する等速円運動で 1 周回る時間なので，

$$\textbf{周期}\quad T = \frac{2\pi}{\omega} = 2\pi\sqrt{\frac{m}{k}} \tag{13.50}$$

単位時間に往復する回数を振動数 f といい，周期 T と次の関係がある．

$$振動数\qquad f = \frac{1}{T}$$

Tea Time ……単振動の運動方程式

単振動の運動方程式は，(13.47)，(13.48)より，

$$ma = -kx \tag{13.51}$$

振動の中心が原点でなく x_0 のときは，

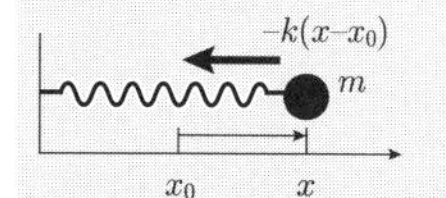

$$ma = -k(x - x_0). \tag{13.52}$$

加速度 a を $a = \ddot{x}$ とおくと，単振動の微分方程式となる．179 ページ以降に詳しく述べる．

Tea Time ……単振動のエネルギー保存則

単振動する物体の速度を v，そのときの変位を x とすると，ばねに蓄えられるエネルギーは $\frac{1}{2}kx^2$ であるので，

$$\text{単振動のエネルギー}\qquad E = \frac{1}{2}mv^2 + \frac{1}{2}kx^2 = \frac{1}{2}mv^2 + \frac{1}{2}m\omega^2x^2$$

系に外力が働かなければ E は保存する．

$$\frac{1}{2}mv^2 + \frac{1}{2}kx^2 = \frac{1}{2}mv^2 + \frac{1}{2}m\omega^2x^2 = \text{一定}\qquad \textbf{(単振動のエネルギー保存則)}$$

Tea Time ……単振動の解き方

(1)　**物体の振動の原点（つり合いの位置）を合力 $=0$ から求める．**このときつり合いの式を作っておく．

(2)　物体が原点から任意の距離 x だけ変位した位置で，すべての力の方向と大きさを図に書く．x は正にとるとよい，符号のミスがなくなる．

(3)　**物体の原点からの変位の向きを正方向として，合力 F を求める．**F が変位 x に比例する，すなわち $F = -kx$（k は定数）の形になれば物体は単振動する．

(4)　$k = m\omega^2$ とおいて，**角振動数 ω を求める．**これを $T = \dfrac{2\pi}{\omega}$ に代入して，**周期 T が求まる．**

Tea Time ……………………………… 減衰振動

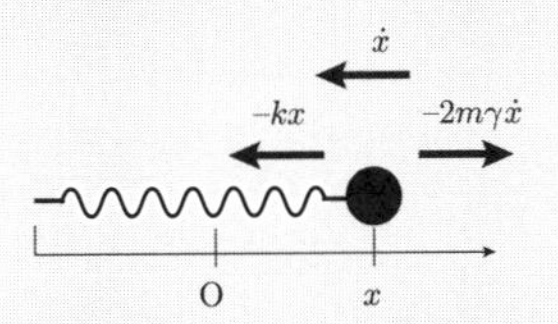

単振動している物体に空気抵抗，あるいは摩擦抵抗などのような抵抗力が働く場合，振動は次第に減衰していく．これを減衰振動という．抵抗力が速度 $\dot{x}$ に比例する場合を考える．その運動方程式は，単振動の式 (13.51) に抵抗力 $F = -2m\gamma\dot{x}$（$\gamma > 0$ は定数） を加え，$a = \ddot{x}$ として（速度 $\dot{x}$，加速度$\ddot{x}$ については 38 ページ (4.23)，39 ページ (4.24) 式を参照），

$$m\ddot{x} = -kx - 2m\gamma\dot{x} \tag{13.53}$$

計算の便宜のため抵抗力の係数に 2 をつけている．抵抗力 $-2m\gamma\dot{x}$ の負号 (−) は速度 $\dot{x}$ にかかり，速度と反対方向に抵抗力が働くことを表す．ここで，(13.53)で $\gamma = 0$ とした単振動の角振動数（固有角振動数）を ω_0 とすると，(13.49)より，$\omega_0 = \sqrt{\frac{k}{m}}$ $(k = m\omega_0^2)$ とおけ，上式は，

$$m\ddot{x} = -m\omega_0^2 x - 2m\gamma\dot{x} \tag{13.54}$$

となる．これより，

$$\ddot{x} + 2\gamma\dot{x} + \omega_0^2 x = 0 \tag{13.55}$$

となる．(13.53), (13.54)が減衰振動の運動方程式，(13.55)が減衰振動の微分方程式である．(13.55)の特性方程式は，$\lambda^2 + 2\gamma\lambda + \omega_0^2 = 0$ である．この判別式 $D = \gamma^2 - \omega_0^2$ から γ と ω_0 の大きさの比較により，一般解は次の 3 つの場合に分かれる．A, B は定数で初期条件で決まる（ 数学ノート 6，177 ページ参照）．$\gamma > 0, \omega_0 > 0$ である．

(1)　$D < 0\,(\gamma < \omega_0)$ のとき，

$$x = Ae^{-\gamma t}\sin(\omega t + B) \tag{13.56}$$

$\omega = \sqrt{{\omega_0}^2 - \gamma^2}$ とする．これは，次ページの図に示すような**減衰振動**を表す．γ を減衰率という．

(2)　$D > 0\,(\gamma > \omega_0)$ のとき，

$$x = e^{-\gamma t}(A\exp(\gamma' t) + B\exp(-\gamma' t)) \tag{13.57}$$

$\gamma' = \sqrt{\gamma^2 - {\omega_0}^2}$ とする．このときは，次ページの図のような振動しないで減衰する場合を表し，**過制動**という．

(3)　$D = 0\,(\gamma = \omega_0)$ のとき，

$$x = e^{-\gamma t}(A + Bt) \tag{13.58}$$

これも振動しない減衰を表し，最も早く平衡位置に達する．**臨界制動**という．

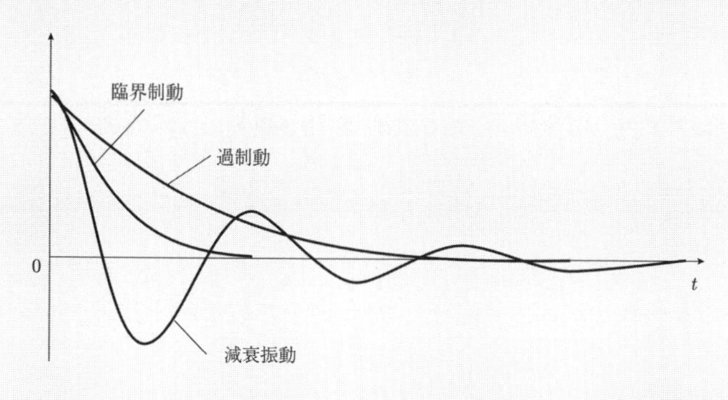

Tea Time ……………………………… 強制振動

ばねに付けたおもりが単振動しているときに，系に外力を加えて強制的に揺さぶる場合を強制振動という．外力が周期的な力 $F_0 \sin \omega t$ のとき，単振動の式 $m\ddot{x} = -kx$ に外力を加えて，強制振動の運動方程式は，

$$m\ddot{x} = -kx + F_0 \sin \omega t \tag{13.59}$$

F_0, m, k, ω は定数で，単振動の固有振動数を $\omega_0 = \sqrt{\dfrac{k}{m}}$，すなわち $k = m\omega_0{}^2$ とすると，(13.59)は，

$$m\ddot{x} = -m\omega_0{}^2 x + F_0 \sin \omega t \tag{13.60}$$

摩擦力などの抵抗力 $-2m\gamma\dot{x}$ が働くときはこれを加えて，

$$m\ddot{x} = -m\omega_0^2 x - 2m\gamma\dot{x} + F_0 \sin \omega t \tag{13.61}$$

強制振動を表す運動方程式 (13.60) は，時間 t に関する 2 階の微分方程式で，1 つの特別な解（特解）は（(13.60)に代入してみるとわかる）$\omega_0 \neq \omega$ のとき，

$$x = \frac{F_0}{m(\omega_0{}^2 - \omega^2)} \sin \omega t \tag{13.62}$$

である（特解の見つけ方は，たとえば 168 ページ (4) 参照）．このとき強制振動の式 (13.60) の一般解は，外力が無いときの式，

$$m\ddot{x} = -m\omega_0^2 x \tag{13.63}$$

の一般解に，先の特解を加えたものである．すなわち，

（強制振動の式 (13.60)の一般解）＝（強制振動式 (13.60)の 1 つの特解）
＋（(13.60)で外力が無いときの式 (13.63)の一般解） (13.64)

である．したがって，(13.60)の 1 つの特別な解 (13.62)を見つけられれば，一般解を求めるのは比較的容易である．具体的に書くと，一般解 (13.64)は，単振動 (13.63)の一般解として (13.82)に (13.62)を加えて，

$$x = \frac{F_0}{m(\omega_0^2 - \omega^2)} \sin \omega t + A \cos \omega_0 t + B \sin \omega_0 t \qquad (13.65)$$

（A, B は定数，$\omega_0 \neq \omega$）

となる．

外力の角振動数 ω を変えていったとき振幅 $\dfrac{F_0}{m({\omega_0}^2 - \omega^2)}$ の変化は，ω_0 に近づくにつれ非常に大きくなり，$\omega = \omega_0$ で無限大になる．これを**共鳴**，または**共振**という．実際には摩擦力などの減衰があるので無限大になることはない．

たとえば，強制振動力として地震振動を考えると，その振動数が建物の固有振動数に一致してしまうと非常に大きな振幅で揺れ，倒壊に至ることがある．建物の固有振動数を予想される地震振動数と一致しないように設計することが重要になる．1940 年にアメリカのワシントン州にあった鉄筋コンクリートの吊橋（タコマ橋）が風と共振を起こし振幅が非常に大きくなり落橋してしまったことがある．

数学ノート5 …………………… 物理で良く用いる近似式

- θ が小さいとき，

$$\sin\theta \simeq \theta \simeq \tan\theta \qquad \cos\theta \simeq 1 \tag{13.66}$$

- x が 1 にくらべて小さいとき ($x \ll 1$),

$$(1+x)^n \simeq 1 + nx \tag{13.67}$$

この近似は数学のマクローリン展開と呼ばれる式の第 2 項までとったものである.

使用例として，$n = 3$ のとき,

$$(a+bx)^3 = a^3\left(1+\frac{b}{a}x\right)^3 \simeq a^3\left(1+\frac{3b}{a}x\right) \quad (x \ll 1)$$

上式で $a = b = 1$ ならば,

$$(1+x)^3 \simeq (1+3x) \quad (x \ll 1)$$

$n = -\dfrac{1}{2}$ のとき,

$$\frac{1}{\sqrt{1+x^2}} = (1+x^2)^{-\frac{1}{2}} \simeq 1 - \frac{1}{2}x^2 \quad (x \ll 1)$$

上式は (13.67)で x を x^2 にしたものになっているが $x \ll 1$ のとき $x^2 \ll 1$ なのでこれでよい.

●テイラー展開

関数 $f(x)$ の $x = a$ のまわりのテイラー展開は,

$$f(x) = f(a) + f'(a)(x-a) + \frac{1}{2!}f''(a)(x-a)^2 + \cdots = \sum_{n=0}^{\infty}\frac{1}{n!}f^{(n)}(a)(x-a)^n \tag{13.68}$$

物理でテイラー展開は関数を近似したいときによく用いる．上式で $a = t$, $x = t + \Delta t$ とおいた,

$$f(t+\Delta t) = f(t) + f'(t)\Delta t + \frac{1}{2!}f''(t)\Delta t^2 + \frac{1}{3!}f'''(t)\Delta t^3 + \cdots \tag{13.69}$$

もよく用いる．(13.68)式で $a = 0$ のとき,

$$f(x) = f(0) + f'(0)x + \frac{1}{2!}f''(0)x^2 + \cdots = \sum_{n=0}^{\infty}\frac{1}{n!}f^{(n)}(0)x^n \tag{13.70}$$

これをマクローリン展開という．物理でよく出てくる関数 $f(x) = (1+x)^n$ での展開式は,

$$(1+n)^n = 1 + nx + \frac{1}{2}n(n-1)x^2 + \cdots \qquad (-1 < x < 1) \tag{13.71}$$

$x \ll 1$ のとき 2 次以上の高次の項を無視したものが (13.67) である．なお, $2! = 2\times 1$, $n! = n(n-1)\cdots 2\cdot 1$ である.

数学ノート6　定数係数の2階同次線形微分方程式, 単振動の微分方程式

一般に,

$$\frac{d^2y}{dx^2}+p(x)\frac{dy}{dx}+q(x)y=f(x) \tag{13.72}$$

の形の式を2階線形微分方程式といい, 振動問題を扱うときなど物理で広く用いられる. このうち, 右辺を0とおいた,

$$\frac{d^2y}{dx^2}+p(x)\frac{dy}{dx}+q(x)y=0$$

を2階同次線形微分方程式という. この式で係数が定数になった,

$$\frac{d^2y}{dx^2}+a\frac{dy}{dx}+by=0 \tag{13.73}$$

を定数係数の2階同次線形微分方程式という. ここではこの解を考える. 指数関数は1階微分しても2階微分しても係数を除いて同じ関数形をしているので, (13.73) の解の候補になりうる. そこで,

$$y=e^{\lambda x} \quad (\lambda\text{: 定数}) \tag{13.74}$$

の形の基本解を考える. (13.73) に代入すると,

$$\lambda^2+a\lambda+b=0 \tag{13.75}$$

この2次方程式を (13.73) の**特性方程式**と呼んでいる. この判別式 $D=a^2-4b$ の符号により次の3通りの解が考えられる.

1) $D=a^2-4b>0$ のとき : 特性方程式 (13.75) は異なる2実解 $\lambda=\alpha,\beta$ を持つ. よって (13.74) から $e^{\alpha x}$, $e^{\beta x}$ は同次方程式 (13.73) の独立な基本解である. このときその和も同次方程式の解になるので, 次式 が (13.73) の一般解を与える.

$$\boxed{\text{一般解 :}\quad y=Ae^{\alpha x}+Be^{\beta x}\quad (A, B\text{ は任意定数})} \tag{13.76}$$

一般解に含まれる任意定数は解く問題で与えられる初期条件によって決まる. 初期条件で任意定数を決めて得られた解を特解 (特殊解) という.

2) $D=a^2-4b<0$ のとき : 特性方程式 (13.75) は異なる複素共役な2虚解 $\lambda=\dfrac{-a\pm\sqrt{4b-a^2}i}{2}=-p\pm qi\left(p=\dfrac{a}{2}, q=\dfrac{\sqrt{4b-a^2}}{2}\right)$ を持つ. (13.74) から $\lambda_1=e^{-p+qi}$, $\lambda_2=e^{-p-qi}$ が基本解で, 次式が一般解となる.

$$\text{一般解 :}\quad y=A'e^{\lambda_1 x}+B'e^{\lambda_2 x}=A'e^{(-p+qi)x}+B'e^{(-p-qi)x}\quad (A', B'\text{ は任意定数}) \tag{13.77}$$

見やすくするために変形すると，

$$y = e^{-px}(A'e^{iqx} + B'e^{-iqx})$$

オイラーの公式,

$$e^{i\theta} = \cos\theta + i\sin\theta$$

をカッコ内に用いると，

$$\begin{aligned} y &= e^{-px}\{A'(\cos qx + i\sin qx) + B'(\cos qx - i\sin qx)\} \\ &= e^{-px}\{(A' + B')\cos qx + i(A' - B')\sin qx)\} \end{aligned}$$

よって，

$$\boxed{\text{一般解：}\quad y = e^{-px}(A\cos qx + B\sin qx)} \tag{13.78}$$

(A, B は任意定数, $A = A' + B'$, $B = (A' - B')i$ と置いた)

ここで，任意定数 A, B が複素数になるように思えるかも知れない，しかし**物理では解は実数でなければならない**．そこで A', B' を複素共役になるように選ぶと，A, B は実数になる．

(13.78) は，三角関数の合成公式

$$a\cos\theta + b\sin\theta = \sqrt{a^2 + b^2}\sin(\theta + \phi),\ \tan\phi = \frac{a}{b}$$

を用いると，次のように表すこともできる．

$$\boxed{\text{一般解：}\quad y = e^{-px}C\sin(qx + \phi),\ \tan\phi = \frac{A}{B},\ C = \sqrt{A^2 + B^2}} \tag{13.79}$$

(C, ϕは任意定数)

3) $D = a^2 - 4b = 0$ のとき：特性方程式 (13.75) は重解をもつ．これを α とおくと，一般解は次式で与えられる．途中式は紙面に収まりきらないので省略する（興味のある方は数学書の定数係数の 2 階同次線形微分方程式を参照してください）．

$$\boxed{\text{一般解：}\quad y = (A + Bx)e^{\alpha x}} \tag{13.80}$$

(A, B は任意定数)

- **単振動の微分方程式**

単振動の微分方程式は, 2 階同次線形微分方程式の重要な例である．172 ページの式 (13.51) 式で，加速度 $a = \ddot{x}$ とおいて，単振動の微分方程式は,

$$m\ddot{x} + kx = 0 \tag{13.81}$$

その特性方程式は,

$$m\lambda^2 + k = 0$$

で，2 虚解 $\lambda = \pm\sqrt{\dfrac{k}{m}}i = \pm\omega i \quad \left(\omega = \sqrt{\dfrac{k}{m}}\right)$ を持つ．よって，177 ページの下から 4 行目，2) $D < 0$ の 2 虚解 $\lambda = -p \pm qi$ を持つ場合にあたり，$p = 0,\ q = \omega\left(= \sqrt{\frac{k}{m}}\right)$ とおいて，(13.78)は $y = A\cos qx + B\sin qx$ となる．したがって，単振動 (13.81)の一般解は, y を x, x を t とおいて,

$$\boxed{\text{一般解：} x = A\cos\omega t + B\sin\omega t \qquad \left(A, B \text{ は任意定数，} \omega = \sqrt{\frac{k}{m}}\right)} \tag{13.82}$$

三角関数の合成公式を用いて，単振動の一般解として次式もよく用いる．

$$\boxed{x = C\sin(\omega t + \phi),\ \ \tan\phi = \frac{A}{B},\ \ C = \sqrt{A^2 + B^2} \quad (C, \phi \text{は任意定数})} \tag{13.83}$$

$C = \sqrt{A^2 + B^2}$ を振幅，ϕ を初期位相という．定数 A, B, C, ϕ は初期条件で決まる．

Chapter 14

質点系の力学

前章までは多くても 2 質点までの系を考えたが，それを超える n 個の数の質点からなる質点系の物理について以下の項目,「質点系の運動量」,「質点系の力積と運動量の関係，運動量保存則」,「質点系の重心」,「運動方程式」,「質点の角運動量」,「角運動量の時間変化，角運動量保存則」,「質点系の全角運動量」,「質点系の全角運動量保存則」について学びます.

問題 57　角運動量　基本

力 $\vec{F}$ を受けながら質量 m の質点が速度 $\vec{v}$ で運動している．点 O を原点として，質点の位置を位置ベクトル $\vec{r}$ で表したとき，以下の問に答えよ．ただし，位置 $\vec{r}$，速度 $\vec{v}$，力 $\vec{F}$ は時刻 t の関数で，t についての微分係数を $\dfrac{d\vec{r}}{dt}$ などと記す．

(1)　質点のニュートンの運動方程式を書け．

(2)　O を中心とする，質点の角運動量 $\vec{L} = \vec{r} \times \vec{p}$ の時間変化率（微分係数）の従う方程式を，ニュートンの運動方程式より導け．ただし，$\vec{p}$ は質点の運動量とする．

(3)　図のように，質点が，O を中心に紙面に含まれる半径 a の円周上を，速度 $\vec{v}$ で左回りに等速円運動しているときの，質点の角運動量ベクトル L の大きさ，および向きを書け．ただし $\vec{v}$ の大きさを v とする．（金沢大）

（出題どおりとするために，この問のみベクトルを太字でなく矢印を用いて $\vec{F}$ のように表した．）

解説　感覚的には，第 7 章で述べた運動量（並進運動量ともいう）が直線的な運動の勢いであったのに対し，**角運動量**はある点のまわりを回る勢いである．角運動量 $\boldsymbol{L}$ は運動量 $\boldsymbol{p} = m\boldsymbol{v}$ として，$\boldsymbol{L} = \boldsymbol{r} \times \boldsymbol{p} = m\boldsymbol{r} \times \boldsymbol{v}$ で表される．ある点 A に対して距離 $\boldsymbol{r}$ だけ離れた点に物理量 $\boldsymbol{p}$ が作用するとき，外積 $\boldsymbol{r} \times \boldsymbol{p}$ を点 A に対する物理量 $\boldsymbol{p}$ のモーメントという．角運動量 $\boldsymbol{L}$ は運動量 $\boldsymbol{p}$ の（ある一つの観測点に対する）モーメントのことである．

解答

(1)　$m, \vec{v}, \vec{F}, \vec{r}$ を用いて ★1，

$$\underline{m\frac{d\vec{v}}{dt} = \vec{F}} \qquad \text{または} \qquad \underline{m\frac{d^2\vec{r}}{dt^2} = \vec{F}} \tag{14.1}$$

★1 64 ページ，TeaTime 運動方程式の各種の表現参照．

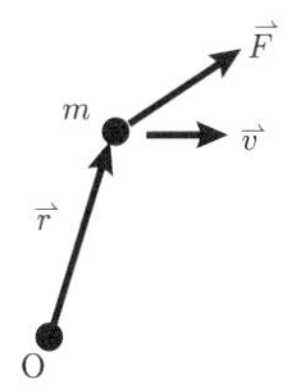

(2)　$\vec{L} = \vec{r} \times \vec{p}$ の両辺を t で微分して，

$$\frac{d}{dt}\vec{L} = \frac{d}{dt}(\vec{r} \times \vec{p}) = \frac{d\vec{r}}{dt} \times \vec{p} + \vec{r} \times \frac{d}{dt}\vec{p}$$

運動量　$\vec{p} = m\vec{v}$ を代入して，

$$\frac{d}{dt}\vec{L} = \frac{d\vec{r}}{dt} \times m\vec{v} + \vec{r} \times \frac{d}{dt}m\vec{v} = m\frac{d\vec{r}}{dt} \times \vec{v} + \vec{r} \times m\frac{d\vec{v}}{dt}$$

右辺第 1 項で，$\frac{d\vec{r}}{dt} = \vec{v}$，第 2 項にニュートンの運動方程式 (14.1)を用いて，

$$\frac{d}{dt}\vec{L} = m\vec{v} \times \vec{v} + \vec{r} \times \vec{F}$$

外積 $\vec{v} \times \vec{v} = 0$ より ★2，

$$\underline{\frac{d}{dt}\vec{L} = \vec{r} \times \vec{F}}$$

上式は，角運動量の時間変化率　=　力のモーメント を表す ★3

(3)　図より，$|\vec{r}| = a$，また $\vec{L} = \vec{r} \times \vec{p}$，$\vec{p} = m\vec{v}$，$|\vec{p}| = mv$ から

$$|\vec{L}| = |\vec{r} \times \vec{p}| = |\vec{r}|\,|\vec{p}| \sin\theta$$

となる．θ は $\vec{r}$ と $\vec{p}$ のなす角で，図より $\theta = 90°$．よって，$\vec{L}$ の大きさは $|L| = \underline{amv}$，また $\vec{L}$ の向きは $\vec{L} = \vec{r} \times \vec{p}$ より $\vec{r}$ の向きから $\vec{p} = m\vec{v}$ の向きに右ねじをまわしたとき，ねじの進む向き ★4 で，<u>紙面に垂直で裏から表への向き</u>である．図に ⊙ で示す．

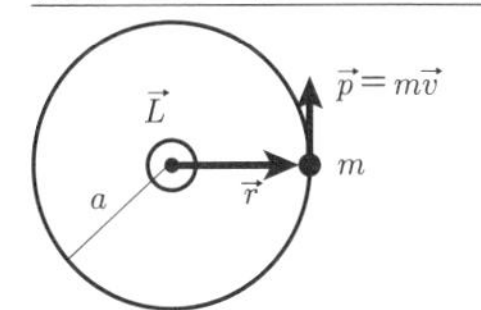

★2 大きさが 0 でないベクトル $\boldsymbol{A}$ について，$\boldsymbol{A} \times \boldsymbol{A} = 0$，参照：190 ページ，ベクトルの外積，●外積の性質

★3 参照：189 ページ，(14.21)

★4 190 ページ，外積 $\boldsymbol{C} = \boldsymbol{A} \times \boldsymbol{B}$ の向き．

ポイント

同じベクトルの外積は 0 である：$\vec{v} \times \vec{v} = 0$

問題 58 ひもで結ばれたおもりの円運動 基本

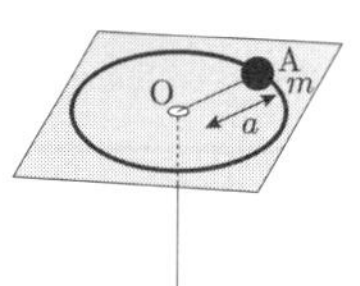

左図のように，水平で滑らかな板の中央に穴 O をあけて軽いひもを通し，ひもの両端に質量 m のおもりを結びつける．

(1) 板の上のおもり A を横にはじいたら，おもりは半径 a の等速円運動を始めた．このとき糸の張力 T を求めよ．また，半径 a とおもりの速度 v の関係を求めよ．

(2) おもり B を静かに x だけ持ち上げて放した．そのときのおもり A の速度 v'，と糸の張力 T' を求めよ．（ヒント：おもり B を移動させても角運動量は保存される.）

(3) (2) で，力のつり合いからおもり B の運動方程式を求めよ．また，x が十分に小さいときに，おもり B はどのように運動するか説明せよ．

（東北大，工，学士編入）

解説 外力 $\boldsymbol{F}=0$ のとき，すなわち力のモーメント $\boldsymbol{N}(=\boldsymbol{r}\times\boldsymbol{F})=0$ のとき，角運動量は保存する（**角運動量保存則**）．角運動量 $\boldsymbol{l}$ の**大きさも向きも一定に**保たれる．アイススケーターがスピンするとき，氷の摩擦力は小さいので，角運動量は保存するといえる．手をすぼめると速く（角速度が大きく）回転し，手を広げるとゆっくり（角速度が小さく）回転する（⇒角運動量の大きさが一定に保たれる）．また，スケーターの回転軸が一定の方向を向きぶれない（⇒角運動量の向きが一定に保たれる）．角運動量保存則の一例である．189 ページ，TeaTime 角運動量保存則参照．

解答

(1) A について，おもりの運動方程式から T は，

$$T = m\frac{v^2}{a} \tag{14.2}$$

B について，おもりのつり合いより

$$T = mg \tag{14.3}$$

となる．(14.2)，(14.3) より T を消去して，a と v の関係は，

$$v = \sqrt{ag} \tag{14.4}$$

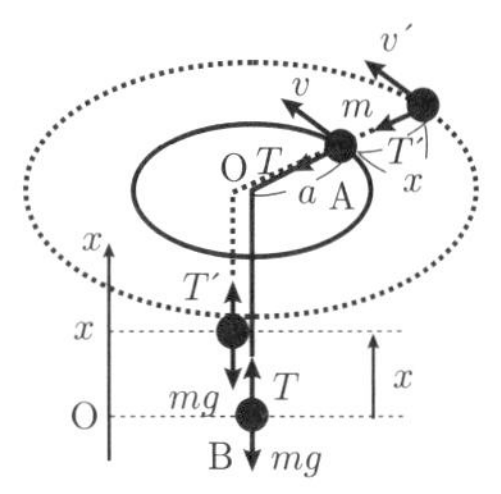

(2)　図で，角運動量保存★1 より，

$$amv = (a+x)mv' \qquad \therefore \quad v' = \underline{\frac{a}{a+x}v} \tag{14.5}$$

運動方程式 $m\dfrac{v'^2}{a+x} = T'$ に (14.5) を代入して，$T' = m\dfrac{a^2v^2}{(a+x)^3}$，ここに (14.4) を代入して，

$$T' = \underline{mg\left(\frac{a}{a+x}\right)^3} \tag{14.6}$$

★1 おもりに働く外力は張力 T で，おもりの運動方向に垂直なので仕事をしない．よって，おもりの角運動量は一定に保たれ，角運動量保存が成り立つ．

(3)　鉛直上方を正として，図のように x 軸をとると，おもり B の運動方程式は，

$$\underline{m\ddot{x}} = -mg + T' \underline{= -mg + mg\left(\frac{a}{a+x}\right)^3}$$

上式を変形して，

$$m\ddot{x} = -mg\left(1 - \left(\frac{a+x}{a}\right)^{-3}\right) = -mg\left(1 - \left(1 + \frac{x}{a}\right)^{-3}\right)$$

x が十分に小さいとき，$1 \gg \dfrac{x}{a}$ なので近似して，

$$m\ddot{x} \simeq -mg\left(1 - \left(1 - 3\frac{x}{a}\right)\right) = -\frac{3mg}{a}x$$

$$\therefore \quad \underline{m\ddot{x} = -\frac{3mg}{a}x}$$

上式は単振動の運動方程式で，$\omega^2 = \dfrac{3g}{a}$ $\left(\omega = \sqrt{\dfrac{3g}{a}}\right)$ とおいて，おもり B は 角振動数 $\omega = \sqrt{\dfrac{3g}{a}}$ で，$x=0$（おもりの最初の位置）を中心に振幅 x の単振動を行う．

Tea Time　質点系の運動量

前章までは多くても 2 質点までの運動量を考えたが，それを超える数の質量 $m_1, m_2, \cdots, m_n$ から成る n 個の **質点系**について考える．その**全運動量**（ベクトル）は各質点の速度ベクトルを $\boldsymbol{v}_1, \boldsymbol{v}_2, \cdots, \boldsymbol{v}_n$ として以下のようになる．

$$\boldsymbol{P} = m_1\boldsymbol{v}_1 + m_2\boldsymbol{v}_2 + \cdots + m_n\boldsymbol{v}_n \tag{14.7}$$

いま，系内の 1 つの質点 m_1 に働く力を 2 種に分けて考える．

(1)　**外力**：系外から受ける力の合力 $\boldsymbol{F}_1$
(2)　**内力**：系内のものから受ける力 $\boldsymbol{f}_{12}, \boldsymbol{f}_{13}, \cdots$（ここで $\boldsymbol{f}_{12}$ は系内の質点 m_1 が m_2 から受ける力 $\cdots$ とする）

各質点についてニュートンの運動方程式は

$$m_1\frac{d\boldsymbol{v}_1}{dt} = \boldsymbol{F}_1 + (\boldsymbol{f}_{12} + \boldsymbol{f}_{13} + \cdots + \boldsymbol{f}_{1n}) \tag{14.8}$$

$$m_2\frac{d\boldsymbol{v}_2}{dt} = \boldsymbol{F}_2 + (\boldsymbol{f}_{21} + \boldsymbol{f}_{23} + \cdots + \boldsymbol{f}_{2n}) \tag{14.9}$$

$$\cdots \qquad\qquad \cdots \qquad\qquad \cdots$$

$$m_n\frac{d\boldsymbol{v}_n}{dt} = \boldsymbol{F}_n + (\boldsymbol{f}_{n1} + \boldsymbol{f}_{n2} + \cdots + \boldsymbol{f}_{n,n-1}) \tag{14.10}$$

これらの式を辺々加えるとニュートンの作用反作用の法則より，

$$\boldsymbol{f}_{12} = -\boldsymbol{f}_{21}, \quad \boldsymbol{f}_{13} = -\boldsymbol{f}_{31} \quad \cdots\cdots$$

結局，内力はすべて打ち消し合い，

$$\frac{d}{dt}(m_1\boldsymbol{v}_1 + m_2\boldsymbol{v}_2 + \cdots + m_n\boldsymbol{v}_n) = \boldsymbol{F}_1 + \boldsymbol{F}_2 + \cdots + \boldsymbol{F}_n \tag{14.11}$$

$\boldsymbol{F}_1 + \boldsymbol{F}_2 + \cdots + \boldsymbol{F}_n = \boldsymbol{F}$ は外力の合力なので，(14.11) は，

$$\frac{d\boldsymbol{P}}{dt} = \boldsymbol{F} \tag{14.12}$$

すなわち，**全運動量の時間変化率 ＝ 外力の合力** となり，質点のニュートンの運動方程式（64 ページ，(6.31)）が質点系全体についてもそのまま成り立つ．

Tea Time ・・・質点系の力積と運動量変化の関係，運動量保存則

ニュートンの運動方程式 $\dfrac{d\boldsymbol{P}}{dt} = \boldsymbol{F}$　(14.12) を変形して，

$$d\boldsymbol{P} = \boldsymbol{F}dt$$

つまり，**系の全運動量変化＝系の受ける力積**．これも前に述べた 1 質点の**運動量変化＝力積**の関係（118 ページ，(10.44)参照）がそのまま系全体で成り立つ．

もしも系に働く合力 $\boldsymbol{F} = 0$ ならば，(14.12) より $\dfrac{d\boldsymbol{P}}{dt} = 0$，すなわち

$$\boldsymbol{P} = m_1\boldsymbol{v}_1 + m_2\boldsymbol{v}_2 + \cdots + m_n\boldsymbol{v}_n = \text{（時間的に）一定} \tag{14.13}$$

となり，外力が働かなければ，**系の全運動量は保存する（質点系の運動量保存則）**．

Tea Time ・・・質点系の重心，運動方程式

系の質点 m_1 の座標を (x_1, y_1, z_1) ， m_2 を $(x_2, y_2, z_2)\cdots$ 等とすると，$\boldsymbol{v}_1 = \left(\dfrac{dx_1}{dt}, \dfrac{dy_1}{dt}, \dfrac{dz_1}{dt}\right), \boldsymbol{v}_2 = \left(\dfrac{dx_2}{dt}, \dfrac{dy_2}{dt}, \dfrac{dz_2}{dt}\right), \cdots\cdots$ なので，系の全運動量 $\boldsymbol{P}$ の x, y, z 成分 P_x, P_y, P_z は (14.7) を用いて，

$$\begin{aligned} P_x &= m_1\frac{dx_1}{dt} + m_2\frac{dx_2}{dt} + \cdots + m_n\frac{dx_n}{dt} = \frac{d}{dt}(m_1x_1 + m_2x_2 + \cdots + m_nx_n) \\ P_y &= m_1\frac{dy_1}{dt} + m_2\frac{dy_2}{dt} + \cdots + m_n\frac{dy_n}{dt} = \frac{d}{dt}(m_1y_1 + m_2y_2 + \cdots + m_ny_n) \\ P_z &= m_1\frac{dz_1}{dt} + m_2\frac{dz_2}{dt} + \cdots + m_n\frac{dz_n}{dt} = \frac{d}{dt}(m_1z_1 + m_2z_2 + \cdots + m_nz_n) \end{aligned} \tag{14.14}$$

となる．ここで，

$$\begin{aligned} x_G &= \frac{m_1x_1 + m_2x_2 + \cdots + m_nx_n}{m_1 + m_2 + \cdots + m_n} \\ y_G &= \frac{m_1y_1 + m_2y_2 + \cdots + m_ny_n}{m_1 + m_2 + \cdots + m_n} \\ z_G &= \frac{m_1z_1 + m_2z_2 + \cdots + m_nz_n}{m_1 + m_2 + \cdots + m_n} \end{aligned} \tag{14.15}$$

とおくと，点 $\mathrm{G}(x_G, y_G, z_G)$ を，この系の**重心**（**質量中心**ともいう）という．系の全質量 M を

$$M = m_1 + m_2 + \cdots + m_n$$

として，外力の合力 F の各成分について $F = (F_x, F_y, F_z)$ とすると，たとえば x 成分について， (14.14) は $\dfrac{d}{dt}(Mx_G) = P_x$ と書き換えられ， (14.12) より $M\dfrac{d^2}{dt^2}x_G = F_x$ が

得られる．他成分についても同様にして，結局，

$$\begin{aligned} M\frac{d^2}{dt^2}x_G &= F_x \\ M\frac{d^2}{dt^2}y_G &= F_y \\ M\frac{d^2}{dt^2}z_G &= F_z \end{aligned} \tag{14.16}$$

これより，個々の質点の運動は (14.10) 式に代表されるように内力を知らねばならないが，**重心の運動は，そこにすべての質量が集中したときに，そこに外力の合力 F が働くとした場合の運動に等しく，**そのまま質点に関するニュートンの運動方程式が成り立つ．

Tea Time ……質点の角運動量

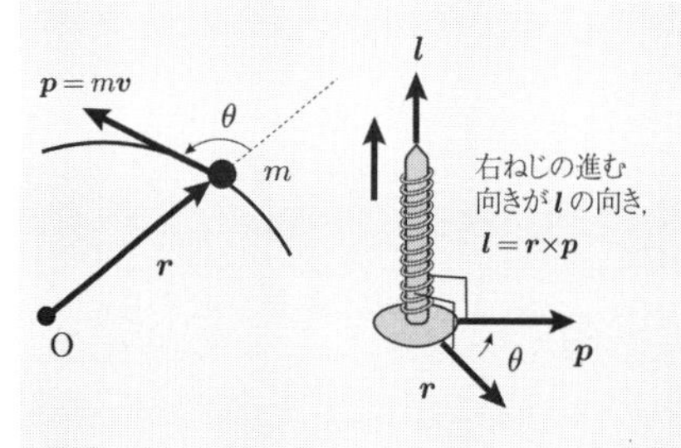

点 O を中心として $\boldsymbol{r}$ の位置で質量 m の物体が運動量 $\boldsymbol{p}$（速度を $\boldsymbol{v}$ として $\boldsymbol{p} = m\boldsymbol{v}$）で運動しているとき，角運動量 $\boldsymbol{l}$ は，

$$\boldsymbol{l} = \boldsymbol{r} \times \boldsymbol{p} = \boldsymbol{r} \times m\boldsymbol{v} \tag{14.17}$$

ベクトル積（外積）で表されることに注意する．$\boldsymbol{l}$ の向きは $\boldsymbol{r}$ から $\boldsymbol{p}$ の向きに右ねじを回すと，ねじの進む向きである．角運動量の大きさ $|\boldsymbol{l}| = l$ は，$|\boldsymbol{r}| = r$，$|\boldsymbol{p}| = p = mv$，$\boldsymbol{r}$ と $\boldsymbol{v}$ のなす角を θ として，

$$l = rp\sin\theta = mrv\sin\theta \tag{14.18}$$

感覚的には，第 7 章で述べた運動量（並進運動量ともいう）が直線的な運動の勢いであったのに対し，角運動量はある点のまわりを回る勢いである．式 (14.18) の角運動量 l の大きさについて，$r\sin\theta$ は運動量 $\boldsymbol{p}$ に下した垂線の長さなので，垂線の長さと運動量，あるいは速度の積に比例する．次章に出てくる言葉を用いれば，$r\sin\theta$ が腕の長さになっていて，角運動量とは運動量のモーメントのことである（203 ページ，Tea Time 力のモーメント，参照）．覚えるのに便利である．

(14.17) 式はまた，xyz 座標系で成分表示すると，以下のようにも書ける．

$$\begin{aligned} \boldsymbol{l} = \boldsymbol{r} \times \boldsymbol{p} &= (yp_z - zp_y, zp_x - xp_z, xp_y - yp_x) = \begin{vmatrix} \boldsymbol{i} & \boldsymbol{j} & \boldsymbol{k} \\ x & y & z \\ p_x & p_y & p_z \end{vmatrix} \\ &= m(yv_z - zv_y, zv_x - xv_z, xv_y - yv_x) \end{aligned} \tag{14.19}$$

$\boldsymbol{i}, \boldsymbol{j}, \boldsymbol{k}$ は x, y, z 方向の単位ベクトルである．

Tea Time ……………… 角運動量の時間変化，角運動量保存則

角運動量 $\boldsymbol{l}$ (14.17)を時間微分すると，

$$\frac{d\boldsymbol{l}}{dt} = \frac{d\boldsymbol{r}}{dt} \times \boldsymbol{p} + \boldsymbol{r} \times \frac{d\boldsymbol{p}}{dt} = \boldsymbol{r} \times \boldsymbol{F} = \boldsymbol{N} \tag{14.20}$$

ここで，$\dfrac{d\boldsymbol{r}}{dt} = \boldsymbol{v}$，$\boldsymbol{p} = m\boldsymbol{v}$，$\boldsymbol{v} \times \boldsymbol{v} = 0$ より第 1 項が 0 になることに注意．また，64 ページ，(6.31)より $\dfrac{d\boldsymbol{p}}{dt} = \boldsymbol{F}$ である．

$\boldsymbol{N} = \boldsymbol{r} \times \boldsymbol{F}$ を力のモーメントという．したがって，

角運動量の時間変化率 = 力のモーメント

である．

$$\frac{d\boldsymbol{l}}{dt} = \boldsymbol{N} \tag{14.21}$$

外力 $\boldsymbol{F} = 0$ のとき，力のモーメント $\boldsymbol{N} = 0$ なので，角運動量は時間変化しない．すなわち $\boldsymbol{l} =$ 一定で，角運動量は保存される．**角運動量保存則** で，角運動量 $\boldsymbol{l}$ の大きさも向きも一定に保たれる．

角運動量保存則の例として，スケーターが氷上をスピンしているとき，腕を広げると回転が遅くなりすぼめると速くなる．これは氷上では摩擦力がほとんどないため，前後で角運動量が保存するためである．(14.17)で簡単に説明すると，$\boldsymbol{l} =$ 一定 の場合，$\boldsymbol{r}$ を大きくすると $\boldsymbol{v}$ は小さくなり，その逆では $\boldsymbol{v}$ は大きくなる．

Tea Time ……………………… 質点系の全角運動量保存則

質点 $m_1, m_2, \cdots$ があるとき，系に外力が働かなければ“質点系の”全角運動量 $\boldsymbol{L}$ は保存する．

$$\boldsymbol{L} = \boldsymbol{r}_1 \times \boldsymbol{p}_1 + \boldsymbol{r}_2 \times \boldsymbol{p}_2 + \cdots = \boldsymbol{r}_1 \times m_1\boldsymbol{v}_1 + \boldsymbol{r}_2 \times m_2\boldsymbol{v}_2 \cdots = (\text{時間的に})\ \text{一定}$$

質点系の（並進）運動量保存則に対応するものである．上式を t で微分した次式のようにも表される．

$$\frac{d}{dt}\boldsymbol{L} = \boldsymbol{0}$$

数学ノート7　ベクトルの外積（ベクトル積）

2 つのベクトルの外積 $\boldsymbol{C} = \boldsymbol{A} \times \boldsymbol{B}$ は，次の 2 通りの表現がある．

- $\boldsymbol{C} = \boldsymbol{A} \times \boldsymbol{B} = |\boldsymbol{A}||\boldsymbol{B}| \sin\theta\, \boldsymbol{e_c}$　（角表示）　(14.22)

$$= (A_y B_z - A_z B_y)\boldsymbol{i} + (A_z B_x - A_x B_z)\boldsymbol{j} + (A_x B_y - A_y B_z)\boldsymbol{k}$$

$$= \begin{vmatrix} \boldsymbol{i} & \boldsymbol{j} & \boldsymbol{k} \\ A_x & A_y & A_z \\ B_x & B_y & B_z \end{vmatrix} \quad \text{（成分表示）} \qquad (14.23)$$

ここで θ は $\boldsymbol{A}$，$\boldsymbol{B}$ のなす角，$\boldsymbol{e_c}$ は $\boldsymbol{C}$ 方向の単位ベクトル，$\boldsymbol{i}, \boldsymbol{j}, \boldsymbol{k}$ をそれぞれ x, y, z 方向の単位ベクトル，$\boldsymbol{A}$，$\boldsymbol{B}$ の成分を $\boldsymbol{A} = (A_x, A_y, A_z)$，　$\boldsymbol{B} = (B_x, B_y, B_z)$ とする．外積はベクトルであることに注意する．最後の行列式の表現は知っている人には覚えるのに便利である．

- “外積” $\boldsymbol{C} = \boldsymbol{A} \times \boldsymbol{B}$ の向き：$\boldsymbol{A}$，$\boldsymbol{B}$ が張る面に垂直であり，$\boldsymbol{A}$ の向きから $\boldsymbol{B}$ の向きに右ねじを回したとき，ねじの進む向きが $\boldsymbol{C} = \boldsymbol{A} \times \boldsymbol{B}$ の向きである. (14.22) の右辺について，$|\boldsymbol{A}||\boldsymbol{B}| \sin\theta$ は，$\boldsymbol{A}$，$\boldsymbol{B}$ を各辺とする平行四辺形の面積に等しい.

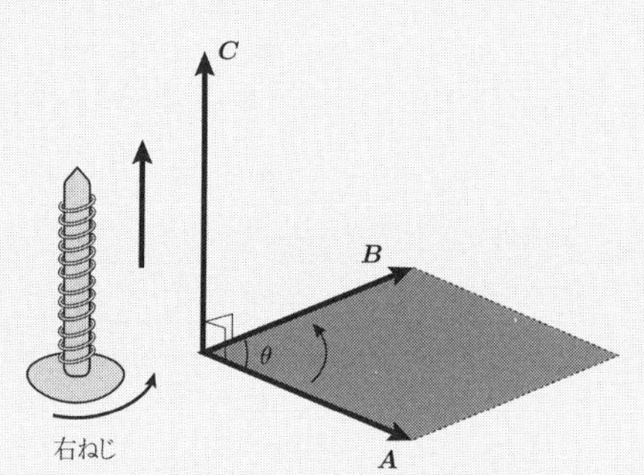

- 外積の性質：

1)　$\boldsymbol{A} \times \boldsymbol{B} = -\boldsymbol{B} \times \boldsymbol{A}$. 外積では交換の法則が成り立たない．よって外積では乗算の順序を勝手に変えてはいけない．

2)　分配則　$\boldsymbol{A} \times (\boldsymbol{B} + \boldsymbol{C}) = \boldsymbol{A} \times \boldsymbol{B} + \boldsymbol{A} \times \boldsymbol{C}$

3)　s をスカラーとして　$(s\boldsymbol{A}) \times \boldsymbol{B} = \boldsymbol{A} \times (s\boldsymbol{B}) = s(\boldsymbol{A} \times \boldsymbol{B})$

4)　$\boldsymbol{i}, \boldsymbol{j}, \boldsymbol{k}$ をそれぞれ x, y, z 方向の単位ベクトルとして，

$$\boldsymbol{i} \times \boldsymbol{i} = \boldsymbol{j} \times \boldsymbol{j} = \boldsymbol{k} \times \boldsymbol{k} = 0, \qquad \boldsymbol{i} \times \boldsymbol{j} = \boldsymbol{k}, \boldsymbol{j} \times \boldsymbol{k} = \boldsymbol{i}, \boldsymbol{k} \times \boldsymbol{i} = \boldsymbol{j}$$

良く使う関係として，

5)　大きさが 0 でないベクトル $\boldsymbol{A}$，$\boldsymbol{B}$ について，$\boldsymbol{A}$ と $\boldsymbol{B}$ が平行のとき $\boldsymbol{A} \times \boldsymbol{B} = 0$，また $\boldsymbol{A} \times \boldsymbol{A} = \boldsymbol{B} \times \boldsymbol{B} = 0$，いずれも (14.22) で $\sin\theta = 0$ となるため．

Chapter 15

剛体のつり合い

剛体のことを考えるうえで，以下のことを事前にしっかり整理しておこう．

- **剛体**　大きさを持ち変形しない物体を剛体という．現実の物体を単純化したもの．現実の物体は力がかかると必ず変形する．
- **質点**　大きさを持たない点に質量が集中したものを質点という．現実の物体の究極の単純化である．

剛体がつり合う条件は，次の2条件，

- **並進つり合い**
- **力のモーメントのつり合い**

が成り立つことである．

問題 59 はしごのつり合い 基本

滑らかな鉛直の壁と静止摩擦係数が μ の水平な床の間に質量 M のはしごが立てかけられている．質量 m の人が静かに登り，その上端に達してもはしごが滑り出さないための，床に対する最小の傾角 θ はいくらか．$\tan\theta$ の形で答えよ．ただし，はしごは一様な棒とみなしてよい．重力加速度を g とする．

解説 剛体とは質点として扱ってきた物体に大きさを考えるときの概念である．剛体のつり合いの条件は，1.　物体に働く**外力のつり合い**（並進つり合い），2. ある回転中心に対して，**力のモーメントのつり合い**，この 2 つのつり合いの条件が**同時に満たされる**ことである．力のモーメントのつり合いは，中心点のまわりを，反時計回りに回そうとする力のモーメント＝時計回りに回そうとする力のモーメント，の式を作る．

解答

図のように，はしごが床，壁から受ける垂直抗力をそれぞれ N_1, N_2 ，はしごと床の間の摩擦力を R とする．また G をはしごの重心とするとはしごの中点になる．鉛直方向，水平方向の力のつり合い ★1 より，

$$N_1 = (M+m)g \tag{15.1}$$

$$N_2 = R \tag{15.2}$$

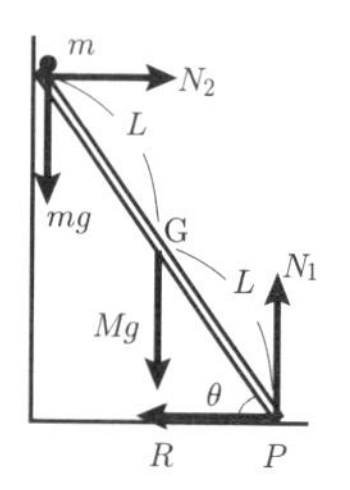

ここで，傾角 θ が最小になっていることから，摩擦力 R は**最大静止摩擦力**になっているので，

$$R = \mu N_1 \tag{15.3}$$

となる．

はしご下端の回りの力のモーメント ★2 のつり合いは，はしごの長さを $2L$ とすると，

$$L\cos\theta\, Mg + 2L\cos\theta\, mg = 2L\sin\theta\, N_2 \tag{15.4}$$

★1 剛体がつり合う条件は，次の 2 条件，

- **並進つり合い**
- **力のモーメントのつり合い**

が成り立つことである．

★2 力のモーメントの計算は，204 ページ，TeaTime 力のモーメントのつり合い参照．左辺は，Mg, mg が P 点の回りを反時計回転方向の力のモーメント，右辺は N_2 が時計回転方向の力のモーメントに寄与する．なお，R と N_1 は無関係である．

(15.1)〜(15.3) より，

$$N_2 = \mu(M + m)g$$

これを (15.4) に代入し，両辺を $\cos\theta$ で割り，$\dfrac{\sin\theta}{\cos\theta} = \tan\theta$ とおいて，

$$M + 2m = 2\mu(M + m)\tan\theta$$

これより

$$\underline{\tan\theta = \frac{M + 2m}{2\mu(M + m)}}$$

問題 60　糸でつるされた棒のつり合い　基本

図のように長さ l，質量 m の一様な棒を糸でつるし，下端を f で水平に引っ張る．このとき糸および棒の傾き，糸の張力を求めよ．

解説 力のモーメントは，回転中心（支点）の回りに剛体を回転させる作用の大きさを表す．この回転させる作用能力のことを力のモーメントといい，次のように決める．一般にある点 A に対して距離 $\boldsymbol{r}$ だけ離れた点に物理量 $\boldsymbol{Q}$ が作用するときベクトル積

$$\boldsymbol{r} \times \boldsymbol{Q}$$

を点 A に対する物理量 $\boldsymbol{Q}$ のモーメントという．

これをスカラー表現すると，

$$rQ \sin\theta$$

で，θ はベクトル $\boldsymbol{r}$ と $\boldsymbol{Q}$ のなす角，r, Q は $\boldsymbol{r}, \boldsymbol{Q}$ の大きさとする（203 ページ，Tea time，力のモーメントを参照）．この問では $Q = f$ である．

解答

図のように角 θ_1, θ_2 をとり，糸の張力を T とする．棒のつり合いより，

水平方向　…　$f = T\sin\theta_1$　(15.3)

鉛直方向　…　$mg = T\cos\theta_1$　(15.4)

となる．点 A の回りの力のモーメントのつり合いより，

$$fl\cos\theta_2 = mg\left(\frac{l}{2}\right)\sin\theta_2 \tag{15.5}$$

となり，(15.3)/(15.4) より，

$$\underline{\tan\theta_1 = \frac{f}{mg}} \qquad \text{または，} \quad \underline{\theta_1 = \tan^{-1}\left(\frac{f}{mg}\right)} \tag{15.6}$$

となる．(15.3) (15.4) を平方して加えて ★1，

$$\underline{T = \sqrt{f^2 + m^2g^2}}$$

となり，(15.5) より

★1 計算なしに図で考える：(15.3)，(15.4) を図解すると，

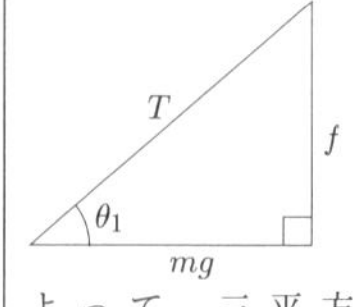

よって，三平方の定理より $T = \sqrt{f^2 + m^2g^2}$，図解の方法は計算が複雑な場合，非常に便利である．

$$\tan\theta_2 = \frac{2f}{mg}$$

となる．

　または，

$$\theta_2 = \tan^{-1}\left(\frac{2f}{mg}\right)$$

となる．

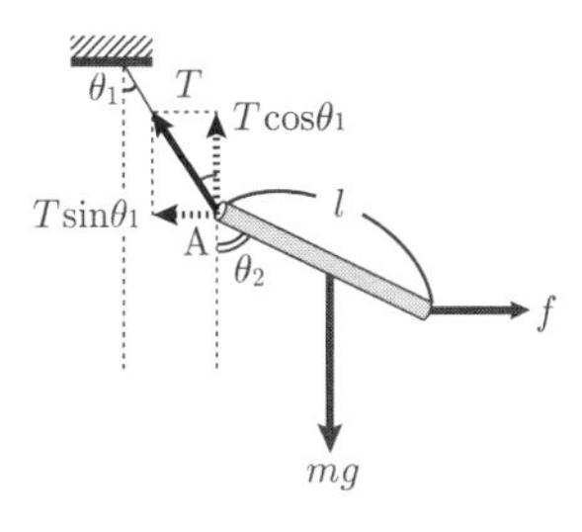

問題 61　円筒に立てかけられた柱　基本

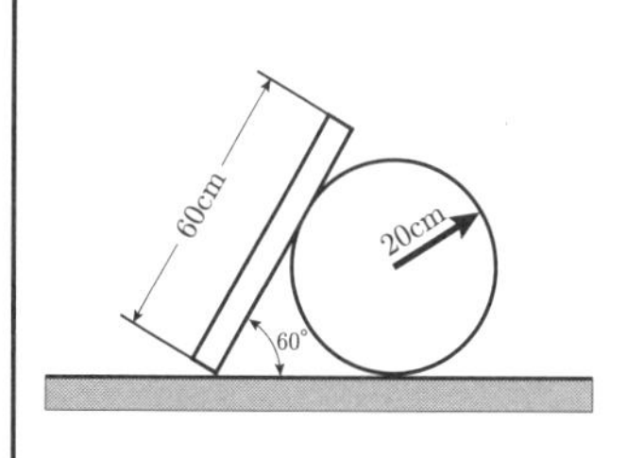

図に示すように半径 20〔cm〕の円筒に断面一様な質量 1〔kg〕，長さ 60〔cm〕の柱を立てかけたところ 60° の位置で静止した．柱と円筒との接触面は滑らかで摩擦を伴わないが，他は滑らかでないとする．柱に作用する円筒からの反力，および床からの反力を求めよ．（明治大）

解説　力のモーメントのつり合いの式を立てる場合の点の選び方について：本問で，棒の他物体との接触点は床（A 点）と円筒面の接点である．棒が床上を滑ると，どちらの点から見ても棒が回転して見える．したがって，力のモーメントのつり合い式は，どちらの点の周りで立ててもよく，結果に変わりはない．分かりやすいほうで式を立てればよい．

解答

柱の質量を $m = 1$〔kg〕，長さ $L = 0.6$〔m〕，円筒の半径を $r = 0.2$〔m〕，床からの反力を N，静止摩擦力を F，円筒からの反力を R，円筒の中心を O とする★1．また，柱と床の接点を A とする．柱のつり合いは，

★1 半径，長さの単位が cm で与えられているが，m に直して計算する．物理では長さに m，質量に kg，時間に s(秒) を用いて（SI 単位系）計算する．結果は SI 単位になる．もしこの問題のように長さに cm を用いていたら，それに合わせて cm に直して解とする．

$$\text{水平方向}：F = R\cos 30^\circ \tag{15.7}$$

$$\text{鉛直方向}：N + R\sin 30^\circ = mg \tag{15.8}$$

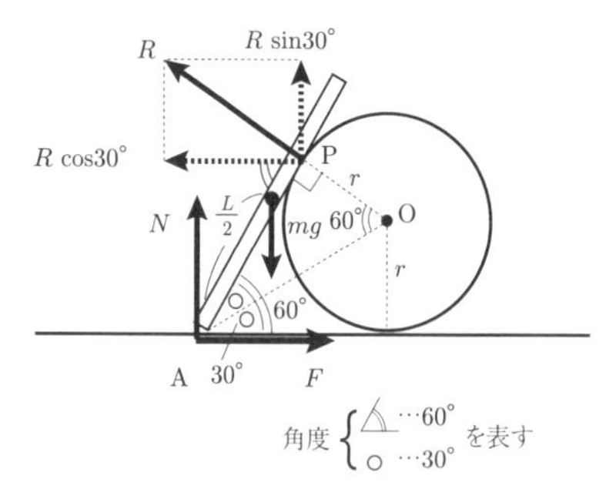

図の △ APO は頂点が 30°，60° の直角三角形になるので，

$$\overline{\mathrm{AP}} = r\tan 60^\circ = \sqrt{3}\,r \tag{15.9}$$

A 点の回りの力のモーメントのつり合いは，

$$\overline{\mathrm{AP}} \cdot R = \frac{L}{2} \cos 60^\circ \cdot mg$$

(15.9)を代入して，

$$\sqrt{3}\, rR = \frac{L}{2} \cos 60^\circ mg$$

上式より数値を代入して ★2 円筒からの反力 R を求めると，

$$R = \frac{Lmg}{4\sqrt{3}r} \simeq \underline{4.2 \text{〔N〕}}$$

これを (15.8) に代入，数値を用いて，床からの反力 ★3 は，

$$N = mg - R \sin 30^\circ \simeq \underline{7.7 \text{〔N〕}}$$

★2 数値計算で g の数値が与えられていないが $g = 9.8[\mathrm{m/s^2}]$ として計算してよい．g を既知とすることは多い．

★3 反力とは（垂直）抗力のことである．

問題 62　円運動する乗用車　基本

図のように，質量 m の乗用車が速さ v で点 O を中心に半径 R の円運動をしている．乗用車の重心は間隔 a の両輪の中心上にあり，地面からの高さは h である．車輪と地面の摩擦係数を μ，重力加速度を g として，

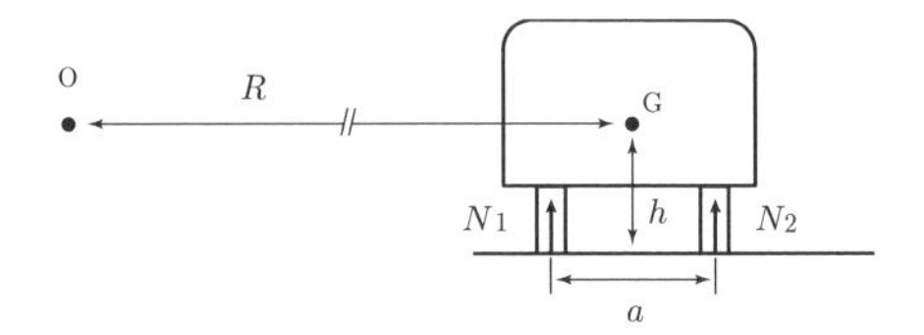

(1)　両輪に働く垂直抗力 N_1, N_2 をそれぞれ求めよ．

(2)　しだいに速さ v を増加させた，内側の車輪が浮く瞬間の速さはいくらか．

(3)　さらに速さが増すと，乗用車は横滑りをはじめた．滑る直前の速さはいくらか．　（岡山大，一部改変）

解 説　乗用車に大きさを考えているので，剛体のつり合いとして解く．
1．力のつり合い（並進つり合い），2．力のモーメントのつり合い
の 2 条件を考える．つり合いとして考える場合，回転運動による遠心力を加える．

解 答

(1)　図から，鉛直方向の力のつり合いより，

$$N_1 + N_2 = mg \tag{15.10}$$

つり合いで考えるとき，重心 G には回転運動による遠心力 mv^2/R が水平外向きに働いているので，A 点の回りの力のモーメントのつり合い ★1 は，

$$\frac{1}{2}a \cdot mg = a \cdot N_1 + h \cdot m\frac{v^2}{R}$$

上の 2 式を解いて，

$$N_1 = \underline{\frac{mg}{2} - \frac{mv^2h}{aR}} \tag{15.11}$$

$$N_2 = \underline{\frac{mg}{2} + \frac{mv^2h}{aR}} \tag{15.12}$$

★1 両輪に働く摩擦力は作用線が A 点を通るので考慮しなくてよい．

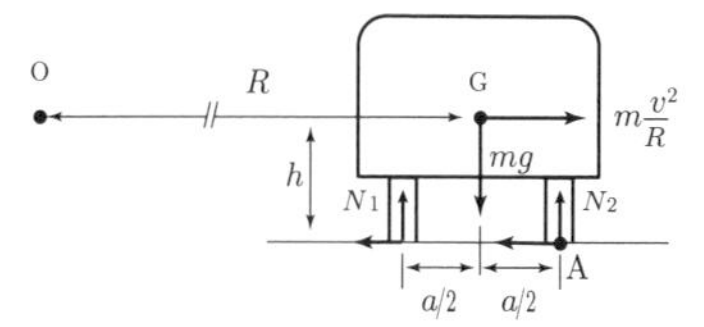

(2)　速さが増加し，内側の車輪が浮くとき，垂直抗力 $N_1 = 0$ になるので，そのときの速さは，(15.11) で $N_1 = 0$ として v を求めて，

$$v = \sqrt{\frac{agR}{2h}}$$

(3)　その後，乗用車の車体が横滑りする直前，右側の車輪に働く摩擦力 f は，

$$f = \mu N_2 \tag{15.13}$$

内側の車輪は浮いているので $N_1 = 0$．よって，鉛直方向のつり合いは (15.10) より，

$$N_2 = mg \tag{15.14}$$

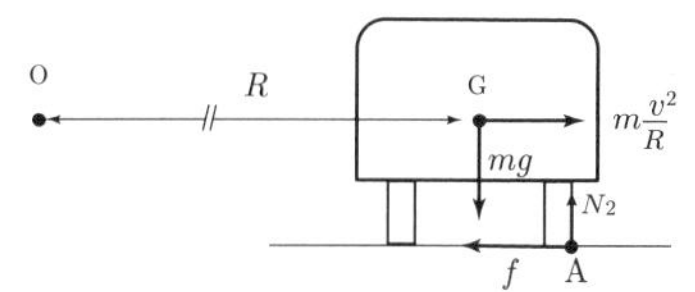

水平方向のつり合いは，

$$m\frac{v^2}{R} = f \tag{15.15}$$

以上の (15.13) から (15.15)を解いて，

$$v = \sqrt{\mu g R}$$

となる．

問題 63 積み重ねられた3本のパイプのつり合い 標準

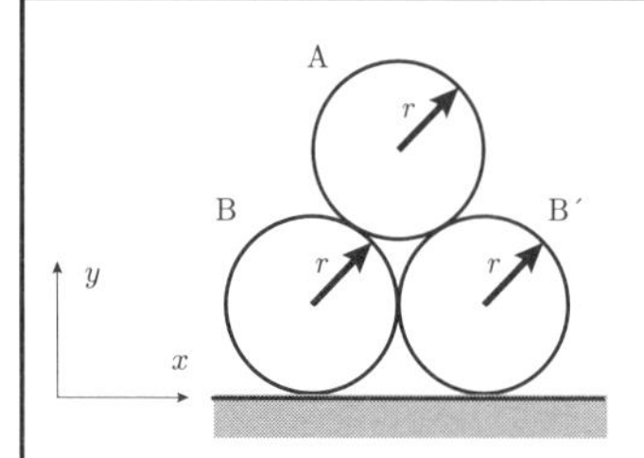

図のように大きさ，質量が等しい半径 r の円筒パイプを水平面上に3本積んだところ，安定に静止した．この3本のパイプを図のようにA，B，B′とする．このように安定に静止するために必要な摩擦条件を求めたい．各パイプに働く重力を Mg とする（g は重力加速度）．AB間およびAB′間の静止摩擦係数を μ_1 とし，Bと地面の間およびB′と地面の間の静止摩擦係数を μ_2 とする．また，BとB′は接触しているが，その間には力は作用しないと考えてよい．重力は図の y 軸の負方向に働くものとする．

(1) 円筒パイプAに作用する力をすべて図示せよ．
(2) 円筒パイプBに作用する力をすべて図示せよ．
(3) AおよびBそれぞれについて x 方向の力，y 方向の力，モーメントのつり合いの式を求めよ．
(4) μ_1 はいくら以上であればよいか．
(5) μ_2 はいくら以上であればよいか．（筑波大）

解説 本問も，剛体のつり合いの2条件（並進つり合い，力のモーメントのつり合い）を適用すればよい．計算は多少込み入って見えるが，何を求めるのか，そのために不要な（消去する）文字はどれか，を考え消去すればよい．内容は基本的である．ミスした人は何度か反復演習して欲しい．

解答

(1) 図に示す（実線矢印）．
(2) 図に示す（点線矢印）．

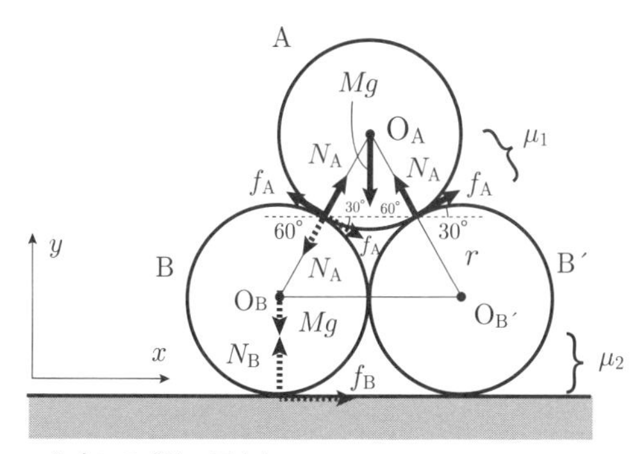

(3) つり合いの式は，図より，

A について，

$$x \text{ 方向} \cdots \underline{f_A \cos 30^\circ + N_A \cos 60^\circ - f_A \cos 30^\circ - N_A \cos 60^\circ = 0} \tag{15.16}$$

$$y \text{ 方向} \cdots \underline{2(N_A \sin 60^\circ + f_A \sin 30^\circ) - Mg = 0} \tag{15.17}$$

B について，

$$x \text{ 方向} \cdots \underline{f_A \cos 30^\circ + f_B - N_A \cos 60^\circ = 0} \tag{15.18}$$

$$y \text{ 方向} \cdots \underline{N_B - N_A \sin 60^\circ - f_A \sin 30^\circ - Mg = 0} \tag{15.19}$$

力のモーメントのつり合いの式は，

$$O_A \text{の回りについて} \quad \cdots \quad \underline{rf_A - rf_A = 0} \tag{15.20}$$

$$O_B \text{の回りについて} \quad \cdots \quad \underline{rf_B - rf_A = 0} \tag{15.21}$$

(4) 摩擦力について，最大静止摩擦力としてよいので，

$$f_A = \mu_1 N_A,\ f_B = \mu_2 N_B \tag{15.22}$$

以上の式のうち，独立した式は (15.17)，(15.18)，(15.19)，(15.21), (15.22) の合計 6 式で未知数は，N_A, N_B, f_A, f_B,μ_1,μ_2 の 6 個である．ここでは μ_1 を求めたいので，残りの 5 個の未知数を消去すればよい．(15.21)より，

$$f_A = f_B \tag{15.23}$$

(15.17)より，

$$\sqrt{3}N_A + f_A = Mg. \tag{15.24}$$

(15.18)に (15.23)を用いて，

$$\left(\frac{\sqrt{3}}{2} + 1\right) f_A - \frac{1}{2} N_A = 0 \quad \therefore\ N_A = (2 + \sqrt{3}) f_A \tag{15.25}$$

(15.19)より，

$$N_B = \frac{\sqrt{3}}{2}N_A + \frac{1}{2}f_A + Mg \tag{15.26}$$

まず N_A を求める．(15.24)より $f_A = Mg - \sqrt{3}N_A$，これを (15.25)に代入して，

$$N_A = (\sqrt{3}+2)(Mg - \sqrt{3}N_A) \quad \therefore N_A = \frac{1}{2}Mg \tag{15.27}$$

(15.24) に (15.22)を代入すると，$(\sqrt{3}+\mu_1)N_A = Mg$. ここに (15.27)を代入して μ_1 を求めると，

$$\mu_1 = 2 - \sqrt{3}. \tag{15.28}$$

μ_1 はこれ以上の値であればよいから，$\mu_1 \geqq \underline{2-\sqrt{3}}$.

(5)　(15.26)に (15.22)の第一式を代入して，

$$N_B = \left(\frac{\sqrt{3}}{2} + \frac{1}{2}\mu_1\right)N_A + Mg$$

ここに (15.27)，(15.28)を代入して，

$$N_B = \frac{3}{2}Mg. \tag{15.29}$$

(15.22),(15.23)より $\mu_1 N_A = \mu_2 N_B$，

$$\therefore \mu_2 = \frac{\mu_1 N_A}{N_B}$$

(15.27)，(15.28)，(15.29)を代入して，$\mu_2 = \dfrac{2-\sqrt{3}}{3}$. これ以上の値であれば良いから，$\mu_2 \geqq \underline{\dfrac{2-\sqrt{3}}{3}}$.

Tea Time ……………………… 剛体，作用線と作用点

質点と異なり，大きさがあり変形しない物体を剛体とよぶ．剛体のある点 A に外力 $\boldsymbol{F}$ が作用しているとする．点 A を作用点，力のベクトル $\boldsymbol{F}$ がのっている直線を作用線という．外力 F を作用線に沿って移動させても，剛体に対する力学的効果は変わらない．

Tea Time ……………………… 力のモーメント

力のモーメントは，回転中心（支点）の回りに剛体を回転させる作用の大きさを表す．たとえば，ドアを開けるとき，なるべく中心から遠いところを押したほうが楽である．力の大きさだけでなく中心からの距離も重要である．この回転させる作用能力のことを力のモーメントといい，次のように決める．剛体の A 点が回転中心（支点）になっているとして，B 点（作用点）に力 $\boldsymbol{F}$ を加えたとき，点 B の A に対する位置ベクトルを $\boldsymbol{r}$ とすると，点 A のまわりの力のモーメント $\boldsymbol{N}$ はベクトル積で表され，

$$\boldsymbol{N} = \boldsymbol{r} \times \boldsymbol{F}$$

その大きさは，点 A から作用線までの距離を l, $|\boldsymbol{r}| = r$ とすると，

$$N = lF = rF\sin\theta \quad (l = r\sin\theta) \tag{15.30}$$

ここで，距離 l を腕の長さという．θ は $\boldsymbol{r}$ と $\boldsymbol{F}$ のなす角である．

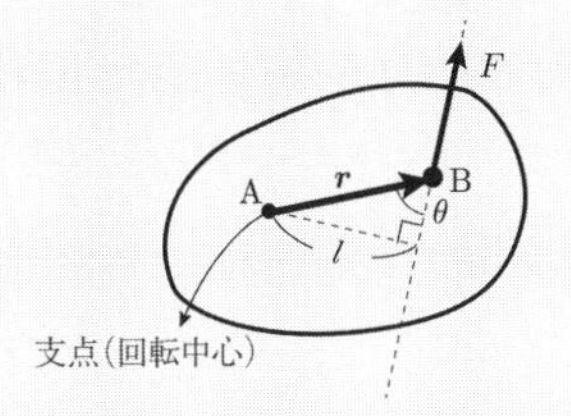

一般にある点 A に対して距離 $\boldsymbol{r}$ だけ離れた点に物理量 $\boldsymbol{Q}$ が作用するときベクトル積

$$\boldsymbol{r} \times \boldsymbol{Q}$$

を点 A に対する物理量 $\boldsymbol{Q}$ のモーメントという．

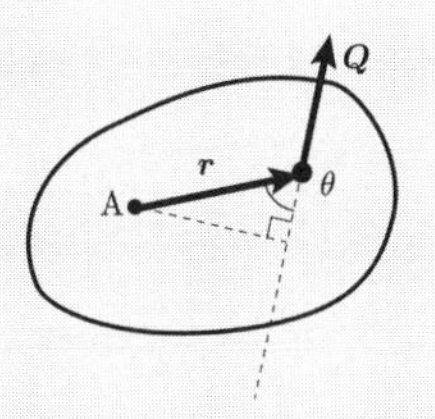

Tea Time ……………… 力のモーメントのつり合い

剛体に働くすべての力のモーメントの和が **0** になれば，剛体は回転しない（または，等角速度回転を続ける）．これを力のモーメントのつり合いという．

$$\boldsymbol{N}_1 + \boldsymbol{N}_2 + \cdots + \boldsymbol{N}_n = 0$$

Tea Time ……………… 剛体のつり合い

剛体が回転せず，かつ並進運動しないとき，剛体は全体として静止している．剛体はつり合っているという．このときそれぞれ前者については力のモーメントのつり合い，後者に対しては並進つり合いが成り立っている．すなわち，外力を $\boldsymbol{F}_1, \boldsymbol{F}_2, \cdots$，外力のモーメントを $\boldsymbol{N}_1, \boldsymbol{N}_2, \cdots$ として，次の **2** 条件が成り立つ事が剛体がつり合う条件である．

- 並進つり合い（力のつり合い）：$\boldsymbol{F}_1 + \boldsymbol{F}_2 + \cdots + \boldsymbol{F}_n = 0 \Longrightarrow$ 並進運動しない
- 力のモーメントのつり合い　：$\boldsymbol{N}_1 + \boldsymbol{N}_2 + \cdots + \boldsymbol{N}_n = 0 \Longrightarrow$ 回転運動しない

Tea Time ……………… 剛体の重心

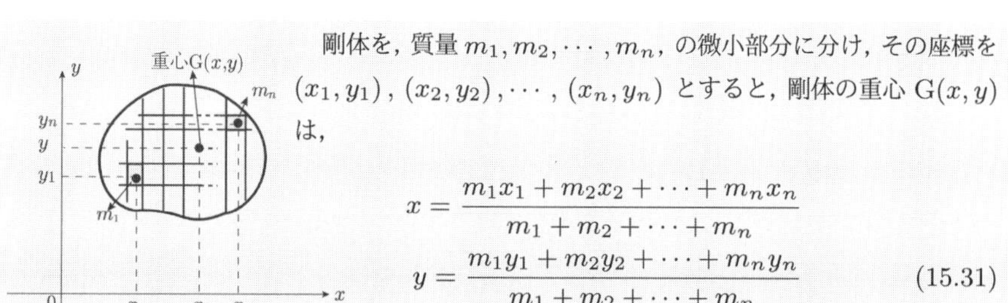

剛体を，質量 $m_1, m_2, \cdots, m_n$，の微小部分に分け，その座標を $(x_1, y_1), (x_2, y_2), \cdots, (x_n, y_n)$ とすると，剛体の重心 $\mathrm{G}(x, y)$ は，

$$x = \frac{m_1 x_1 + m_2 x_2 + \cdots + m_n x_n}{m_1 + m_2 + \cdots + m_n}$$

$$y = \frac{m_1 y_1 + m_2 y_2 + \cdots + m_n y_n}{m_1 + m_2 + \cdots + m_n} \tag{15.31}$$

剛体に働く重力は，重心に全質量が集中したと考えたとき，そこに働く重力に等しい．

Tea Time ……………… 剛体の運動方程式

剛体は，並進運動と回転運動を合わせた運動を行う．この運動を記述するために並進運動方程式，回転運動方程式の 2 種が必要になる．3 次元で考えればそれぞれ 3 成分ずつ計 6 つの運動方程式が必要になる．並進運動に対しては，重心の運動方程式で，これは重心に全質量が集まったと考えたときの式であり，剛体の質量を m，重心の位置ベクトルを $\boldsymbol{r}_G$，重心に働く外力の合力を $\boldsymbol{F}$ として，

$$m\frac{d^2\boldsymbol{r}_G}{dt^2} = \boldsymbol{F}$$

重心の運動方程式はニュートンの運動方程式（64 ページ，(6.31)式）となる．剛体の回転運動方程式に関しては章を改め詳しく述べる（247 ページ，(17.76)式）．

Chapter 16

慣性モーメント

コマは回り続けようとする．剛体が回転運動するとき，運動を続けようとする「慣性」がある．これを**慣性モーメント**という．並進運動を続けようとする質点の「慣性」に対応するものである．ある軸のまわりの慣性モーメントは，

$$
\begin{aligned}
I &= \sum {r_i}^2 m_i \text{（質点系）} \\
&= \int r^2 dm \text{（剛体）}
\end{aligned}
$$

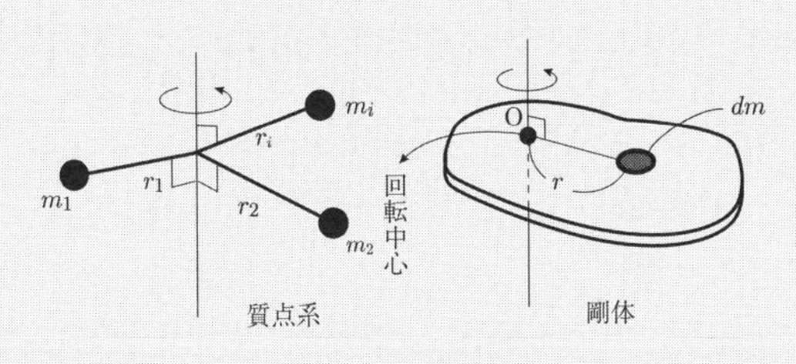

問題 64　質点系の慣性モーメント　基本

回転の中心

十分に軽くて強い棒と，その両端に固定された質点 A，B からなる質点系が，水平で滑らかな板の上を回転運動している．以下の（　　　）の中に適切な記号，数値を入れなさい．

(1) 質点 A，B の質量がともに m であるとき，質点系の運動は，図のように棒の中央が回転の中心になる．回転の角速度を ω とすると，質点 A の速度は（　ア　），遠心力は（　イ　），運動エネルギーは（　ウ　）である．また，質点系の回転慣性モーメント $I=$（　エ　）なので，系全体の運動エネルギーは $K=\frac{1}{2}I\omega^2$ であることが分かる．

(2) つぎに，質点 A の質量が m，質点 B の質量が $2m$ の場合を考える．質点 A，B の遠心力がつり合うので，回転の中心は，質点 A から（　オ　）の距離のところになる．したがって，質点系の回転慣性モーメントは（　カ　）となる．系全体の運動エネルギーが，（ 1 ）の K と等しいとき，回転の角速度 ω' は（　キ　）である．

（東北大，工，学士編入）

解 説　剛体が回転運動するとき，運動を続けようとする「慣性」がある．これを慣性モーメントという．ある軸の回りの慣性モーメント I は，以下のように表すことができる．

$$I=\sum {r_i}^2 m_i \qquad \text{（質点系）}$$

$$I=\int r^2 dm \qquad \text{（剛体）}$$

解 答

(1)　（ア）質点 A の速度 v_A は，$v_A=r\omega=\underline{\frac{l}{2}\omega}$ となる★1．

（イ）遠心力 f_A は，$f_A=mr\omega^2=m\frac{l}{2}\omega^2=\underline{\frac{ml\omega^2}{2}}$ となる．

（ウ）運動エネルギー K_A は，$K_A=\frac{1}{2}m{v_A}^2=\frac{1}{2}m\left(\frac{l}{2}\omega\right)^2=\underline{\frac{1}{8}ml^2\omega^2}$ となる．

（エ）2 質点系の回転慣性モーメント I は★2，

★1

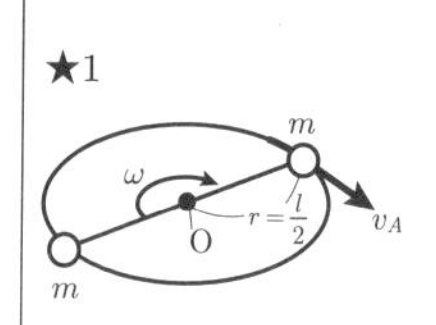

★2 214 ページ，慣性モーメント．

$$I = \sum_i m_i {r_i}^2 = m_1 {r_1}^2 + m_2 {r_2}^2 \tag{16.1}$$

$m_1 = m_2 = m$，回転中心 O から A，B までの距離 $r_1 = r_2 = \dfrac{l}{2}$ なので，$I = m\left(\dfrac{l}{2}\right)^2 + m\left(\dfrac{l}{2}\right)^2 = \underline{\dfrac{1}{2}ml^2}$ となり，系全体の運動エネルギー K は A，B の速度がともに v_A なので，

$$K = \frac{1}{2}m{v_A}^2 \times 2 = \frac{1}{8}ml^2\omega^2 \times 2 = \frac{1}{4}ml^2\omega^2 \tag{16.2}$$

一方，$\dfrac{1}{4}ml^2\omega^2 = \dfrac{1}{2}\left(\dfrac{1}{2}ml^2\right)\omega^2 = \dfrac{1}{2}I\omega^2$ なので，系全体の運動エネルギーは $K = \dfrac{1}{2}I\omega^2$ と書ける★3．

★3 回転運動エネルギー：$K = \dfrac{1}{2}I\omega^2$.

(2)

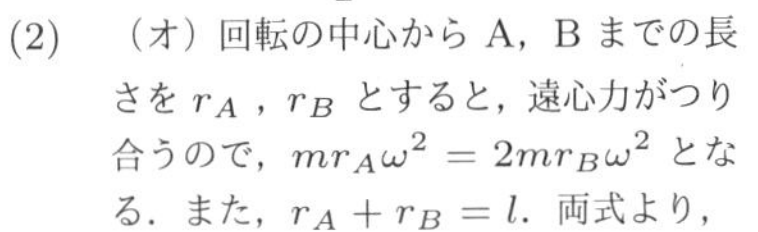
（オ）回転の中心から A，B までの長さを r_A，r_B とすると，遠心力がつり合うので，$mr_A\omega^2 = 2mr_B\omega^2$ となる．また，$r_A + r_B = l$．両式より，

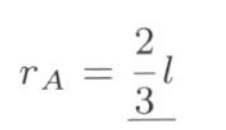
$$r_A = \underline{\frac{2}{3}l}$$

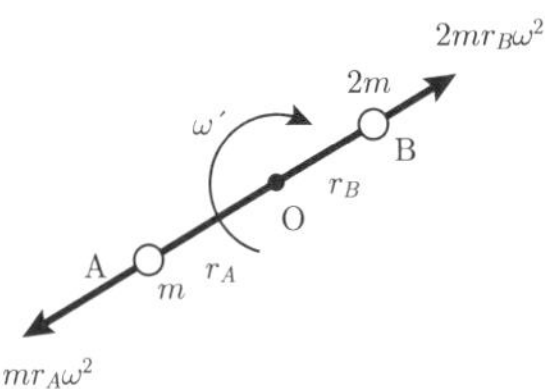

（カ）(16.1) より，求める慣性モーメント I' は，$r_B = l - r_A = \dfrac{1}{3}l$ なので，

$$I' = mr_A^2 + 2mr_B^2 = m\left(\frac{2}{3}l\right)^2 + 2m\left(\frac{1}{3}l\right)^2 = \underline{\frac{2}{3}ml^2}$$

（キ）系全体の運動エネルギーを K' とすると，ω' で回転しているとして，K' は (エ) の結果から，$K' = \dfrac{1}{2}I'\omega'^2$ と書けるので，

$$K' = \frac{1}{2}I'\omega'^2 = \frac{1}{2}\left(\frac{2}{3}ml^2\right)\omega'^2 = \frac{1}{3}ml^2\omega'^2$$

これが (1) の K と等しいので，

$$\frac{1}{3}ml^2\omega'^2 = \frac{1}{4}ml^2\omega^2 \qquad \therefore \omega'^2 = \frac{3}{4}\omega^2 \qquad \omega' = \underline{\frac{\sqrt{3}}{2}\omega}$$

ポイント

回転運動エネルギーは，$K = \dfrac{1}{2}I\omega^2$ である．

問題 65 慣性モーメントの計算 基本

次の場合の慣性モーメントを求めよ．

(1) 長さ l，質量 M の一様な細い棒の重心を通り，棒と垂直に回転軸を取った場合，および棒の一端に回転軸を取った場合について．

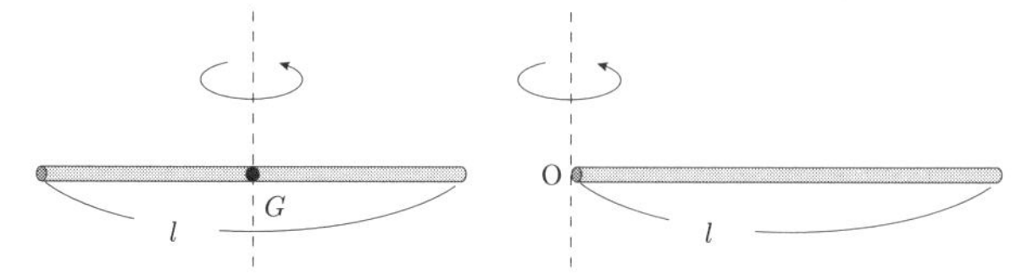

(2) 半径 a，質量 M の一様な円板の重心を通り，板に垂直な回転軸について．

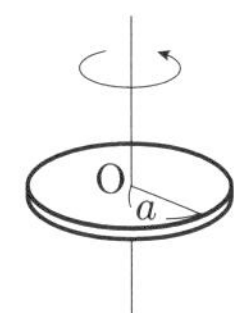

(3) 半径 a，質量 M の一様な球の重心を通る回転軸について．

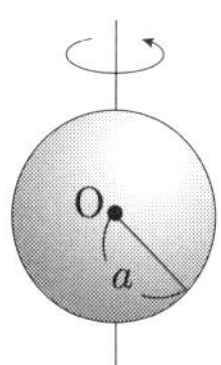

解 説 剛体の慣性モーメントは，剛体の形状とどこに回転軸をとるかに依存する．ここでは，代表的な3種の形状について慣性モーメントを計算する．球については，円板を重ね合わせたものとして，円板の慣性モーメントを利用して求める．

解 答

(1) i) 棒の密度を $\rho = \dfrac{M}{l}$ とすると，図★1 の長さ dx の部分の質量 dm は $dm = \rho dx$ となる．回転軸が棒の重心を通る場合，棒の慣性モーメント I_G は，

$$I_G = \int dm \cdot x^2 = \int_{-\frac{l}{2}}^{\frac{l}{2}} x^2 \rho dx = \frac{M}{l}\int_{-\frac{l}{2}}^{\frac{l}{2}} x^2 dx$$

$$= \frac{M}{l}\left[\frac{x^3}{3}\right]_{-\frac{l}{2}}^{\frac{l}{2}} = \underline{\frac{1}{12}Ml^2} \qquad (16.3)$$

★1

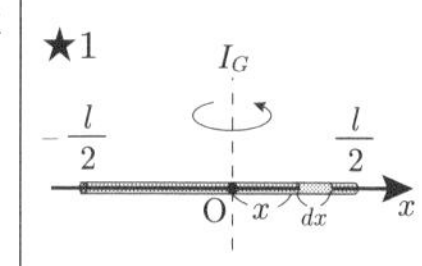

ii）回転軸が棒の左端を通る場合は前問 (16.3) の積分範囲を 0 から l までに変えて，

$$I = \frac{M}{l}\int_0^l x^2 dx = \underline{\frac{1}{3}Ml^2} \tag{16.4}$$

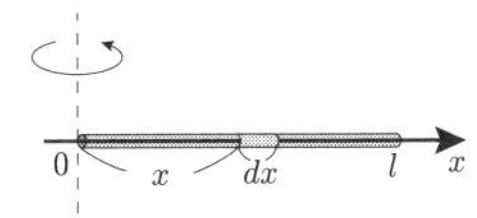

● （別解）同じ剛体上で，重心の回りの慣性モーメント I_G が分かっている場合，平行軸定理（214 ページ，(16.13)）を用いると容易になる．すなわち，

$$I = I_G + M\left(\frac{l}{2}\right)^2 = \frac{1}{12}Ml^2 + \frac{1}{4}Ml^2 = \frac{1}{3}Ml^2 \quad ★2$$

★2

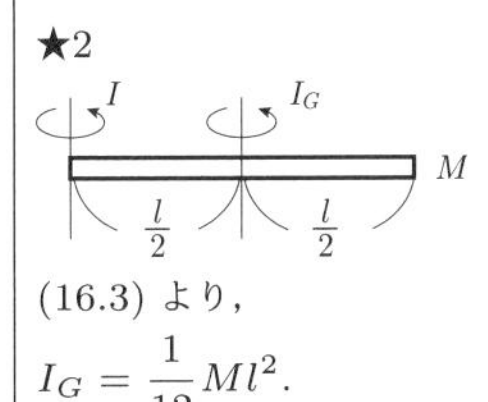

(16.3) より，

$I_G = \frac{1}{12}Ml^2.$

(2)　円板の面積密度 σ は，$\sigma = \frac{M}{\pi a^2}$ となる．図 ★3 の幅 dr の円輪部分の質量 dm は，$dm = 2\pi r \times dr \times \sigma$ と表される．よって慣性モーメントは，

$$\begin{aligned} I &= \int r^2 dm = \int_0^a r^2 2\pi r dr \sigma = 2\pi\sigma\int_0^a r^3 dr \\ &= 2\pi\sigma\left[\frac{r^4}{4}\right]_0^a = 2\pi\frac{M}{\pi a^2}\,\frac{a^4}{4} = \frac{1}{2}Ma^2 \end{aligned} \tag{16.5}$$

★3

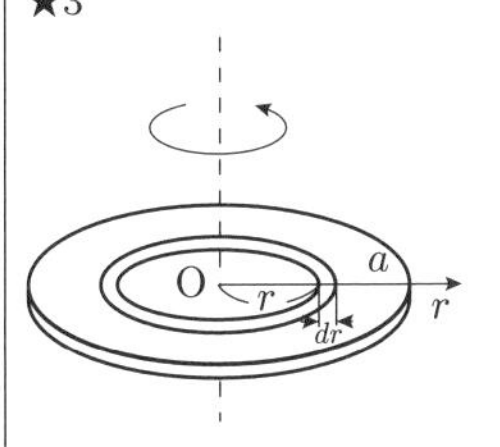

(3)　球を薄い円板を積み重ねたものと考え，前問の結果を利用する．図で半径 x，厚さ dz の円板の慣性モーメント dI は，円板の質量を dm とすると，(16.5) で半径 a を x，質量 M を dm に変えて，

$$dI = \frac{1}{2}dm\,x^2 \tag{16.6}$$

球の体積密度を ρ とすると，$\rho = \frac{M}{\frac{4}{3}\pi a^3}$，円板の質量 dm は，$dm = \pi x^2 dz\rho$ なので (16.6)に代入して，

$$dI = \frac{1}{2}\pi x^2 dz\rho x^2 = \frac{\pi\rho}{2}x^4 dz$$

図より ★4，$x^2 = a^2 - z^2$ なので代入して，

$$dI = \frac{\pi\rho}{2}(a^2 - z^2)^2 dz.$$

よって，

$$\begin{aligned} I &= \int dI = \frac{\pi\rho}{2}\int_{-a}^a (a^2 - z^2)^2 dz = \frac{\pi\rho}{2}\int_{-a}^a (a^4 - 2a^2z^2 + z^4)dz \\ &= \frac{\pi\rho}{2}\left[a^4 z - \frac{2a^2}{3}z^3 + \frac{1}{5}z^5\right]_{-a}^a = \underline{\frac{2}{5}Ma^2} \end{aligned} \tag{16.7}$$

★4

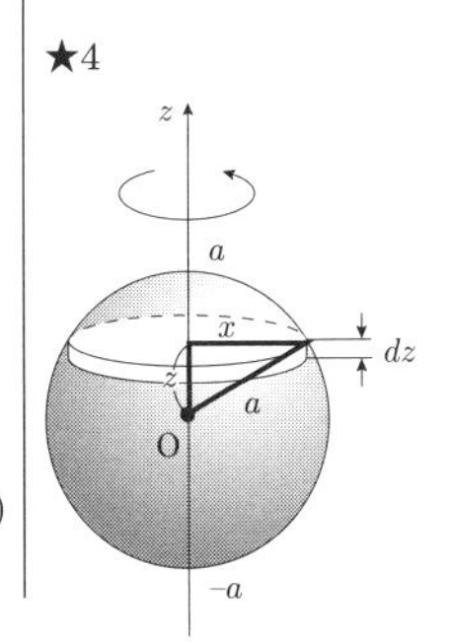

問題 66　剛体振り子の慣性モーメント　基本

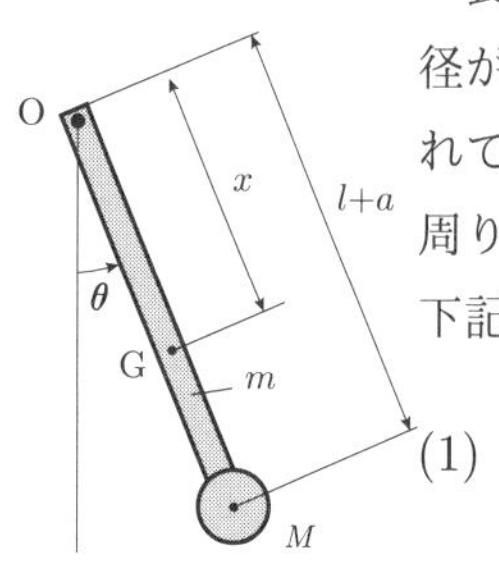

長さ l，質量 m の一様な細長い棒の先端に質量が M，半径が a の一様な球が，中心が棒の延長にあるように固定されている．この棒を図のように点 O で紙面に垂直な軸の周りに自由に回転できるように支えた剛体振り子について下記の問いに答えよ．重力加速度を g とする．

(1)　剛体振り子の重心の位置 G を回転中心 O からの距離 x で示せ．

(2)　回転中心 O 周りの剛体振り子の慣性モーメント I を求めよ．

(3)　剛体振り子の動きを図に示すように，鉛直方向からの角度 θ で表すとき，運動方程式を求めよ．慣性モーメントは I のままで表記してよい．

(4)　θ が小さい場合，剛体振り子の周期 T を求めよ．慣性モーメントは I のままでよい．（岡山大，一部改変）

解説　剛体振り子のような複雑な形状の物体の慣性モーメントは，棒，球など，慣性モーメントの求め方が分かっている個々の部分に分けて考え，合成すればよい．

解答

(1)　下図のように x 軸をとる．振り子の重心位置 G は，棒の重心 G_1 $(x = \dfrac{l}{2})$，球の重心 $G_2(x = l + a)$ から重心を求める式 ★1 より，

$$x = \frac{m \times \frac{l}{2} + M \times (l + a)}{m + M} = \underline{\frac{lm + 2(l + a)M}{2(m + M)}}$$

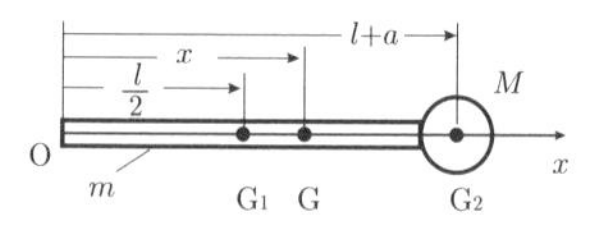

(2)　O のまわりの慣性モーメント I は，棒部分の慣性モーメント I_1 と球部分の慣性モーメント I_2 の和である．I_1 は前問の結果（211 ページ，(16.4)）より，

★1 204 ページ，(15.31)

$$I_1 = \frac{1}{3}ml^2$$

I_2 は，球の重心の O のまわりの慣性モーメントを I_2' として，

$$I_2' = M(l+a)^2$$

および，G_2 のまわりの慣性モーメントを I_2'' として，

$$I_2'' = \frac{2}{5}Ma^2 \tag{16.8}$$

I_2 は I_2' と I_2'' の和で，

$$I_2 = I_2' + I_2'' = M(l+a)^2 + \frac{2}{5}Ma^2$$

よって，振り子の慣性モーメント I は，

$$I = I_1 + I_2 = \underline{\frac{1}{3}ml^2 + M(l+a)^2 + \frac{2}{5}Ma^2} \tag{16.9}$$

★2

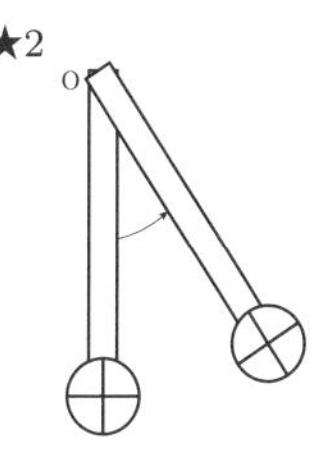

（注意）：振り子が回転すると，球につけた十字線が回っていることが分かる[★2]．よって，球自身の重心 G_2 のまわりの慣性モーメント (16.8)が必要になる．

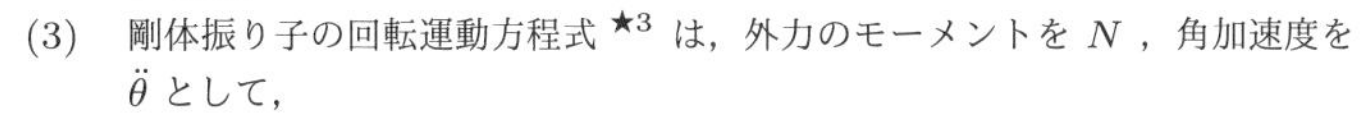

(3) 剛体振り子の回転運動方程式[★3]は，外力のモーメントを N，角加速度を $\ddot{\theta}$ として，

★3 次章 247 ページ参照．

$$I\ddot{\theta} = N$$

中心 O 点のまわりの力のモーメントは[★4]，

$$N = -x\sin\theta \times (m+M)g = -\frac{1}{2}(ml + 2(l+a)M)g\sin\theta$$

★4 −（マイナス）がつくのは，力のモーメントが θ 方向と逆向きに回そうとするためであることに注意．

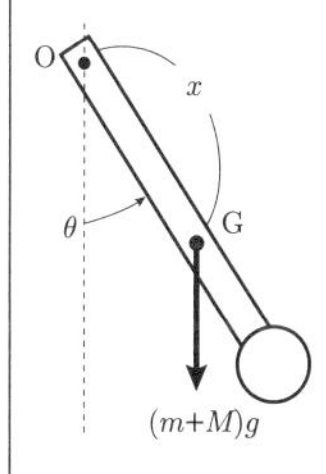

よって回転運動方程式は，

$$I\ddot{\theta} = \underline{-\frac{1}{2}(ml + 2(l+a)M)g\sin\theta} \tag{16.10}$$

(4) θ が小さい場合，$\sin\theta \simeq \theta$ と近似[★5]できる．運動方程式 (16.10)より，

★5 176 ページ，(13.66)式．

$$\ddot{\theta} = -\frac{1}{2I}(ml + 2(l+a)M)g\theta$$

$$\omega^2 = \frac{1}{2I}(ml + 2(l+a)M)g \quad \left(\omega = \sqrt{\frac{(ml + 2(l+a)M)g}{2I}}\right)$$

とおいて，周期 T は，

$$T = \frac{2\pi}{\omega} = \underline{2\pi\sqrt{\frac{2I}{(ml + 2(l+a)M)g}}}$$

Tea Time ……………… 慣性モーメント

剛体の慣性モーメント I は剛体の回転運動方程式（$I\beta = N$）で，並進運動方程式（$m\alpha = F$）の質量に対応して用いる．ある軸の回りの慣性モーメント I は，

$$I = \sum {r_i}^2 m_i \text{ 質点系（質点の相対位置が不変）} \tag{16.11}$$

$$I = \int r^2 dm \text{ 剛体} \tag{16.12}$$

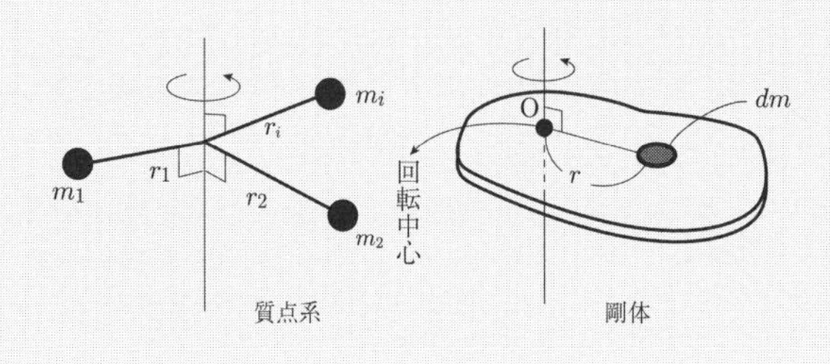

慣性モーメントは剛体が回転運動するときに回転し続けようとする“慣性”であり，ちょうど質量が並進運動し続けようとする“慣性”であることに対応する．

Tea Time ……………… 平行軸定理

重心（質量中心）から h だけ離れた軸の回りの慣性モーメント I は，次式で与えられる．ただし I_G は重心を通る軸の回りの慣性モーメント，M は剛体の質量とする． I_G がわかっていれば，任意の軸の回りの慣性モーメントを知ることができる．

$$I = I_G + Mh^2 \tag{16.13}$$

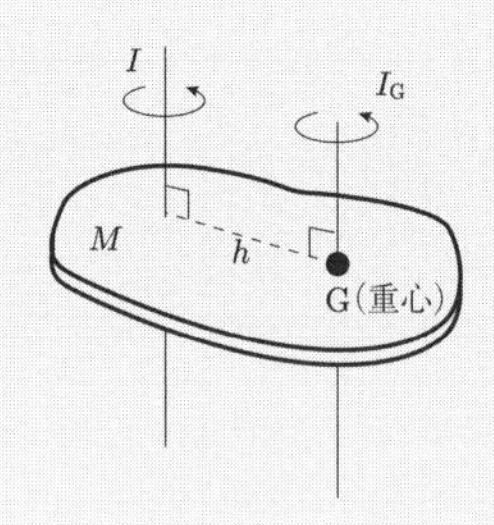

Chapter 17

剛体の回転運動

剛体を構成する質点が，常にある平面内で運動する場合を剛体の平面運動という．剛体の重心を通り，その平面に平行な平面による剛体の断面の運動を調べれば剛体の平面運動が分かる．その結果は，ある軸の周りの回転運動で表される．

問題 67　斜面を転がる円柱　基本

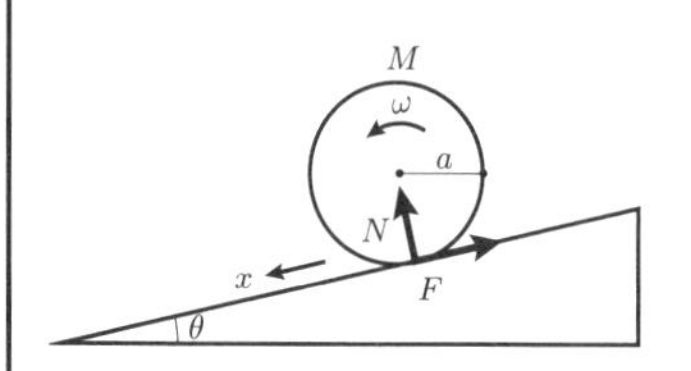

質量 M，半径 a の一様な円柱が，水平面と角 θ をなす斜面の上を滑らずに転がる運動を考える．重力加速度を g，円柱が斜面から受ける摩擦力を F，斜面に沿って下向きに x 座標をとり，x 座標の正方向に転がるときの円柱の角速度を ω とする．このとき，以下の問いに答えなさい．

(1)　斜面からの垂直抗力 N を求めなさい．

(2)　円柱の中心軸の x 方向移動に関する運動方程式を示しなさい．

(3)　円柱の中心軸まわりの慣性モーメント I は $I=\dfrac{1}{2}Ma^2$ で与えられる．このことを用いて，中心軸まわりの回転に関する運動方程式を示しなさい．

(4)　転がる円柱の加速度 $\dfrac{d^2x}{dt^2}$ と角速度 ω の関係を示しなさい．

(5)　転がる円柱の加速度 $\dfrac{d^2x}{dt^2}$ を，g と θ を用いて示しなさい．

(6)　円柱が斜面から受ける摩擦力 F を，M と g と θ を用いて示しなさい．

解 説

剛体の回転運動方程式は，$I\beta=N$ である．I を慣性モーメント，N を力のモーメント，β を角加速度とする．角加速度は，$\beta=\dfrac{d\omega}{dt}=\dfrac{d^2\theta}{dt^2}$ のいずれで表してもよい．「力のモーメントが剛体の回転運動の勢いを変化させる」ということを式にしたものが**回転運動方程式**である．

解 答

(1)　斜面垂直方向のつり合いより，

$$N=\underline{Mg\cos\theta}$$

(2)　円柱中心の x 方向加速度

$$\alpha=\frac{d^2x}{dt^2} \tag{17.1}$$

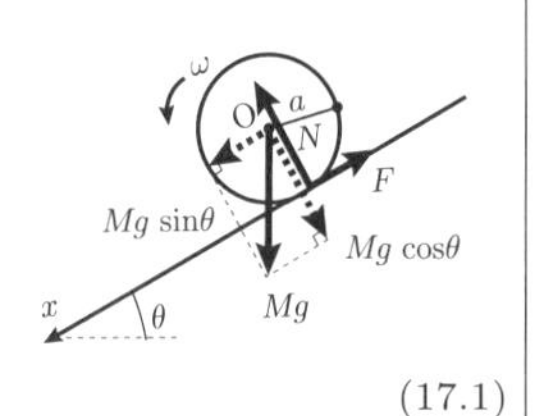

より，円柱の（並進）運動方程式は，

$$\underline{M\frac{d^2x}{dt^2} = Mg\sin\theta - F} \tag{17.2}$$

(3) 円柱の回転運動方程式は, $I\beta = N$ で ★1, 中心軸周りの角加速度は $\beta = \dfrac{d\omega}{dt}$, 力のモーメント $N = Fa$, 慣性モーメント $I = \dfrac{1}{2}Ma^2$ なので,

$$\underline{\frac{1}{2}Ma^2\frac{d\omega}{dt} = Fa} \tag{17.3}$$

★1 参照 : 247 ページ, (17.76)

(4) 滑らずに転がるので α, β の関係は $\alpha = a\beta$ ★2 . よって,

$$\underline{\frac{d^2x}{dt^2} = a\frac{d\omega}{dt}} \tag{17.4}$$

★2 (17.1) より $\alpha = \dfrac{d^2x}{dt^2}, \beta = \dfrac{d\omega}{dt}$

(5) (17.2)〜(17.4) より $\dfrac{d\omega}{dt}$, F を消去して,

$$\frac{d^2x}{dt^2} = \underline{\frac{2}{3}g\sin\theta} \tag{17.5}$$

(6) (17.5)を (17.2)に代入して F を求めると,

$$F = \underline{\frac{1}{3}Mg\sin\theta}$$

●滑らずに転がる関係は $x = r\theta$（下図）. これを t で微分して

$$v = r\omega \quad \left(\frac{dx}{dt} = v,\ \frac{d\theta}{dt} = \omega\right)$$

さらに t で微分して

$$\alpha = r\beta \quad \left(\frac{dv}{dt} = \alpha,\ \frac{d\omega}{dt} = \beta\right)$$

設問によってこのいずれを用いてもよい.

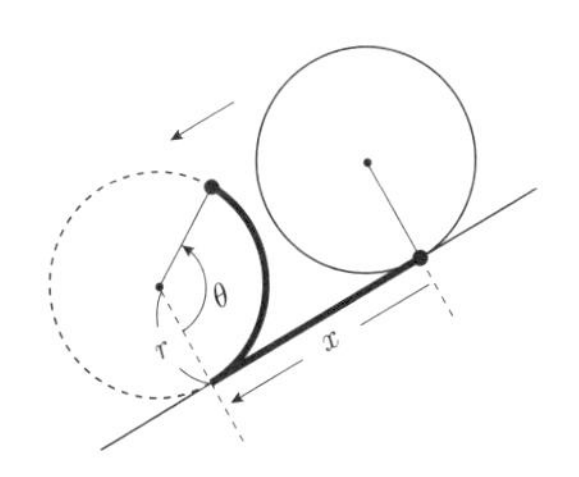

問題 68　回転する棒　基本

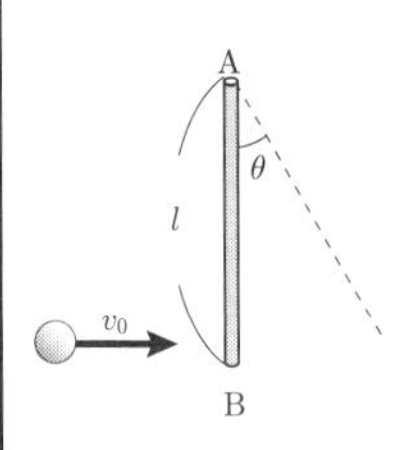

(1) 長さ l，質量 m，A 端を通る回転軸のまわりの慣性モーメントが $I=\dfrac{1}{3}ml^2$ の一様な棒 AB が，A 端を通る回転軸のまわりに自由に回転できるようになっている．いま棒を水平の位置から静かに放した．棒が鉛直と θ の角をなす位置にきたときの角速度は（　a　）であり，完全に鉛直になったときの角速度は（　b　）である．

(2) 長さ l，質量 m の棒 AB が鉛直面内で回転軸のまわりに自由に回転できるようになっている．棒の回転軸のまわりの慣性モーメントは $I=\dfrac{1}{3}ml^2$ である．棒が鉛直方向に静止しているとき，質量 m の小球が速さ v_0 で B 端に衝突し，B 端に付着してしまった．付着直後の棒の角速度は（　c　）であり，その後，棒が鉛直に対して角 θ まで回転したとすると，このとき $\cos\theta=$（　d　）である．

解説　剛体の回転運動を含むエネルギー保存則は，運動エネルギー項 E_K に並進の他に回転運動エネルギーを加えて，位置エネルギー項 E_P とその和をとり，

$$E=E_K+E_P=\frac{1}{2}mv^2+\frac{1}{2}I\omega^2+E_P(\text{位置エネルギー})=\text{一定}$$

である．運動エネルギー項 E_K は，よく用いる具体例をあげれば，

- 剛体の重心を通る軸の周りに角速度 ω で回転しながら重心が速度 v で運動するとき：$E_K=\dfrac{1}{2}I\omega^2+\dfrac{1}{2}mv^2$.
- 重心は静止し軸の周りに ω で回転しているとき：$E_K=\dfrac{1}{2}I\omega^2$.

解答

(1)　(a) 棒が角 θ の位置にきたときの角速度を ω とすると，重心 G は水平位置より $\dfrac{l}{2}\cos\theta$ 下がるので，力学的エネルギー保存則より $\dfrac{1}{2}I\omega^2=mg\cdot\dfrac{l}{2}\cos\theta$ となる ★1
棒の慣性モーメント $I=\dfrac{1}{3}ml^2$ を代入して，ω を求めると，

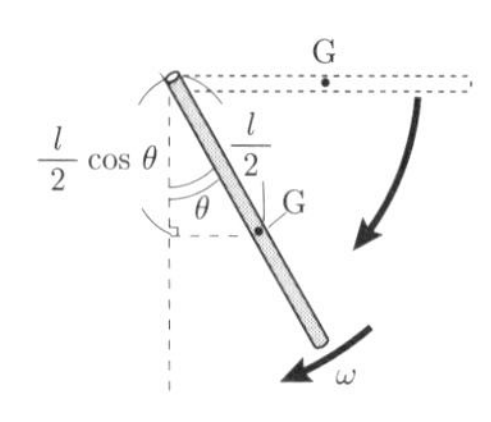

★1 重心 G は回転運動だけで並進（直線）運動していないので，運動エネルギー項に $\dfrac{1}{2}mv^2$ を考慮しなくてもよい．

$$\omega = \sqrt{\frac{mgl\cos\theta}{I}} = \sqrt{\frac{3g\cos\theta}{l}} \tag{17.6}$$

(b) 棒が垂直になったときは，$\theta = 0$ なので，(17.6) に代入して，

$$\omega = \sqrt{\frac{3g}{l}}$$

(2)　(c) 棒の B 端に小球が付着したときの A 端のまわりの慣性モーメント I' は，棒の慣性モーメントが $\frac{1}{3}ml^2$，小球について ml^2 なので ★2，和をとって，

$$I' = \frac{1}{3}ml^2 + ml^2 = \frac{4}{3}ml^2$$

小球と棒の衝突直前，直後の角運動量保存則 ★3 は，ω_0 を衝突直後の角速度として，図 (I), (II) の間で，

$$mv_0l = I'\omega_0 \qquad \therefore \quad \omega_0 = \frac{mv_0l}{I'} = \frac{3v_0}{4l} \tag{17.7}$$

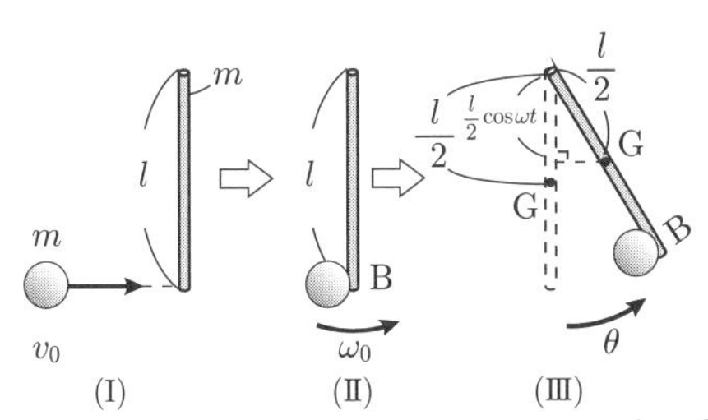

(d) 棒が角 θ まで回転したとき，重心 G は $\frac{l}{2} - \frac{l}{2}\cos\theta = \frac{l}{2}(1-\cos\theta)$ 上昇し，B 端に付着した小球は $l - l\cos\theta = l(1-\cos\theta)$ 上昇する（図 (III)）．よって棒と小球の位置エネルギーはそれぞれ，$mg\frac{l}{2}(1-\cos\theta)$，$mgl(1-\cos\theta)$ 増加する．力学的エネルギー保存則は (II)，(III) の位置で以下のようになる．

$$\frac{1}{2}I'\omega_0^2 = mg\cdot\frac{l}{2}(1-\cos\theta) + mgl(1-\cos\theta)$$

$$\therefore \quad \cos\theta = 1 - \frac{I'\omega_0^2}{3mgl} = 1 - \frac{{v_0}^2}{4gl} = \frac{4gl - {v_0}^2}{4gl}.$$

★2 小球の半径が与えられていないので質点とみなす．この場合，棒の B 端に付着した小球の慣性モーメントは ml^2 になる．

★3 中心軸のまわりの回転運動を含む衝突なので，角運動量保存則を用いる．回転軸の周りの衝突直前の小球の角運動量は mv_0l，衝突直後の小球が付着した棒の角運動量は $I'\omega_0$ で，この 2 つが等しい．質点の角運動量については 188 ページ，(14.18)，剛体の角運動量については，246 ページ，(17.71) を参照.

問題 69 滑車にかけられたおもりの運動 1 基本

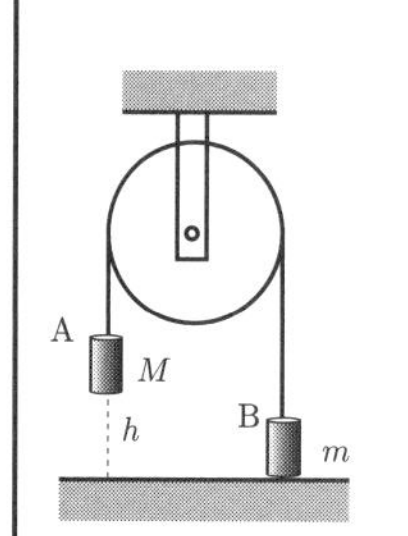

滑車に軽い糸をかけ，その一端に質量 M のおもり A を，他端に質量 m のおもり B をつけて静かに放した．はじめ，おもり A は床から高さ h の位置にあり，おもり B は床上にあった．滑車の半径を R，慣性モーメントを I，重力加速度を g とし，$M > m$ とする．糸は滑らないとする．

(1) おもり A の加速度，滑車の角加速度，糸の張力はいくらか．

(2) おもり A が床に着くときの，速度の大きさはいくらか．（横浜国大，他多数）

解説

滑車にかけられたおもりの運動では，

1) おもりの並進運動方程式，

2) 滑車の回転運動方程式，

3) おもりをかけた糸が滑らない条件

の 3 条件を連立して解く．

解答

(1) 図のように，糸の張力 ★1 を T_1 ，T_2 ，おもりの加速度を α ，滑車の角加速度を β とすると，おもりの運動方程式は，

$$\text{A}: \ M\alpha = Mg - T_1, \quad \text{B}: \ m\alpha = T_2 - mg \tag{17.8}$$

滑車の回転運動方程式 ★2 は，

$$I\beta = R(T_1 - T_2) \tag{17.9}$$

α と β の関係（ 滑らない条件）は，

$$\alpha = R\beta \tag{17.10}$$

(17.8)～(17.10) より，T_1, T_2, α, β を求めると，

★1 滑車の質量を考える場合，左右の糸の張力 T_1，T_2 は異なる．

★2 回転運動方程式は 246 ページ，(17.75)を参照．

$$\alpha = \underline{\frac{(M-m)R^2}{I+(M+m)R^2}\,g} \tag{17.11}$$

$$\beta = \underline{\frac{(M-m)R}{I+(M+m)R^2}\,g} \tag{17.12}$$

$$T_1 = \underline{\frac{I+2mR^2}{I+(M+m)R^2}\,Mg}, \qquad T_2 = \underline{\frac{I+2MR^2}{I+(M+m)R^2}\,mg}$$

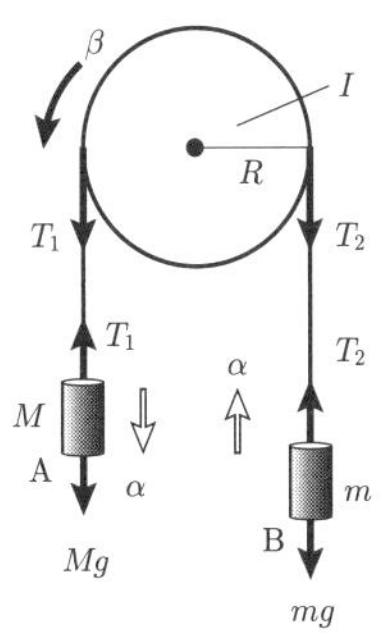

(2)　A は (17.11)より等加速度運動なので，A が床に着くときの速さを v，着くまでの時間を t とすると，

$$h = \frac{1}{2}\alpha t^2 \qquad \therefore \quad t = \sqrt{\frac{2h}{\alpha}} \tag{17.13}$$

v は (17.11)を用いて，

$$v = \alpha t = \alpha\sqrt{\frac{2h}{\alpha}} = \sqrt{2\alpha h} = \underline{R\sqrt{\frac{2h(M-m)g}{I+(M+m)R^2}}}$$

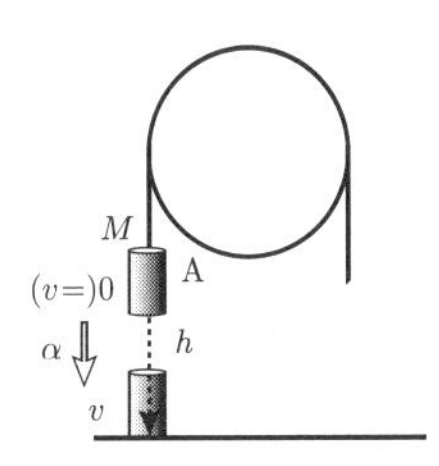

- （別解）図で $v^2 - 0^2 = 2\alpha h$ より，$v = \sqrt{2\alpha h}$，以降同じ．

問題	70	滑車にかけられたおもりの運動 2	基本

(3) 前問 69 の (2) を，力学的エネルギー保存則を用いて解け．

(4) 同じく，系の角運動量の変化量に着目して解け．（横浜国大，他多数）

解答

(3) 図の (I)(II) で力学的エネルギー保存則 ★1 は，重力の位置エネルギーの基準を床面とし，床に着くときの滑車の角速度を ω_1 として，

$$Mgh = \frac{1}{2}Mv^2 + \frac{1}{2}mv^2 + \frac{1}{2}I{\omega_1}^2 + mgh \tag{17.14}$$

糸が滑らないので v と ω_1 について，

$$v = R\omega_1 \tag{17.15}$$

(17.14)(17.15) より ω_1 を消去して，

$$\frac{1}{2}(M + m + \frac{I}{R^2})v^2 = (M - m)gh$$

$$\therefore \quad v = \underline{R\sqrt{\frac{2h(M-m)g}{I + (M+m)R^2}}}$$

★1 247 ページ，(17.78)，(17.15) 参照．並進運動のエネルギーは A,B2 つのおもりについて計算する．

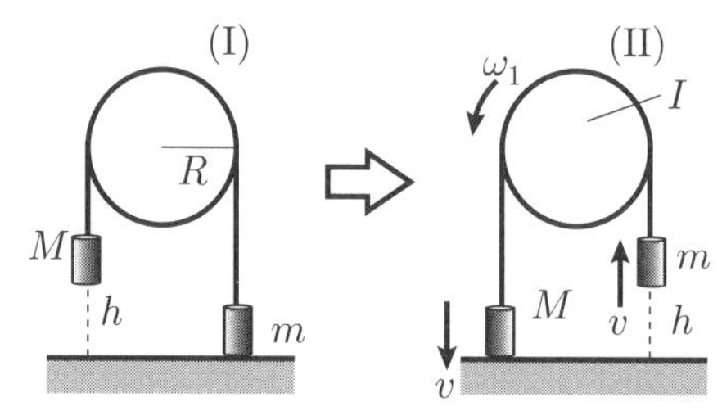

(4) 次ページの図のように，おもりの速さを v，滑車の角速度を ω として，全系の角運動量 L は，

$$L = I\omega + RMv + Rmv \tag{17.16}$$

および，

$$v = R\omega \tag{17.17}$$

（系の）角運動量の時間変化率 ＝（系への）外力のモーメント ★2 より，

$$\frac{dL}{dt} = N \tag{17.18}$$

★2 参照：247 ページ，(17.76)

系への外力は重力なので ★3 ，系への外力のモーメント N は，

$$N = MgR + (-mgR) = (M - m)gR \tag{17.19}$$

(17.16)，(17.17) より ω を消去して，

$$L = \left(\frac{I}{R} + (M + m)R\right) v \tag{17.20}$$

(17.20)，(17.19)を (17.18)に代入して，

$$\left(\frac{I}{R} + (M + m)R\right) \dot{v} = (M - m)gR$$

$$\therefore \quad \dot{v} = \frac{(M - m)R^2}{I + (M + m)R^2}\, g = \alpha$$

加速度 α が求められたので，以後は問題 69（2）と同じ．

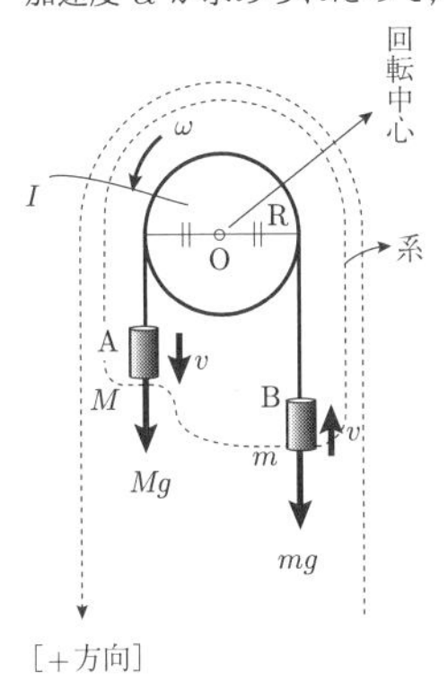

★3 今考えている系は滑車と 2 つのおもりからなる．糸の張力 T_1，T_2 は系内の内力なので計算に入らないことに注意．系への外力は Mg，mg である．

問題 71　落下する円板の運動　基本

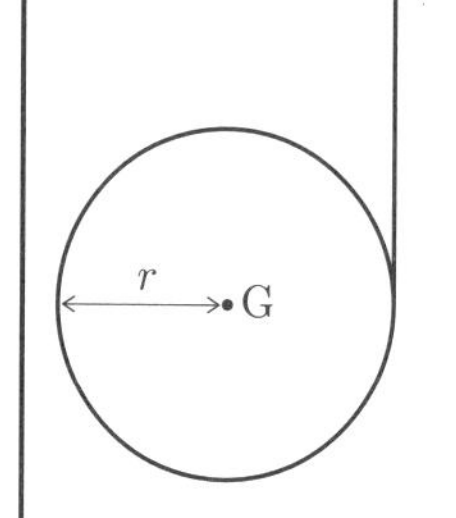

質量 M，半径 r の円板に軽い糸を巻きつけ，図のように糸の端を天井に固定し，手を離した．重力加速度を g とする．

(1) 円板の重心 G の鉛直下向きの加速度を a として，重心 G の運動方程式を求めよ．

(2) 円板の回転運動方程式を求めよ．円板の角加速度を β，慣性モーメントを I とする．

(3) 重心加速度 a，糸の張力を求めよ．ただし，I を $I = \dfrac{1}{2}Mr^2$ とする．

次に糸の端を手で持ち，鉛直上向き加速度 b で引き上げた．

(4) 重心の鉛直下向き加速度 a，糸の張力を求めよ．

(5) 円板の重心位置が静止するようにして引き上げたとき，上向き加速度 b はいくらか．

（三重大，一部改変）

解 説　巻きつけた糸につり下げられた円板は，回転しながら重心が並進するので，その運動は次の 3 式を組合せて解く．1) 円板の回転運動方程式，2) 重心の並進方程式，3) 糸が滑らない条件式．1), 2) 式は多くの剛体の運動で使われる．

解 答

(1) 糸の張力を T とする．円板に働く力は図 ★1 のようになるので，重心 G の運動方程式は，

$$\underline{Ma = Mg - T.} \tag{17.21}$$

(2) 円板の回転運動方程式は，円板に働く G のまわりの張力 T のモーメントが rT なので，

$$\underline{I\beta = rT.} \tag{17.22}$$

(3) 糸が解けただけ重心が降下するので，a と β の関係 ★2 は，

★1

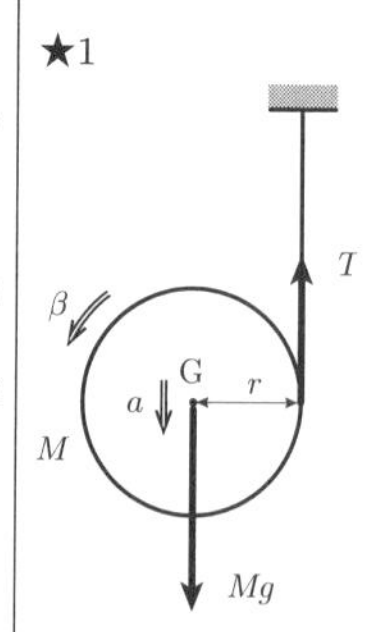

★2 糸が滑らない条件.

$$a = r\beta. \tag{17.23}$$

慣性モーメント I は，

$$I = \frac{1}{2}Mr^2 \tag{17.24}$$

(17.21)〜(17.23)より加速度 a を求めると，

$$a = \frac{Mg}{M + (I/r^2)}.$$

ここに (17.24)を代入して，

$$\underline{a = \frac{2}{3}g} \tag{17.25}$$

張力 T は，(17.25) を (17.21)に代入して，

$$\underline{T = \frac{1}{3}Mg}$$

(4) 図 ★3 のように糸の端を加速度 b で引き上げると，糸のほどけ方について(17.23)の代わりに，

★3

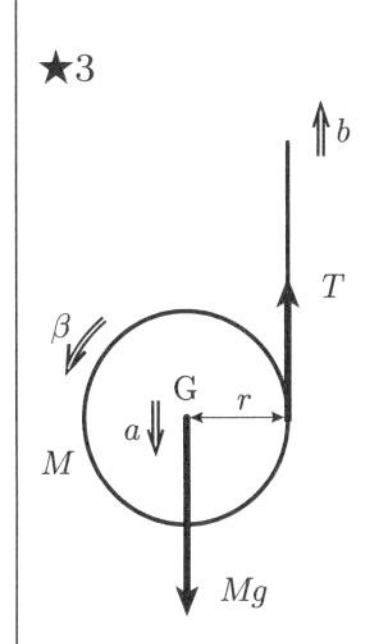

$$r\beta = a + b. \tag{17.26}$$

糸の張力を T として，運動方程式 (17.21)，および (17.22)はそのまま成り立つので，これと (17.26) より a を求めると，

$$a = \frac{Mg - (bI/r^2)}{M + (I/r^2)} = \underline{\frac{2g - b}{3}}. \tag{17.27}$$

上式の最後の変形は, (17.24)を用いた．張力 T は (17.21) と (17.27) から,

$$\underline{T = \frac{1}{3}M(g + b).} \tag{17.28}$$

(5) 重心を静止させるので，(17.27) で $a = 0$ として，$\underline{b = 2g}$ となる．

問題 72　宇宙ステーションへの質点の衝突　標準

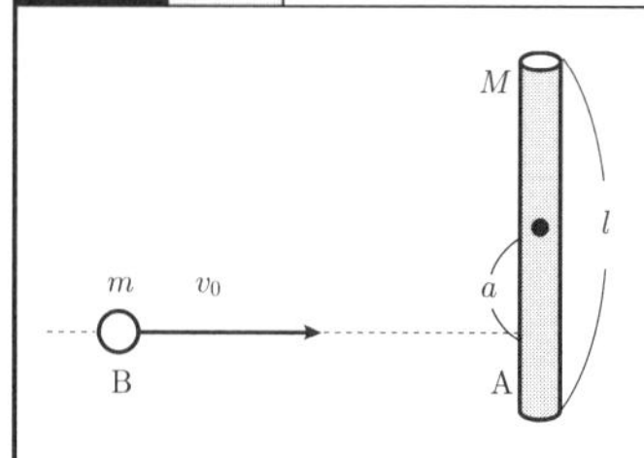

いっさい力の働かない無重力の宇宙空間中に長さ l，質量 M の宇宙ステーション A がある．宇宙ステーションは一様な円筒状剛体棒と考える．図のように重心から距離 a の点に，質量 m，速度 v_0 の質点 B が，棒に垂直に衝突する．衝突後の棒の速度，角速度を求めよ．ただし，反発係数を e とする．また，角速度を最大にする a の値はどれだけか，そのときの角速度はいくらか．（類題，東工大，日本大，他）

解 説　2 物体の衝突問題で，質点に対して衝突相手が剛体の場合である．衝突後，剛体は重心の周りを回転し，重心は等速運動する．衝突問題なので，1) 重心に関する（並進）運動量保存と，2) 回転運動を考えた角運動量保存を用いて解く．

解 答

宇宙ステーションを剛体棒とみなす．剛体棒の慣性モーメントを I，また衝突後の質点の速度を v，剛体棒の重心速度を V，角速度を ω とする．衝突点 P での相対速度 ★1 の比が反発係数なので，P での衝突前後の速度は表のようになる ★2．

よって，反発係数 e は ★3，

$$e = -\frac{\text{（衝突後）相対速度}}{\text{（衝突前）相対速度}} = -\frac{v-(V+a\omega)}{v_0-0} \tag{17.29}$$

となる．

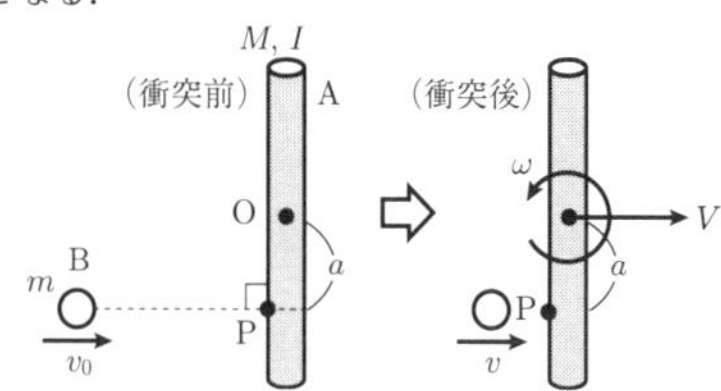

系外からの外力はないので，並進運動について，重心の運動量保存，回転運動について，角運動量保存が成り立つ ★4．

$$\text{並進運動：運動量保存：} mv_0 + 0 = mv + MV \tag{17.30}$$

$$\text{回転運動：角運動量保存：} amv_0 + 0 = amv + I\omega \tag{17.31}$$

(17.29) より，

$$-ev_0 = v - (V + a\omega) \tag{17.32}$$

★1 相対速度とは，B と A の速度の差のことをいう．

★2

	B(m)	A(M)
衝突前	v_0	0
衝突後	v	$V + a\omega$

A の衝突後の P 点の速度は，回転による寄与分 $a\omega$ を加えて $V + a\omega$ とすることに注意．

★3 反発係数については，121 ページ，(10.45)参照．

★4 質点の角運動量は rmv（ここでは $r = a$）．剛体の角運動量は $I\omega$ である．188 ページ，(14.18)，246 ページ，(17.71)参照．

(17.32)，(17.30)，(17.31) より，V を求めると ★5，

$$V = \frac{(1+e)v_0}{1 + \frac{M}{m} + \frac{Ma^2}{I}}.$$

ここで慣性モーメント I は，剛体棒の場合 $I = \frac{1}{12}Ml^2$ なので ★6，

$$V = \frac{(1+e)v_0}{1 + \frac{M}{m} + \frac{12a^2}{l^2}} \tag{17.33}$$

ω は (17.31)から求めた $\omega = \dfrac{ma(v_0 - v)}{I}$ に (17.30)を用いて v を消去して，

$$\omega = \frac{MaV}{I}$$

(17.33)，$I = \frac{1}{12}Ml^2$ を代入して，

$$\omega = \frac{Ma}{\frac{1}{12}Ml^2} \cdot \frac{(1+e)v_0}{1 + \frac{M}{m} + \frac{12a^2}{l^2}} = \frac{12(1+e)v_0}{l^2}\frac{a}{1 + \frac{M}{m} + \frac{12a^2}{l^2}} \tag{17.34}$$

衝突後，宇宙ステーションは ω で重心のまわりを回転し重心は速度 V で等速運動する．角速度 ω を最大にする a の値は，(17.34) で，

$$f(a) = \frac{a}{1 + \frac{M}{m} + \frac{12a^2}{l^2}}$$

とおいて，

$$f'(a) = \frac{1 + \frac{M}{m} - \frac{12a^2}{l^2}}{\left(1 + \frac{M}{m} + \frac{12a^2}{l^2}\right)^2} = 0.$$

より，増減表を用いて ★7，

$$a = \frac{l}{2\sqrt{3}}\sqrt{1 + \frac{M}{m}}. \tag{17.35}$$

角速度 ω の最大値は，(17.35) を (17.34) に代入して ★8，

$$\omega = \frac{\sqrt{3}(1+e)v_0}{l\sqrt{1 + \frac{M}{m}}}$$

★5 v, ω を消去する．

★6 210 ページ，問題 65 (1)

★7

a	0	$\frac{l}{2\sqrt{3}}\sqrt{1+\frac{M}{m}}$	$\frac{l}{2}$
$f(a)$	+		−
$f'(a)$	↗	最大値	↘

★8 v を求めておくと，(17.30) に (17.33) を代入して，

$$v = \left(1 - \frac{1+e}{1 + \frac{m}{M} + \frac{12ma^2}{Ml^2}}\right)v_0$$

(17.35)を用いてさらに計算を進めると，

$$v = \left(1 - \frac{1+e}{2\left(1 + \frac{m}{M}\right)}\right)v_0.$$

問題 73　薄い板の運動　標準

図のような，質量 M，辺の長さが $2a$，b の一様な薄い長方形の板がある．

(1)　一辺（長さ b）に平行な中心軸のまわりの慣性モーメントを求めよ．

(2)　中心軸から c の距離の点に，板面に垂直に力 F を Δt の間与えた．板の得る角速度を求めよ．最初板は静止していたとする．

(3)　このとき，板の得る回転運動エネルギーはいくらか．

解 説　剛体（板）に力積（撃力）を与えると，剛体は回転し重心は等速運動する．前問 72 では，力積を与えるかわりに質点が衝突し，剛体（棒）は回転し重心は等速運動する．物理的内容はどちらも同じである．両方とも衝突問題であるが，物理的見方が異なることを押さえる．

解 答

(1)　図のように x 軸をとる．影をつけた細い帯の部分の質量を dm とすると，板の面積密度を $\rho = M/2ab$ として，$dm = \rho b dx$ となる．この部分の中心軸に関する慣性モーメントは $x^2 dm$，よって板全体の軸に関する慣性モーメントは，

$$I = \int x^2 dm = \int_{-a}^{a} x^2 \rho b dx = \rho b \int_{-a}^{a} x^2 dx$$

$$= \rho b [\frac{1}{3} x^3]_{-a}^{a} = \frac{M}{2a} \cdot \frac{2a^3}{3} = \underline{\frac{Ma^2}{3}}$$

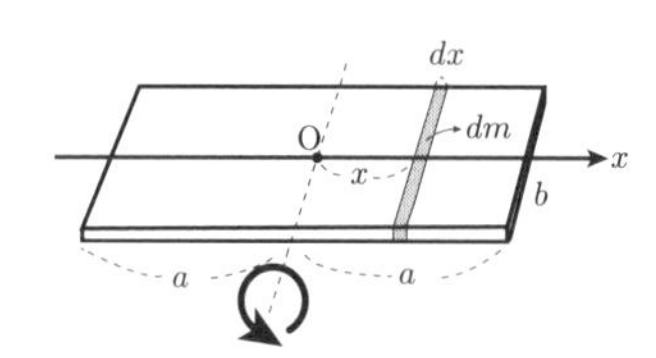

(2)　板に与えられた力積は $F\Delta t$ なので，中心軸に関する力積のモーメントは $cF\Delta t$ となる．板の得る角速度を ω とすると，

角運動量変化＝力積のモーメント，なので，

$$(\Delta L =) I\omega = cF\Delta t$$

（ΔL は板の得る角運動量）．上式から角速度は（1）の結果を用いて，

$$\omega = \frac{cF\Delta t}{I} = \underline{\frac{3cF\Delta t}{Ma^2}}$$

- **角運動量の時間変化率 ＝力のモーメント**

$$\frac{\Delta L}{\Delta t} = N = r \times F$$

である．よって，

$$\Delta L = r \times F\Delta t$$

角運動量変化 ＝力積（撃力）のモーメント

(3) 回転運動エネルギー E は，

$$E = \frac{1}{2}I\omega^2$$

となる．ここに上の結果を代入して，

$$E = \frac{1}{2}\left(\frac{Ma^2}{3}\right)\left(\frac{3cF\Delta t}{Ma^2}\right)^2 = \underline{\frac{3(cF\Delta t)^2}{2Ma^2}}$$

問題 74　剛体振り子　　標準

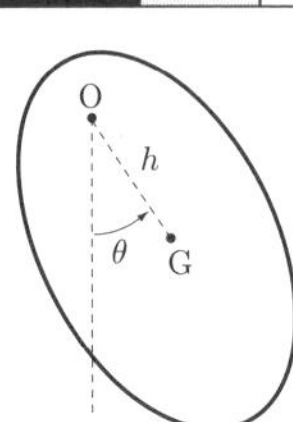

図のように，質量 M，重心 G の剛体の，G のまわりの慣性モーメントを I_G とする．一様な重力を受けた点 O のまわりのこの剛体の運動について考える（剛体振り子という）．O と G の距離を h，OG と鉛直方向のなす角を θ とする．重力加速度を g として以下の問に答えよ．

(1) 点 O のまわりの重力のモーメントを求めよ．

(2) $I_G = MR^2$ とするとき（R を回転半径という），O のまわりの慣性モーメント I を求めよ．

(3) 運動方程式を表し，エネルギー保存を表す関係式を導け．

(4) θ が微小のとき，周期を求めよ．

(5) (4) の周期が最小になるときの h はいくらか．

(6) 鉛直となす角が α で静止した状態から運動をはじめて，$\theta = 0$ になったとき，剛体の角速度はいくらか．　（早稲田大，類題，東工大他）

解説　剛体振り子の運動を考える．剛体なので回転運動方程式を立てて考える．振り子の振れ角が小さければ，運動が単振動になることを押さえる．（加速度）$\propto$（$-$ 変位）になるとき，運動は単振動になる．

解答

(1) 図★1 より重力 Mg の点 O に対する腕の長さは $h\sin\theta$ なので，点 O のまわりの重力のモーメント N は★2，

$$N = \underline{-Mgh\sin\theta} \tag{17.36}$$

(2) 重心 G のまわりの慣性モーメント $I_G = MR^2$ のとき，平行軸定理★3 により，点 O のまわりの慣性モーメント I は，

$$I = I_G + Mh^2 = \underline{M(R^2 + h^2)} \tag{17.37}$$

(3) 振り子の回転運動方程式は★4，

$$I\ddot{\theta} = -Mgh\sin\theta \tag{17.38}$$

(17.37)を代入して，$\underline{M(R^2 + h^2)\ddot{\theta} = -Mgh\sin\theta}$．(17.38)の両辺に $\dot{\theta}$

★1

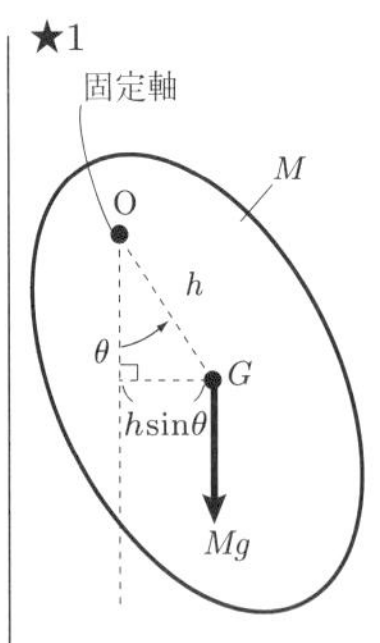

★2 負号は図で N が θ 方向と逆向きに剛体を回そうとするためである．

を乗じて，

$$I\dot{\theta}\ddot{\theta} = -Mgh\sin\theta\,\dot{\theta} \tag{17.39}$$

左辺，右辺の変形のため，$\dfrac{d}{dt}\dot{\theta}^2 = 2\dot{\theta}\ddot{\theta}$，　$\dfrac{d}{dt}\cos\theta = -\sin\theta\,\dot{\theta}$，の関係を用いると，(17.39) は，$\dfrac{1}{2}I\dfrac{d}{dt}\dot{\theta}^2 = Mgh\dfrac{d}{dt}\cos\theta$，両辺を時間 t で積分して ★5，$\dfrac{1}{2}I\dot{\theta}^2 = Mgh\cos\theta + E$　(E は定数)．(17.37)を用いて，

$$\underline{\frac{1}{2}M(R^2+h^2)\dot{\theta}^2 - Mgh\cos\theta = E(\text{一定})} \tag{17.40}$$

(4)　θ が微小のとき，$\sin\theta \simeq \theta$ と近似できる．よって (17.38)は，$I\ddot{\theta} = -Mgh\theta$．この式は単振動の運動方程式である

$$\omega^2 = \frac{Mgh}{I} = \frac{gh}{R^2+h^2}\ \left(\omega = \sqrt{\frac{gh}{R^2+h^2}}\right)$$

とおくと周期 T は，

$$T = \frac{2\pi}{\omega} = \underline{2\pi\sqrt{\frac{R^2+h^2}{gh}}} \tag{17.41}$$

(5)　T を最小にするには，(17.41)で右辺の $\dfrac{R^2+h^2}{h}$ を最小にすればよい．
$f(h) = \dfrac{R^2+h^2}{h}$ とおくと，$f'(h) = \dfrac{h^2-R^2}{h} = 0$．
増減表 ★6 より $h = \underline{R}$ のとき，周期 T は最小になる ★7．

(6)　題意より，$t=0$ で $\theta = \alpha$, $\dot{\theta} = 0$（初期条件 ★8）をエネルギー保存の式(17.40)に代入すると，$E = -Mgh\cos\alpha$ なので，この場合のエネルギー保存則は，

$$\frac{1}{2}M(R^2+h^2)\dot{\theta}^2 - Mgh\cos\theta = -Mgh\cos\alpha$$

求める角速度は，$\theta = 0$ のときの $\dot{\theta}$ の値なので，上式に代入して，

$$\frac{1}{2}M(R^2+h^2)\dot{\theta}^2 - Mgh = -Mgh\cos\alpha$$

$$\therefore\quad \dot{\theta} = \underline{\sqrt{\frac{2gh(1-\cos\alpha)}{R^2+h^2}}} \tag{17.42}$$

★3　平行軸定理

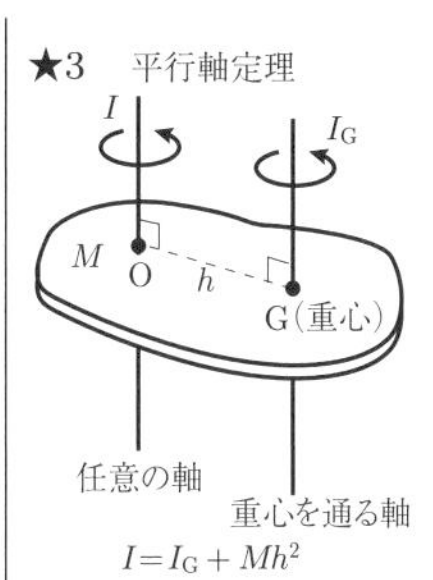

★4 回転運動方程式 $I\ddot{\theta} = N$ で N に(17.36)を用いる．

★5 (17.40)はエネルギー保存を表す式である．第 1 項が運動エネルギー，第 2 項が O を基準にした剛体の位置エネルギーである．この計算のように運動方程式を時間積分してエネルギー保存則を導くことをエネルギー積分という．参照：98 ページ, TeaTime エネルギー積分

★6

h	0		R	
$f'(h)$		$-$		$+$
$f(h)$		↘		↗

★7 最小値は $T = 2\pi\sqrt{\dfrac{2R}{g}}$

★8 この初期条件で小問 (4) の，$I\ddot{\theta} = -Mg\theta$ の解を求めると，$\theta = A\cos\omega t + B\sin\omega t$（$A$，$B$ は定数)，初期条件を $t=0$ で i) $\theta = \alpha$，ii) $\dot{\theta} = 0$ として i) より $A = \alpha$，ii) より $B = 0$，ここから解は，$\theta = \alpha\cos\omega t\left(\omega = \sqrt{\frac{gh}{R^2+h^2}}\right)$

問題 75 一様な棒の落下運動 標準

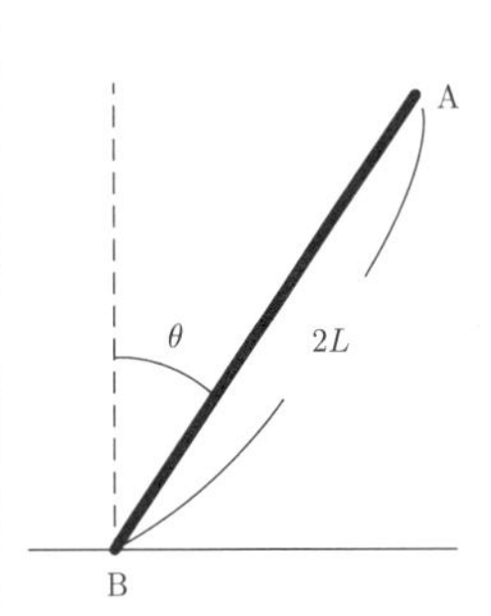

長さ $2L$，質量 M の一様な棒の端 B が水平で滑らかな床の上に置かれている．運動を始める前の B を原点として，水平右向きに x 座標，鉛直上向きに y 座標をとり，棒が鉛直方向となす角を θ とする．棒が $\theta = \alpha$ で静止した状態から運動を始める場合について，以下の問いに答えよ．動力加速度を g とし，棒の太さは無視できるものとする．

(1) 端 B で床から働く抗力を R として，棒の x 方向，y 方向および回転の運動方程式を書け．

(2) エネルギー保存則より，重心 G の回りの角速度 $\dot{\theta}$ を $\theta(> \alpha)$ の関数として求めよ．

(3) 端 A が床につく瞬間の G の回りの角速度と，A の速度を水平方向，鉛直方向についてそれぞれ求めよ．（新潟大）

解説 棒に働く力は，抗力と重力で，どちらも鉛直方向を向く．床に摩擦が無い場合，重心は鉛直方向に落下する．同時に棒は重心を中心とする円運動を行う．

解答

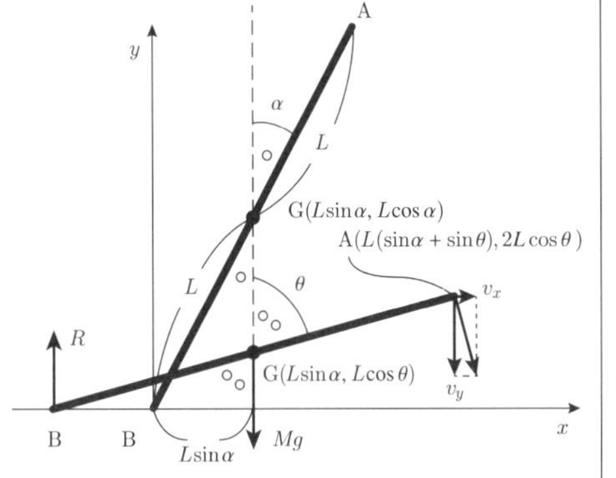

(1) 棒に働く力は抗力 R と重力で，どちらも鉛直方向で，水平成分を持たないので，重心 G は鉛直下方に動く．
x, y 方向の G の運動方程式は，x, y 方向の加速度が $\ddot{x}, \ddot{y}$ なので，

$$\underline{M\ddot{x} = 0} \tag{17.43}$$

$$\underline{M\ddot{y} = R - Mg} \tag{17.44}$$

同時に棒は G の回りに回転する．G を通る軸の回りの慣性モーメント I は，

$$I = \frac{1}{3}ML^2 \text{★1} \tag{17.45}$$

★1 210 ページ (16.3)参照，ここでは棒の長さが $2L$ なので，$I = \frac{1}{3}ML^2$ となる．

回転運動方程式は

$$I\ddot{\theta} = \underline{\frac{1}{3}ML^2\ddot{\theta} = RL\sin\theta} \tag{17.46}$$

(2) G の y 座標は，最初 $y = L\cos\alpha$，傾きが θ のときに $y = L\cos\theta$ である．エネルギー保存則は，G の速度を v_G として，

$$MgL\cos\alpha = \frac{1}{2}M{v_G}^2 + \frac{1}{2}I\dot{\theta}^2 + MgL\cos\theta$$

G は鉛直方向に動くので，速度 $v_G = \dot{y}$ より，

$$\frac{1}{2}M\dot{y}^2 + \frac{1}{2}I\dot{\theta}^2 = MgL(\cos\alpha - \cos\theta) \tag{17.47}$$

$\dot{y} = \frac{d}{dt}(L\cos\theta) = -L\sin\theta\cdot\dot{\theta}$ を代入して，

$$\frac{1}{2}ML^2\sin^2\theta\cdot\dot{\theta}^2 + \frac{1}{2}I\dot{\theta}^2 = MgL(\cos\alpha - \cos\theta)$$

$$\therefore \quad \dot{\theta}^2 = \frac{2MgL(\cos\alpha - \cos\theta)}{ML^2\sin^2\theta + I}$$

I に (17.45)を代入して整理すると，

$$\underline{\dot{\theta} = \sqrt{\frac{6g(\cos\alpha - \cos\theta)}{L(3\sin^2\theta + 1)}}} \tag{17.48}$$

(3) 端 A が床につく瞬間の角速度は，(17.48)に $\theta = \frac{\pi}{2}$ を代入して，

$$\underline{\dot{\theta} = \sqrt{\frac{3g\cos\alpha}{2L}}} \tag{17.49}$$

端 A の座標は角 θ のとき，$A(L(\sin\alpha + \sin\theta), 2L\cos\theta)$ なので，A の速度は，$\theta = \frac{\pi}{2}$ より，

水平方向 $\cdots v_x = \frac{d}{dt}(L(\sin\alpha + \sin\theta)) = L\cos\theta\cdot\dot{\theta} = \underline{0}$

鉛直方向 $\cdots v_y = \frac{d}{dt}(2L\cos\theta) = -2L\sin\theta\cdot\dot{\theta}$

(17.49)を用いて，

$$v_y = -2L\sqrt{\frac{3g\cos\alpha}{2L}} = \underline{-\sqrt{6Lg\cos\alpha}}$$

問題 76 虫をのせた円板の運動 発展

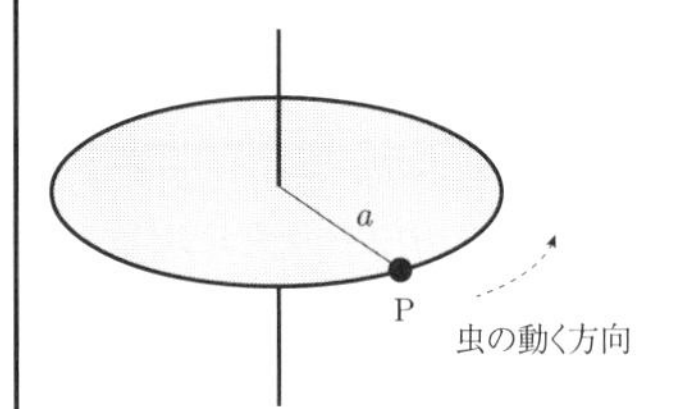

中心軸に沿って自由に回転できる質量 M，半径 a の一様な円板があり，その周上に質量 m の虫が止まっている．最初円板と虫は空間に対して静止していたが，虫が縁に沿って反時計回りに動きだした．はじめに虫のいた円周上に固定した位置を P として，以下の設問に答えよ．ただし，円板の中心を通り円板に垂直な軸のまわりの慣性モーメントは $I_0 = \dfrac{1}{2}Ma^2$ である．

(1) 虫が点 P から円周上を中心角 Φ 回ったとき，円板は空間に対して角度 θ 回ったとする．虫が空間に対して固定軸のまわりに回転した角度を，θ の向きを定義して Φ と θ を用いて表せ．

(2) 虫が動いているときは虫，円板ともに角運動量を持つ．虫の角運動量ベクトル ($\boldsymbol{L}_1$) と円板の角運動量ベクトル ($\boldsymbol{L}_2$) それぞれについて，設問と同様の図を描き，向きを記述せよ．

(3) このときの虫の角運動量ベクトル ($\boldsymbol{L}_1$) と円板の角運動量ベクトル ($\boldsymbol{L}_2$) の大きさを求めよ．

(4) 虫が円周を 1 周したとき，円板はどれだけ回転するか角度を答えよ．ただしはじめは $\theta = 0, \Phi = 0$ とする．

(5) 虫が板に対して速さ v で動くとき，板の角速度はいくらか．

（筑波大，一部追加）

解 説 虫が動くと，円板は反動で逆向きに回る．この間に，外力（のモーメント）が働かなければ，虫と円板の角運動量の和（全角運動量）が保存する（角運動量保存則）．虫の動く方向（反時計回り）を正とすると，虫の角運動量成分は $ma^2\dot{\phi}$，円板の角運動量成分は $-I_0\dot{\theta}$ なので，角運動量保存則は $ma^2\dot{\phi} + (-I_0\dot{\theta}) = 0$ である．ϕ は虫が空間に対して回った角とする．

解 答

(1) 虫が円板上を回ると，反動で円板は逆向きに回る．図★1 のように，それぞれの角について定める．

★1

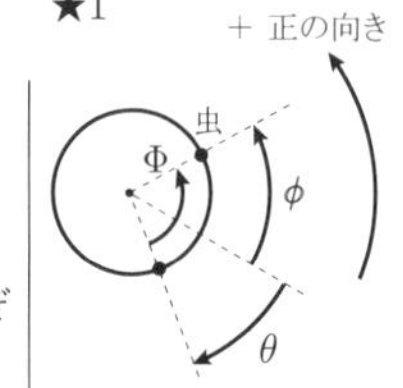

ϕ ・・・ 虫が空間に対して回った角
Φ ・・・ 虫が円板に対して回った角
θ ・・・ （虫の動きの反動で）円板が空間に対して回った角

角 Φ の向きを正（すなわち上から見て反時計回りを正），θ の向きを負として，虫が空間に対して回った角 ϕ は，

$$\phi = \underline{\Phi - \theta} \tag{17.50}$$

(2) 虫の角運動 $\boldsymbol{L_1}$ の向きは，虫の回る向きに右ねじを回すと，ねじは鉛直上方に進むので，鉛直上向き である．$\boldsymbol{L_2}$ の向きは，円板が反動で，虫の回る向きと逆向きに回る．同じ向きに回す右ねじは鉛直下方に進むので，鉛直下向きである（図）★2．

(3) 角運動量★3 $\boldsymbol{L_1}$ の大きさ $|\boldsymbol{L_1}|$ は虫の運動量が $p = m \times a\dot{\phi} = ma\dot{\phi}$ なので

$$|\boldsymbol{L_1}| = a \cdot (ma\dot{\phi}) \sin 90^\circ = \underline{ma^2\dot{\phi}} \tag{17.51}$$

角運動量 $\boldsymbol{L_2}$ の大きさ $|\boldsymbol{L_2}|$ は，円板の慣性モーメントが $I_0 = \frac{1}{2}Ma^2$ なので，

$$|\boldsymbol{L_2}| = I_0\dot{\theta} = \underline{\frac{1}{2}Ma^2\dot{\theta}} \tag{17.52}$$

(4) 虫と円板に外力（によるモーメント）が働かないので角運動量保存則が成り立つ．はじめ虫，円板は静止していたので，

$$0 = \boldsymbol{L_1} + \boldsymbol{L_2} \tag{17.53}$$

上式を (17.51)，(17.52) より成分表示すると，**反時計回りを正**としているので，$0 = ma^2\dot{\phi} + (-I_0\dot{\theta})$．(17.50) の両辺を t で微分して，$\dot{\phi} = \dot{\Phi} - \dot{\theta}$．

$$\therefore \quad ma^2(\dot{\Phi} - \dot{\theta}) - I_0\dot{\theta} = 0, \quad \therefore \quad \dot{\theta} = \frac{ma^2}{I_0 + ma^2}\dot{\Phi}$$

よって円板の回転角は，

$$\theta = \int \dot{\theta} dt = \int \frac{ma^2}{I_0 + ma^2}\left(\frac{d\Phi}{dt}\right) dt = \frac{ma^2}{I_0 + ma^2}\int d\Phi$$
$$= \frac{ma^2}{I_0 + ma^2}\Phi + C \qquad (C \text{ は定数})$$

初期条件は，$t = 0$ で $\phi = \Phi = \theta = 0$ なので，上式に代入して C を決めると，$C = 0$．よって，$\theta = \dfrac{ma^2}{I_0 + ma^2}\Phi$ となり，虫が円板上を一周したとき，$\Phi = 2\pi$ なので，$I_0 = \dfrac{1}{2}Ma^2$ より，

$$\theta = \frac{ma^2}{I_0 + ma^2} \cdot 2\pi = \underline{\frac{4\pi m}{M + 2m}}$$

(5) $v = a\dot{\Phi}$ より，$\dot{\Phi} = \dfrac{v}{a}$ を，(4) の $\dot{\theta} = \dfrac{ma^2}{I_0 + ma^2}\dot{\Phi}$ 式に代入して，

$$\dot{\theta} = \frac{mav}{I_0 + ma^2} = \underline{\frac{2mv}{(M + 2m)a}}$$

★2

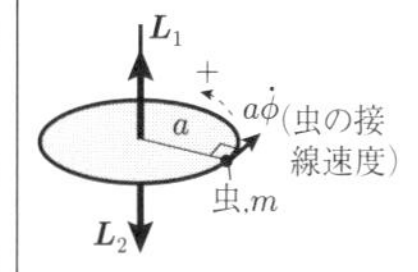

★3 角運動量の大きさは，
1) 質点の場合，$L = rmv \sin\alpha = rp \sin\alpha$（$\alpha$ は r と v のなす角）
2) 剛体の場合，$L = I\omega = I\dot{\theta}$
であることを押さえる．参照：1) 188 ページ，(14.18)，2) 246 ページ，(17.71)

問題 77　斜面を昇る円盤　標準

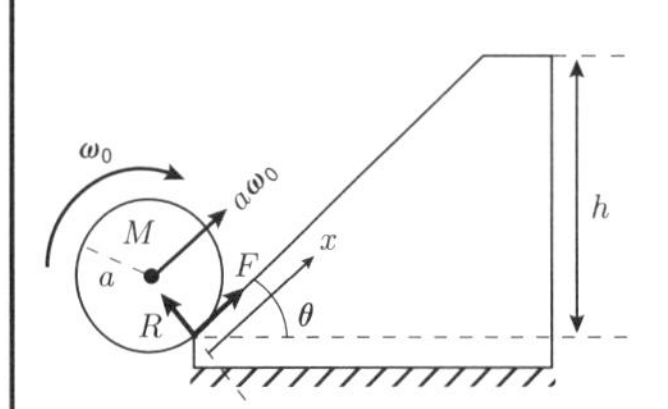

半径 a，質量 M の密度の一様な剛体円盤が，紙面に垂直な重心軸まわりに初期角速度 ω_0（斜面を昇る方向を正とする．$\omega_0 \geqq 0$）で回転している．これを，図のように水平面となす角 θ の粗い斜面（地面に固定．静止摩擦係数 μ）に，円盤重心の初速度 $a\omega_0$ で静かに接地させた．　上昇時にすべりが生じない斜面の摩擦係数条件および円盤が接触点から高さ h まで昇るための初期角速度 ω_0 を求めたい．以下の文章の 10 個の空欄に入る数式を答えよ．

円盤の重心の移動距離 x（最初の接触位置を $x = 0$）を斜面に沿って上方に定義する．円盤重心の加速度を $\ddot{x}$，摩擦力を F，円盤の角加速度を $\dot{\omega}$，円盤の慣性モーメントを I，　重力速度を g とすると，円盤の運動方程式は，

重心並進：　（　　　　1　　　　）　(1)

回転　　：　（　　　　2　　　　）　(2)

となる．

円板の重心速度を $\dot{x}$，角速度を ω とすると，円盤が斜面とすべらない条件は（　　3　　）となり，これを時間微分すると（　　4　　）となる．また，円盤の慣性モーメントは $I =$（　　5　　）であり，これらを (1)，(2) に代入して $\ddot{x}$ を消去すると $F =$（　　6　　）となる．

ところで，摩擦力によってすべりが生じない条件は，$F \leqq \mu R$ となることである．斜面の垂直抗力 R は $R =$（　　7　　）で，摩擦力は μR である．したがって (6)，(7) より μ が満たすべき条件は（　　8　　）と言える．

次に，h まで昇ったときに重心速度および角速度がちょうどゼロになる条件を考える．接触直後と h まで昇ったときの間でエネルギーが保存されることから，エネルギー保存則は慣性モーメント I を用いて（　　9　　）となる．

以上より初期角速度 ω_0 は $\omega_0 =$（　　10　　）より大きい必要があるといえる．

（筑波大）

解説　円盤が斜面を上昇するとき，円板に働く摩擦力は斜面上向きになる．この力により円盤は斜面を上昇できる．上向きでなければ円盤は斜面を昇れない．

この問いは，円盤が上昇する → 高さが変わる → 位置エネルギーが変わる → エネルギー保存則で解く，と考えてゆく．

解答

(1) 図より，重心の（並進）運動方程式は，x 軸方向に注意して，$M\ddot{x} = F - Mg\sin\theta$ となる★1．

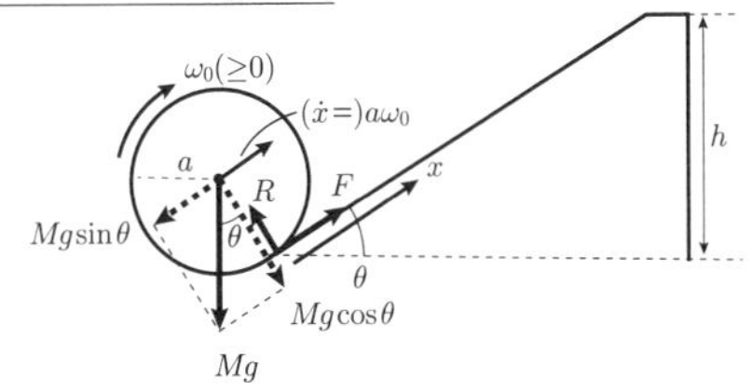

(2) 円盤の回転運動方程式 $I\beta = N$ は，問より $\beta = \dot{\omega}$，$N = -aF$ より，

$I\dot{\omega} = -aF$

(3) 滑らない条件 $v = r\omega$ は，$v = \dot{x}$，$r = a$ より，

$$\dot{x} = a\omega \tag{17.54}$$

(4) (17.54)を t で微分すると，$\ddot{x} = a\dot{\omega}$ ★2

(5) $I = \frac{1}{2}Ma^2$. となる★3．

(6)

$$F = \frac{1}{3}Mg\sin\theta. \tag{17.55}$$

(7) 斜面鉛直方向のつり合いより，

$$R = Mg\cos\theta. \tag{17.56}$$

(8) $F \leqq \mu R$ に (17.55)，(17.56)を用いて，$\mu \geqq \frac{1}{3}\tan\theta$ となる．

(9) エネルギー保存則は，最下点での円盤重心の運動エネルギーは $\frac{1}{2}M(a\omega_0)^2$，回転運動エネルギーは $\frac{1}{2}I{\omega_0}^2$，重心が h だけ上昇したときの位置エネルギーは Mgh なので，

$$\frac{1}{2}M(a\omega_0)^2 + \frac{1}{2}I{\omega_0}^2 = Mgh$$

(10) 上式より ω_0 を求めて，

$$\omega_0 = \sqrt{\frac{2Mgh}{Ma^2 + I}}$$

★1 加速度 a は，$a = \frac{dv}{dt} = \frac{d^2x}{dt^2} = \dot{v} = \ddot{x}$ で，条件によって使い分ければよい．

★2 ドット表記，$\ddot{x} = a\dot{\omega}$ は，$\frac{d^2x}{dt^2} = a\frac{d\omega}{dt}$ のことである．

★3 210 ページ，問題 65 (2) に同じ

問題 78　撃力を加えられた球の運動 1　発展

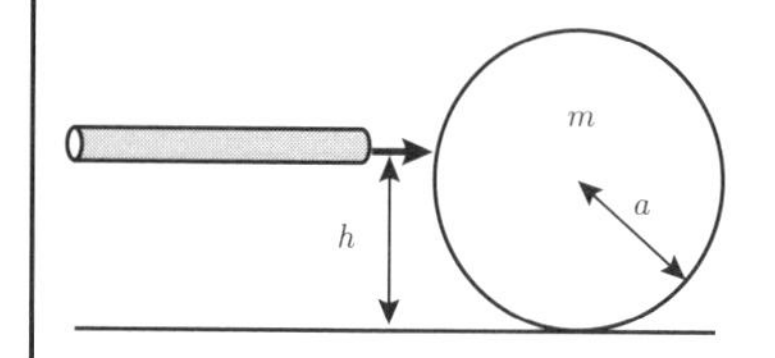

水平面上においた，半径 a，質量 m の一様な球に，中心を含む鉛直面内で，面から高さ h の位置に水平に撃力を加えると，球が運動をはじめた．このときの球の運動に関して，次の (1)，(2) の問いに答えよ．ただし，面と球の間のすべりの摩擦係数を μ，重力加速度を g とする．

(1)　球の運動に関する以下の記述の（　ア　）〜（　ケ　）にあてはまる式を答えよ．

時間 $t_1 \sim t_2$ に撃力として作用した力を $F(t)$ とすると，力積は（　ア　）で表せる．撃力の作用した時間がきわめて短く，摩擦力の力積は無視できるものとし，力積を（　ア　）$= J$ と置くと，球の重心は速度 $v_0 =$（　イ　）で動き出す．球の重心に対する力のモーメントは，撃力によるモーメントを（　ウ　），摩擦力によるモーメントを（　エ　）と表せるので，球の慣性モーメントを I，球の回転の角速度を ω とすると，以下の式が成り立つ．

（　オ　）=（　ウ　）−（　エ　）　(A)

上式を，時間 $t_1 \sim t_2$ で積分すると，球は角速度 $\omega_0 =$（　カ　）で回転し出すことがわかる．

（筑波大）

解 説　水平方向に力を加えられた球の運動を，**“角運動量変化＝力積のモーメント”**の関係（247 ページ参照）を用いて解く．本問の具体例として，ビリヤードが思い浮かぶ．球を突くスティックの位置により，球はさまざまな運動を起こす．いったん前進した球を後方に転がすこともできる．この運動を力学的に論じたものである．

解 答

(1)（ア）

$$力積 = \underline{\int_{t_1}^{t_2} F(t)dt} = J \qquad (17.57)$$

（イ）力積＝球の運動量変化，より，

$$J = mv_0 - 0 \qquad \therefore \quad v_0 = \underline{\frac{J}{m}} \tag{17.58}$$

（ウ）撃力によるモーメントは $\underline{F(t)\,(h-a)}$ となる ★1 .

（エ）摩擦力は μmg なので，摩擦力によるモーメント $= \underline{\mu mg\, a}$

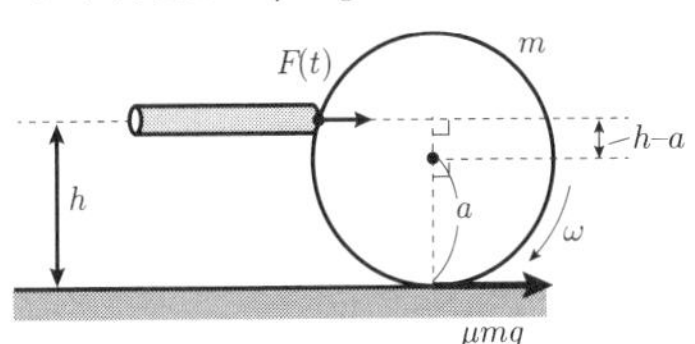

（オ）球の回転運動方程式 $I\beta = N$ で，角加速度 $\beta = \dfrac{d\omega}{dt}$，力のモーメント $N = F(t)\,(h-a) - \mu mg\,a$ なので，問の (A) 式は，

$$I\frac{d\omega}{dt} = F(t)\,(h-a) - \mu mg\,a \tag{17.59}$$

よって，$\underline{I\dfrac{d\omega}{dt}}$

（カ）(17.59) の両辺を時間 t_1〜t_2 で積分すると，

$$\begin{aligned} &I\int_{t_1}^{t_2} \frac{d\omega}{dt}dt \\ =&(h-a)\int_{t_1}^{t_2} F(t)dt - \mu mg\,a\int_{t_1}^{t_2} dt \end{aligned} \tag{17.60}$$

設問より摩擦力による力積は無視できるとしているので，上式右辺第 2 項は無視できる．右辺第 1 項に (17.57)を用いると，

$$I\int_{t_1}^{t_2} d\omega = (h-a)J \qquad \therefore \quad I\,[\omega]_{t_1}^{t_2} = (h-a)J$$

初期条件は時刻 t_1 で $\omega = 0$ ，t_2 で $\omega = \omega_0$ なので ★2 ，

$$I(\omega_0 - 0) = (h-a)J \qquad \therefore \quad \omega_0 = \underline{\frac{J(h-a)}{I}} \tag{17.61}$$

★1 203 ページ参照.（撃力によるモーメント）＝（撃力）×（腕の長さ）で，腕の長さ（中心と撃力を与えた位置との高さの差）が $h-a$ なので，$F(t)(h-a)$ になる．

★2 (17.61)は角運動量変化＝力積モーメントを示す．247 ページ，(17.77)参照.

問題 79 撃力を加えられた球の運動 2 発展

球の慣性モーメントは，$I =$（ キ ）であるので，水平面に接する球表面の回転による速さ $a\omega_0$ は，以下の式で表せる．

$$a\omega_0 = (\quad ク \quad) \quad (\mathrm{B})$$

中心速度は v_0 なので，球が水平面に対してすべる速さは，以下の式で与えられる．

$$v_0 - a\omega_0 = (\quad ケ \quad) \quad (\mathrm{C})$$

(2) 上述の (C) 式にもとづき，撃力を受けた後の球の運動を，撃力の高さ h により 3 つに場合分けして，定性的に記述せよ．ただし，転がりの抵抗力はすべりの摩擦力より十分小さいものとする．（筑波大）

解答

（キ）慣性モーメント I は，

$$I = \underline{\frac{2}{5}ma^2} \tag{17.62}$$

となる★1．

★1 210 ページ，問題 65 (3) に同じ．

（ク）(17.61)より，$a\omega_0 = a\dfrac{J(h-a)}{I}$ となる．(17.62) を代入して，

$$a\omega_0 = \underline{\frac{5J(h-a)}{2ma}}. \tag{17.63}$$

（ケ）球が角速度 ω_0 で回転しだしたときの重心速度を v_0 とする．v_0 と同じ速度で動く人から見ると，水平面が逆方向に v_0 で動いて見える（下図）．球の平面との接触点での速さは $a\omega_0$ であるので，その差が球が面に対して滑る速さ $v_0 - a\omega_0$ になる．(17.58)，(17.63)より，

$$v_0 - a\omega_0 = \frac{J}{m} - \frac{5J(h-a)}{2ma} = \underline{\frac{(7a-5h)J}{2ma}} \tag{17.64}$$

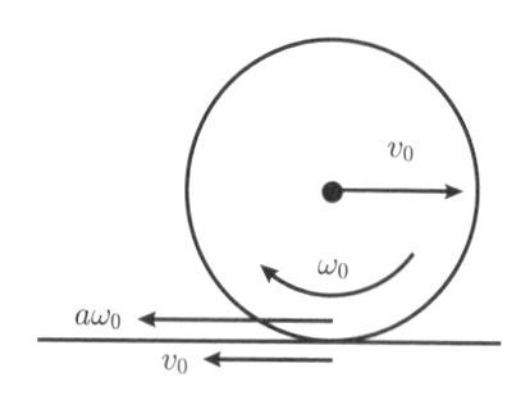

(2) (17.64)より，

i) $h = \dfrac{7}{5}a$ のとき，$v_0 = a\omega_0$ で，球は滑らず重心速度 v_0 で転がり始める．

ii) $h > \dfrac{7}{5}a$ のとき，$v_0 < a\omega_0$ で，接触点で球の滑りは後方を向き．動摩擦力 μmg は前方を向く．球は重心初速度 v_0 で滑りながら転がり始める★2．

★2 ビリヤードを例にすると，$v_0 < a\omega_0$ なので，球がスリップしながら回転し，前進するイメージである．

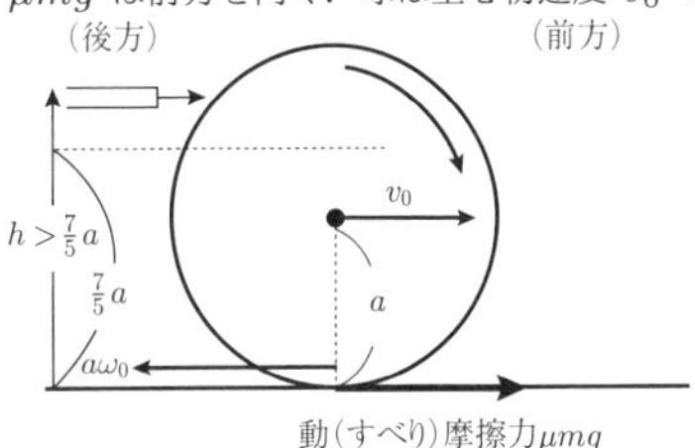

$v_0 < a\omega_0$,　$h > \frac{7}{5}a$

iii) $h < \dfrac{7}{5}a$ のとき，

$v_0 > a\omega_0$ で，この場合 2 通りに分けられる．

a) $a < h < \dfrac{7}{5}a$ のとき：

球の回転の向きは図のようで，接触点で球の滑りは前方で動摩擦力は後方を向く．球は重心初速度 v_0 で滑りながら転がり始める★3．

★3 $v_0 > a\omega_0$ なので，球がスリップしながらゆっくり回転し，前進するイメージである．

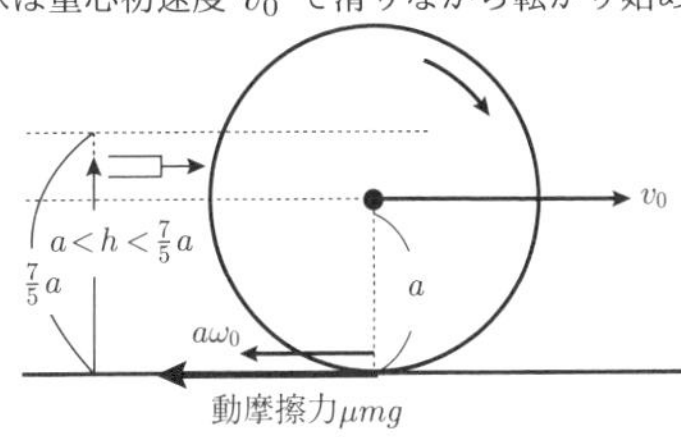

$v_0 < a\omega_0$,　$a < h < \frac{7}{5}a$

b) $0 < h < a$ のとき：

(17.61)で $\omega_0 < 0$ となることから，球の回転は上記と逆向きで，重心は前進し，動摩擦力は後方を向く．この場合滑りが止まった後，球は後方へ転がる★4．

★4 球は逆向きに回転し，スリップしながら前進，その後いったん停止してから後方へ戻るイメージである．

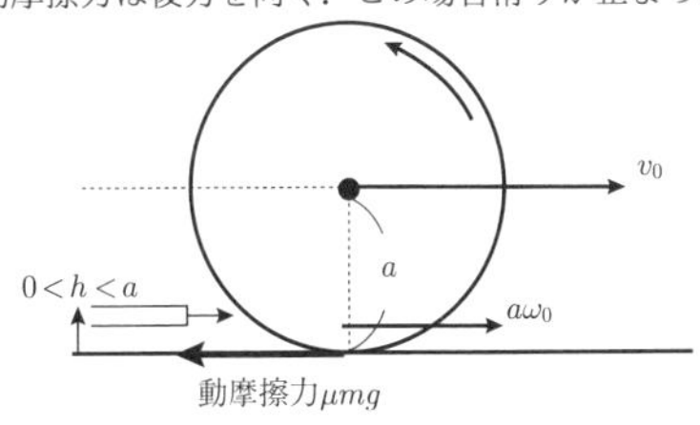

$v_0 > a\omega_0$,　$0 < h < a$

・定性的な記述には限度がある．球の運動方程式，
並進：$m\dot{v} = \pm\mu mg$（符号は μmg の向きによる）
回転：$I\dot{\omega} = \pm\mu mga$（符号は μmga の寄与の正負方向による）
を解いて定量的に論ずることができる．

問題 80 段差を乗り越える円筒 1 標準

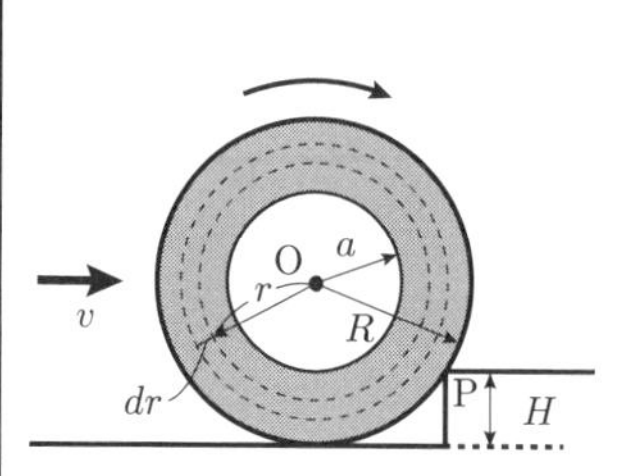

質量 M，内径 a，外径 R，中心軸 O の一様な円筒が，速度 v で平面上を滑りなく転がり，高さ $H\,(0 < H < R)$ の段差を，かど部で接触を失わず，滑りなく乗り越える．重力加速度を g とする．以下の(ア)〜(コ)に入る適切な文字式を答えなさい．

(1) 円筒内部のある半径 r の位置における，微小幅 dr の円筒（破線で示す円）の質量 dM は，円筒の奥行き長さを L とすると密度は $M/\pi(R^2 - a^2)L$ となるので，$dM =$（　ア　）と表すことができる．この dM の中心軸まわりの慣性モーメント dI_0 は，dM と r を用いて $dI_0 =$（　イ　）と表される．したがって，中心軸 O 周りの円筒全体の慣性モーメント I_0 は，dI_0 を a から R まで積分することにより，$I_0 = M(R^2 + a^2)/2$ と求められる．一方 dM 内の任意の微小質点の質量を dm とすると，dm のもつ回転運動のエネルギー dT は，dm の速度を w，角速度を ω_0 とおくと $w = r\omega_0$ であるから，dm, r, ω_0 を使って $dT =$（　ウ　）と記述できる．これより，この円筒の回転による運動エネルギー T は，dT を円筒全体で積分することにより，I_0 および ω_0 を使って $T =$（　エ　）と表すことができる．（神戸大）

解説 円筒が段差 P で衝突すると，P で円筒に撃力が作用するが，P のまわりで（腕の長さ（203 ページ，(15.30)）が 0 となるため）撃力のモーメントは受けない．衝突前後で角運動は保存する．

解答

(ア) 円筒の体積密度は，$\rho = \dfrac{M}{\pi(R^2 - a^2)L}$ となる．微小幅 dr の円筒の体積は，円筒の底面のリングの面積が $2\pi r \times dr$ なので $2\pi r \times dr \times L$ となる．よって，

$$dM = \rho \cdot 2\pi r dr L = \underline{\frac{2Mr}{R^2 - a^2} dr}$$

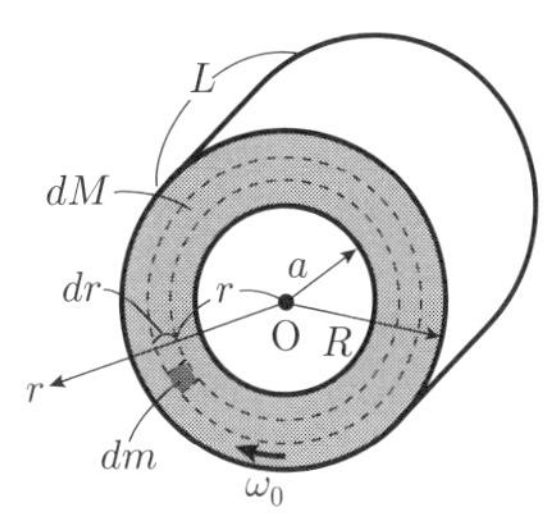

(イ) 慣性モーメントの定義 ★1 より，

$$dI_0 = dM\,r^2 = \underline{\frac{2M}{R^2 - a^2}\,r^3 dr.}$$

★1 214 ページ，(16.12)参照.

• I_0 を求めると，

$$I_0 = \int dI_0 = \int_a^R \frac{2M}{R^2 - a^2} r^3 dr = \frac{2M}{R^2 - a^2}\left[\frac{1}{4}r^4\right]_a^R$$
$$= \frac{M}{2(R^2 - a^2)}(R^4 - a^4) = \frac{1}{2}M(R^2 + a^2)$$

である.

(ウ) $w = r\omega_0$ なので，

$$dT = \frac{1}{2}dm\,w^2 = \underline{\frac{1}{2}dm\,r^2{\omega_0}^2.}$$

(エ) 上式を円筒全体で積分して，

$$T = \int \frac{1}{2}dm\,r^2{\omega_0}^2 = \frac{1}{2}{\omega_0}^2 \int dm\,r^2.$$

ここで $\int dm\,r^2$ は ★2 円筒全体の積分なので，円筒全体の慣性モーメント I_0 に等しい．よって，

★2 214 ページ，(16.12)参照.

$$T = \underline{\frac{1}{2}I_0{\omega_0}^2}\text{★3}$$

★3 247 ページ（17.78）剛体の回転運動エネルギー，になる.

問題 81 段差を乗り越える円筒 2 発展

問題 80 に続き，

(2) 円筒は段差に衝突後，辺 P を軸として角速度 ω_P で回転運動を始める．このとき，辺 P まわりの慣性モーメント I_P は，平行軸の定理から $I_P = I_0 +$（ オ ）と記述できる．また，辺 P に衝突する前後では，辺 P まわりにおいて（ カ ）$= I_P\omega_P$ で表される角運動量保存の関係式が成り立つ．したがって，辺 P まわりの角速度 ω_P は，円筒の内外径 a および R，段差の高さ H，速度 v を使って $\omega_P =$（ キ ）と表すことができる．

(3) この段差を乗りこえるために必要な円筒の速度 v の条件を求めたい．この段差を乗り越えるためには，衝突後，辺 P を回転軸とする回転運動の運動エネルギー $E_K =$（ ク ）が，段差を乗り越えたあとに増加する位置エネルギー $E_P =$（ ケ ）より大きくなければならない．したがって，$E_K \geqq E_P$ の関係となることから，段差を乗り越えるために必要な円筒の速度 v の条件は円筒の内外径 a，および R，段差の高さ H，重力加速度 g を用いて $v \geqq$（ コ ）と表すことができ，円筒の質量には無関係となることがわかる． （神戸大）

解答

(オ) 平行軸定理から ★1 P のまわりの円筒の慣性モーメント I_P は，中心のまわりの慣性モーメント I_0 を用いて，

★1 214 ページ (16.13)参照.

$$I_P = I_0 + \underline{MR^2} \tag{17.65}$$

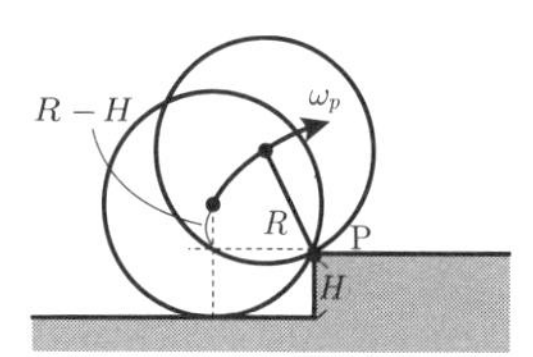

(カ) P のまわりの角運動量保存は，衝突前の角運動量が次ページの図より重心の並進運動による角運動量と，中心 O のまわりの回転による角運動量の和なので，

$$Mv(R-H) + I_0\omega_0$$

となる．よって，衝突前後の P のまわりの角運動量保存は，

$$\underline{Mv(R-H) + I_0\,\omega_0} = I_p\omega_p \tag{17.66}$$

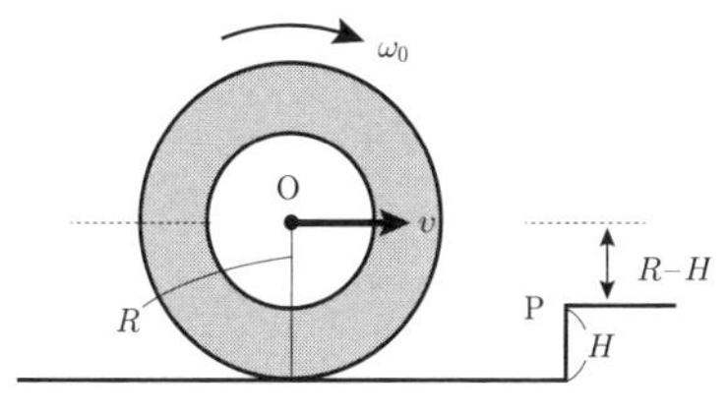

(キ) I_0 は問より,

$$I_0 = \frac{1}{2}M(R^2 + a^2). \tag{17.67}$$

また上図より

$$v = R\omega_0. \tag{17.68}$$

(17.66)より,

$$\omega_p = \frac{Mv(R-H) + I_0\omega_0}{I_p}$$

(17.65), (17.67), (17.68)から $\omega_0 = v/R$ を代入して

$$\omega_P = \frac{(3R^2 + a^2 - 2RH)v}{(3R^2 + a^2)R}. \tag{17.69}$$

(ク) 円筒の辺 P のまわりの回転運動エネルギー E_K は,

$$E_K = \frac{1}{2}I_P\,{\omega_P}^2.$$

(ケ) $E_P = MgH.$
(コ) $E_K \geqq E_P$ より,

$$\frac{1}{2}I_P\,{\omega_P}^2 \geqq MgH. \tag{17.70}$$

a, R, H, g を用いて v の条件を求めると, (17.65), (17.67), および (17.69) を (17.70) に用いて,

$$\frac{1}{2}(\frac{1}{2}M(R^2 + a^2) + MR^2)(\frac{3R^2 + a^2 - 2RH}{(3R^2 + a^2)R}v)^2 \geqq Mgh$$

$$\therefore \frac{1}{4}(3R^2 + a^2)(\frac{3R^2 + a^2 - 2RH}{(3R^2 + a^2)R}v)^2 \geqq gH$$

$$v \geqq \frac{2R\sqrt{(3R^2 + a^2)gH}}{3R^2 + a^2 - 2RH}$$

Tea Time ……… 剛体の角運動量

剛体が角速度 ω で固定軸の回りを回転することを考える．剛体を微小部分に分けて考え，質量 m_1 と軸との距離を r_1 とすると，微小部分は質点とみなせるので，m_1 の角運動量の大きさは 188 ページ (14.18) 式で $\theta = 90°$ として $l = rp$ より

$$l_1 = r_1 p_1 = m_1 {r_1}^2 \omega \quad (p_1 = m_1 v_1 = m_1 r_1 \omega \text{より})$$

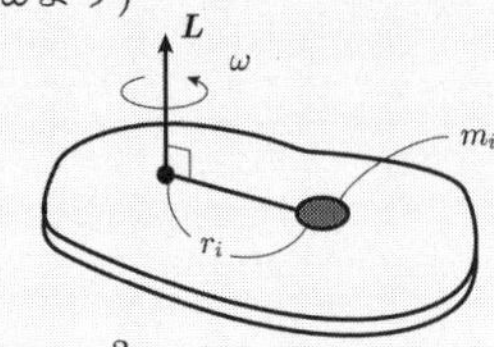

同様に，各微小部分は剛体なので同じ角速度で回転するので，$l_2 = m_2 {r_2}^2 \omega, \quad \cdots \quad l_i = m_i {r_i}^2 \omega$ となる．すべてを加え合わせて，剛体の角運動量 L は，

$$L = (m_1 {r_1}^2 + m_2 {r_2}^2 + \cdots + m_i {r_i}^2)\omega = \sum_i m_i {r_i}^2 \omega.$$

ここで $I = \sum_i m_i {r_i}^2$ と書くと，

$$L = I\omega. \tag{17.71}$$

I を慣性モーメントという（214 ページ，TeaTime 慣性モーメント）．上式をベクトルで書くと，

$$\boldsymbol{L} = I\boldsymbol{\omega} \tag{17.72}$$

ただし $\boldsymbol{L}$ を角運動量ベクトル，$\boldsymbol{\omega}$ を角速度ベクトル（132 ページ，TeaTime 角速度ベクトル）とする．$\boldsymbol{L}, \boldsymbol{\omega}$ の向きは，いずれも回転方向に右ねじを回したときに，その進む向きである．

Tea Time ……… 剛体の回転運動方程式

剛体の重心の並進運動方程式はニュートンの運動の法則から，$\dfrac{dp}{dt} = F$ (運動量の時間変化率＝力) である．剛体のある点の周りの回転運動方程式は，

$$\frac{dL}{dt} = N \quad \boxed{\text{角運動量の時間変化率 = 力のモーメント}} \tag{17.73}$$

である．並進運動を回転運動に翻訳するには並進運動の運動量，力を各々回転運動の角運動量，力のモーメントにすればよい．すなわち，運動量 $p \Longrightarrow$ 角運動量 L，力 $F \Longrightarrow$ 力のモーメント N，として，

$$\frac{dp}{dt} = F \quad \Longrightarrow \quad \frac{dL}{dt} = N \tag{17.74}$$

後出（248 ページ）の**回転・並進運動対応表**を見ると整理される．

回転運動方程式の別の表現として，$L = I\omega$（(17.71)）を (17.73) に代入すると，

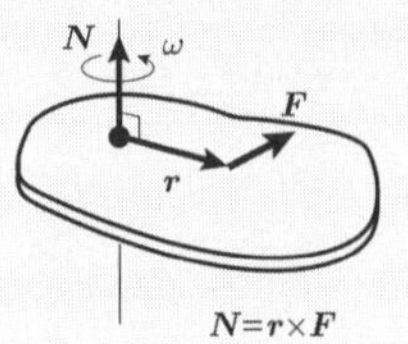

$$I\frac{d\omega}{dt} = I\beta = N \tag{17.75}$$

$\dfrac{d\omega}{dt} = \beta$ は角加速度で，N は剛体に働く外力のモーメントである，N は本来ベクトルで，$\boldsymbol{N} = \boldsymbol{r} \times \boldsymbol{F}$ である（図）．各加速度 β は，$\omega = \dfrac{d\theta}{dt}$ なので，$\beta = \dfrac{d\omega}{dt} = \dfrac{d^2\theta}{dt^2} = \dot{\omega} = \ddot{\theta}$ のいずれでもよく，まとめて，剛体の運動方程式は，

$$\left.\begin{aligned} I\beta = I\frac{d\omega}{dt} = I\frac{d^2\theta}{dt^2} = I\dot{\omega} = I\ddot{\theta} \\ \frac{dL}{dt} \end{aligned}\right\} = N \tag{17.76}$$

感覚的には，ドアを押すとき軸から遠くを大きな力で押すほど勢いよく動く．すなわちドアの回転運動（角加速度）は力のモーメントが大きいほど勢いよく変化する．これが回転運動方程式が表現していることである．

いったん回転運動方程式から角加速度 β が求まれば，並進運動のときと同様に，積分して角速度 ω，さらに積分して回転した角 θ が求まる．このとき出てくる積分定数は与えられた初期条件によって決まる．この積分は半ば公式化していて，回転・並進運動対応表 (248 ページ) にまとめてある．また (17.73)より，dt を移項して，$N = Fr$ とすると（前ページ下の図，$\boldsymbol{N} = \boldsymbol{r} \times \boldsymbol{F}$ をスカラーで書く），

$$dL = Fdt \cdot r \quad \boxed{\text{角運動量変化＝力積のモーメント}} \tag{17.77}$$

この式もよく用いられる．

Tea Time ……………………剛体の回転運動エネルギー

剛体の回転運動エネルギーは，慣性モーメントを I，回転の角速度を ω とすると，次のように表される．

$$K = \frac{1}{2}I\omega^2 \tag{17.78}$$

Tea Time ………………回転運動を含むエネルギー保存則

回転運動を含むエネルギー保存則は，運動エネルギーに並進運動エネルギーの他に回転運動エネルギーが加わり，以下のようになる．

$$E = E_K + E_p = \frac{1}{2}mv^2 + \frac{1}{2}I\omega^2 + E_p(\text{位置エネルギー}) = \text{一定} \tag{17.79}$$

Tea Time ……………………… 回転・並進運動対応表

回転運動と対応する並進運動について学習者に便利な対応表としてまとめておく，問題を解くときに常に手元において参照すると頭に良く入るので活用していただきたい．

回転運動	並進運動
1. 回転角　θ	1. 変位　s
2. 角速度　$\omega = \dfrac{d\theta}{dt}$	2. 速度　$v = \dfrac{ds}{dt}$
3. 角加速度　$\beta = \dfrac{d\omega}{dt}$	3. 加速度　$a = \dfrac{dv}{dt}$
4. 慣性モーメント $I = \sum m_i r_i^2 = \int r^2 dm$ 回転運動の運動状態の変化の起こりにくさ（＝運動状態の安定さ）を表すめやす	4. 質量　m 並進運動の運動状態の変化の起こりにくさ（＝運動状態の安定さ）を表すめやす
5. 力のモーメント　$N(= r \times F)$ 回転運動の運動状態の変化の原因	5. 力　F 並進運動の運動状態の変化の原因
6. 運動方程式 $N = I\beta = I\dfrac{d\omega}{dt} = I\dfrac{d^2\theta}{dt^2}$ $N = \dfrac{dL}{dt} = \dfrac{drmv}{dt}$	6. 運動方程式 $F = ma = m\dfrac{dv}{dt} = m\dfrac{d^2 s}{dt^2}$ $F = \dfrac{dp}{dt} = \dfrac{dmv}{dt}$
7. 角運動量　$L = rP = rmv = I\omega$	7. 運動量　$\rho = mv$
8. 角運動量の時間的変化量は力のモーメントである． $\dfrac{dL}{dt} = N = r \times F(= \omega \times L)$	8. 運動量の時間的変化量は力である． $\dfrac{dp}{dt} = F$
9. 角運動量保存の法則 （上式で $N = 0$ の関係） 質点または質点系に働く外力のモーメントの和が 0 のとき，その質点または質点系の角運動量の和は一定である．	9. 運動量保存の法則 （上式で $F = 0$ の関係） 質点または質点系に働く外力が 0 のとき，その質点または質点系の運動量の和は一定である．
10. 仕事　$W = N\theta$	10. 仕事　$W = Fs$
11. 運動エネルギー $K = \dfrac{1}{2}I\omega^2$	11. 運動エネルギー $K = \dfrac{1}{2}mv^2$
12. 回転運動の運動エネルギーの増加量は，物体から外からもらった仕事量に等しい．	12. 並進運動の運動エネルギーの増加量は，物体から外からもらった仕事量に等しい．
13. 等角速度運動　$\theta = \omega t$	13. 等速度運動　$s = vt$
14. 等角加速度運動 $\omega = \omega_0 + \beta t$ $\theta = \omega_0 t + \dfrac{1}{2}\beta t^2$ $\omega^2 - \omega_0^2 = 2\beta\theta$	14. 等角加速度運動 $v = v_0 + at$ $s = v_0 t + \dfrac{1}{2}at^2$ $v^2 - v_0^2 = 2as$

TEST shuffle 22

ここでは，Chapter.1 から Chapter.17 までの問題を，小問単位でランダムに並び替え，テスト形式のシートを 22 回分用意した．272 ページに該当する本文の問題番号との対応表を掲載したので，答え合せではそちらを参照してほしい．問題の下には，問題を解く順序と各問題ごとに解答に要する時間の予想と実際を書き込める欄を作っておいた．まず，自分にとっての問題の難易度を確かめるトレーニングをしてほしい．

試験では，

(A) その時点で確実に解ける問題は落とさない

(B) とても解けそうにない問題は手を出さない

こと，そして，試験に向けての勉強では，くり返し取り組むことによって，

★ (A) の問題を広げ，(B) の問題を少なくする

ように地道に理解を広げていくことが大切である．

TEST 01　　　　年　月　日

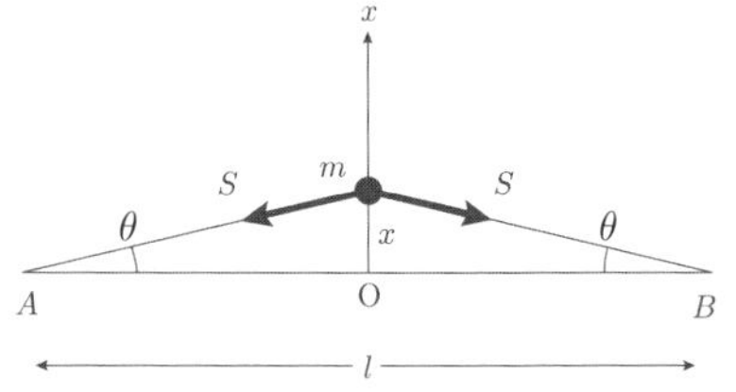

1 次の問題文中の（　　　）内に最も良くあてはまる文字式を求めよ．

図に示すように，長さ l の糸を強く張り，両端 A，B を固定する．糸の中点に質量 m の質点をとりつけ，これを糸に直角方向に引っ張って放す．糸の張力を S とする．質点がつり合いの位置 O から x だけずれている瞬間（図）に糸は l よりも伸びているが，もともと S が大きいので伸びによる張力変化は考えない．このとき，糸と AB の作る角を図のように θ とすると，一方の糸から質点に作用する張力の x 方向成分の大きさは（　1　）であるから，質点に関する運動方程式は $m\dfrac{d^2x}{dt^2}=$（　2　）となる．

θ が微小の場合，$\sin\theta \fallingdotseq \tan\theta \fallingdotseq$（　3　）（$l$ と x で表せ）であるから，上記の運動方程式は，$m\dfrac{d^2x}{dt^2}=$（　4　）となる．これは単振動の運動方程式で a，α を定数として，$x=a\cos($（　5　）$+\alpha)$ となり，振動の周期は $T=$（　6　）となる．

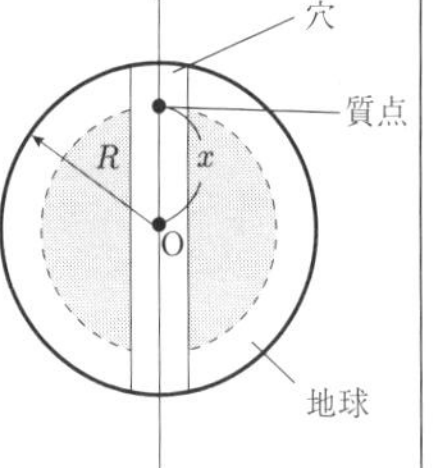

2 地球を半径 R，一様な密度の質量 M の球とする．地球に中心 O を貫く直線状の穴を掘る．穴の直径は地球の直径と比べ十分小さいとする．この穴に時刻 $t=0$，初速度ゼロで質量 m の質点を落下運動させた．このとき以下の設問に答えよ．ただし，質点の運動に摩擦はないとし，万有引力定数を G とする．

(1)質点が地球の中心 O から x の距離にあるとき，質点には半径 x で囲まれた領域（図の濃い灰色部）からのみ引力が作用すると考えてよい．これは半径 x の外側の部分からの引力は打ち消しあってゼロになるためである．また，質点に働く引力は，半径 x で囲まれた領域の質量が中心 O に集まったときと等価である．このとき．質点の受ける引力 $F(x)$ が，$F(x)=-G\dfrac{Mm}{R^3}x$ となることを説明せよ．

(2)質点の運動方程式を求めよ．

(3)質点の座標 x は時刻 t の周期関数となる．その周期関数と周期を求めよ．

(4)質点が地球の中心 O から x の距離にあるとき，(1) で与えた式を使って引力によるポテンシャルエネルギー U を求めよ．ただし，質点が中心 O にあるときのポテンシャルエネルギーをゼロとする．

(5)質点のポテンシャルエネルギー U と運動エネルギー K を時刻 t の関数として求めよ．

（北海道大，類題 金沢大）

解く順序（問題の選択）	□ ⇨	□ ⇨	□ ⇨	□ ⇨	□ ⇨	□ ⇨	□
予想時間	（　分）	（　分）	（　分）	（　分）	（　分）	（　分）	（　分）
実際の時間	（　分）	（　分）	（　分）	（　分）	（　分）	（　分）	（　分）

TEST 02　　年　月　日

1 図のように，滑らかで水平な床の上に，滑らかな曲面ABをもつ質量 M の台が置かれている．いま，質量 m の小球を頂点Aで静かに離したところ，小球は曲面ABに沿って滑り落ち，台の先端Bから床と平行に飛び出し，床上に落下した．台の頂点A，先端Bの床からの高さはそれぞれ h_1，h_2 で，AB間の水平距離を L とする．小球と曲面ABの間，台と床との間に摩擦はないものとして，つぎの問いに答えよ．なお，空気の抵抗は無視し，重力加速度の大きさは g とせよ．

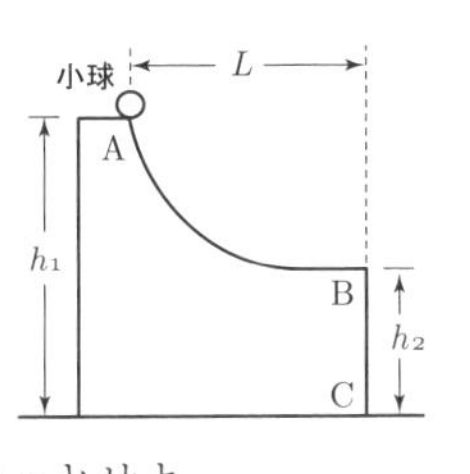

(1)小球がB点から飛び出すとき，小球と台のそれぞれの床に対する速度を求めよ．ただし，水平右向きを正とする．
(2)小球がBに達したときに，台と小球が床に対して動いた距離はそれぞれいくらか．
(3)小球がB点を離れてから床面に落下するまでの時間を求めよ．
(4)小球が床面に落下した瞬間の，落下位置とC点との距離を求めよ．

（日本大学，一部改変）

2 質量 M，半径 a の一様な円柱が，水平面と角 θ をなす斜面の上を滑らずに転がる運動を考える．重力加速度を g，円柱が斜面から受ける摩擦力を F，斜面に沿って下向きに x 座標をとり，x 座標の正方向に転がるときの円柱の角速度を ω とする．このとき，以下の問いに答えなさい．

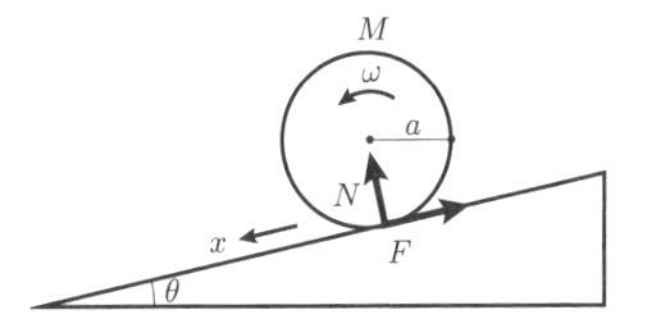

(1)斜面からの垂直抗力 N を求めなさい．
(2)円柱の中心軸の x 方向移動に関する運動方程式を示しなさい．
(3)円柱の中心軸まわりの慣性モーメント I は $I=\frac{1}{2}Ma^2$ で与えられる．このことを用いて，中心軸まわりの回転に関する運動方程式を示しなさい．
(4)転がる円柱の加速度 $\dfrac{d^2x}{dt^2}$ と角速度 ω の関係を示しなさい．
(5)転がる円柱の加速度 $\dfrac{d^2x}{dt^2}$ を，g と θ を用いて示しなさい．
(6)円柱が斜面から受ける摩擦力 F を，M と g と θ を用いて示しなさい．

解く順序（問題の選択）　□ ⇨ □ ⇨ □ ⇨ □ ⇨ □ ⇨ □ ⇨ □

予想時間　（　分）（　分）（　分）（　分）（　分）（　分）（　分）

実際の時間　（　分）（　分）（　分）（　分）（　分）（　分）（　分）

TEST 03

年　月　日

1 ロケットが燃料を後方に相対速度 v_0 で放出して垂直に上昇する場合を考える．燃料の放出によってロケットの質量は時間とともに減少する．質量は時間 t の関数として $m(t) = m_0 + m_1 - at$ で与えられる．m_0 は燃料が空のロケットの質量，m_1 はロケットに積み込む燃料の質量，a は正の定数である．ロケットは初期時刻 $t = 0$ で静止状態から燃料を放出して上昇を始め，時刻 $t = m_1/a$ で燃料がなくなってそれ以後質量は一定になる．重力加速度の大きさを g とし，重力以外の影響は無視する．ロケットが燃料を放出している時間 $(0 \leqq t \leqq m_1/a)$ のみを考える．

(1)速度 $v(t)$ のロケットは微小時間 Δt の間に燃料を $a\Delta t$ 放出してその速度を $v(t+\Delta t)$ に変化させる．時刻 $t+\Delta t$ でのロケットの運動量と時間 Δt の間に放出された燃料の運動量の和を微小時間 Δt の1次まで求めよ．また，微小時間 Δt の間の運動量の変化を Δt の1次まで求めよ．

(2)前問で求めた運動量の変化が，微小時間 Δt の間に重力がロケットに及ぼす力積に等しいことを用いて，ロケットの速度 $v(t)$ を決定する運動方程式を導け．

（お茶の水女子大）

2 前問で，

(1)初期時刻 $t = 0$ でロケットが上昇し始めるための条件を求めよ．

(2)運動方程式を解いてロケットの速度 $v(t)$ を求めよ．

(3)燃料の放出によって得られるロケットが上昇する加速度の最大値と，加速度が最大値に到達する時刻を求めよ．

（お茶の水女子大）

3

長さ l，質量 m の一様な細長い棒の先端に質量が M，半径が a の一様な球が，中心が棒の延長にあるように固定されている．この棒を図のように点 O で紙面に垂直な軸の周りに自由に回転できるように支えた剛体振り子について下記の問いに答えよ．重力加速度を g とする．

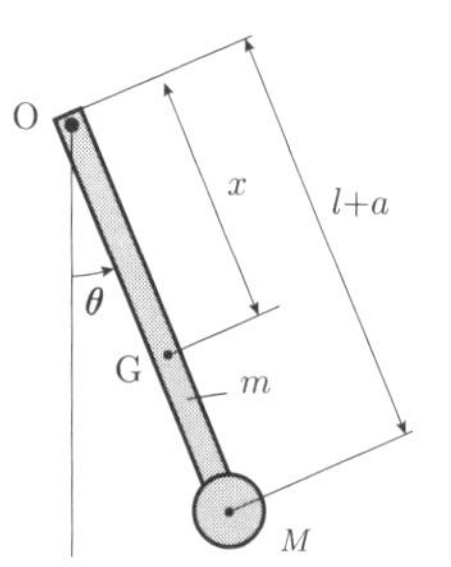

(1)剛体振り子の重心の位置 G を回転中心 O からの距離 x で示せ．

(2)回転中心 O 周りの剛体振り子の慣性モーメント I を求めよ．

(3)剛体振り子の動きを図に示すように，鉛直方向からの角度 θ で表すとき，運動方程式を求めよ．慣性モーメントは I のままで表記してよい．

(4)θ が小さい場合，剛体振り子の周期 T を求めよ．慣性モーメントは I のままでよい．

（岡山大，一部改変）

解く順序(問題の選択)	□	⇨ □	⇨ □	⇨ □	⇨ □	⇨ □	⇨ □
予想時間	(　分)	(　分)	(　分)	(　分)	(　分)	(　分)	(　分)
実際の時間	(　分)	(　分)	(　分)	(　分)	(　分)	(　分)	(　分)

TEST 04　　　　年　月　日

1　図で，断面積が一様な長さ h_0〔m〕，密度 ρ_0〔kg/m^3〕の丸棒が密度 ρ_A〔kg/m^3〕の液体 A の入っている容器中に浮かんで静止している．この棒の上部先端は液面より上で大気中にある．以後の設問では大気の影響，液体と棒の摩擦は考えない．重力加速度を g〔m/s^2〕とする．

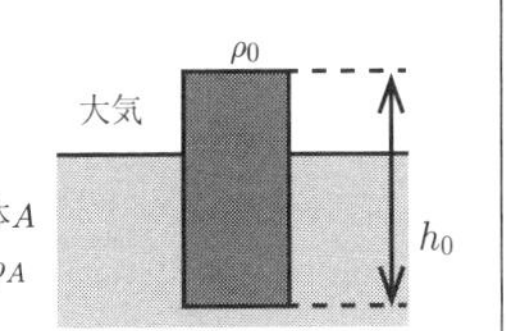

(1)液面より上部（大気中）の棒の長さ L_1〔m〕を求めよ．

(2)この溶液中の液体 A の上に密度 ρ_B〔kg/m^3〕の別の液体 B を液体 A の面より高さ h_B〔m〕だけ静かに注いだ．なお，$\rho_A > \rho_B$ であり，液体 A と B は混合しない．液体 B の上面より大気中にある棒の長さ L_2〔m〕は次式で与えられる．この式中の（　）に適切な解を求めよ．

$$L_2 = L_1 + (\quad)$$

(3)(2) の状態で，棒の上端を鉛直下方に軽く押し，手を離すと棒は上下に振動し始めた．なお，振動するときに棒の上端は液体 B 中に入ることはなく，常に大気中にある．つり合いの位置からの変位が y〔m〕のとき，鉛直方向の加速度を求めよ．鉛直下方を変位 y の正方向とする．（東京理科大）

2　2 つの恒星が万有引力により互いの周りを運動する連星がある．連星は軌道の大きさと周期を測定することにより，恒星の質量を求めることができる．恒星 1 と恒星 2 の質量をそれぞれ m_1 と m_2，位置ベクトルを $\boldsymbol{r_1}$ と $\boldsymbol{r_2}$ として，以下の問に答えよ．なお，恒星 1 に働く万有引力は次式で表される．

$$\boldsymbol{F_{21}} = -G\frac{m_1 m_2}{|\boldsymbol{r_1} - \boldsymbol{r_2}|^2} \cdot \frac{\boldsymbol{r_1} - \boldsymbol{r_2}}{|\boldsymbol{r_1} - \boldsymbol{r_2}|}$$

(a)恒星 1 と 2 のそれぞれについて運動方程式を記せ．

(b)前問で答えた運動方程式から，恒星 1 の恒星 2 に対する相対座標 $\boldsymbol{r} = \boldsymbol{r_1} - \boldsymbol{r_2}$ の運動方程式を求めよ．

(c)恒星 1 と 2 は相対距離 R の円運動をしているものとする．円運動の周期 T を求めよ．

(d)ある連星が円運動をしている．その軌道半径が 20AU，周期が 50 年であった．この連星の質量の和 $m_1 + m_2$ が太陽質量の何倍かを求めよ．（AU は天文単位で，1AU は地球の公転軌道の半径と等しい距離である．）（電気通信大）

解く順序(問題の選択)	⇨	⇨	⇨	⇨	⇨	⇨
予想時間	（　分）	（　分）	（　分）	（　分）	（　分）	（　分）	（　分）
実際の時間	（　分）	（　分）	（　分）	（　分）	（　分）	（　分）	（　分）

TEST 05　　　　年　　月　　日

[1] (1) 長さ l，質量 m，A 端を通る回転軸のまわりの慣性モーメントが $I=\frac{1}{3}ml^2$ の一様な棒 AB が，A 端を通る回転軸のまわりに自由に回転できるようになっている．いま棒を水平の位置から静かに放した．棒が鉛直と θ の角をなす位置にきたとき，棒の角速度は（　a　）であり，棒が完全に鉛直になったときの角速度は（　b　）である．

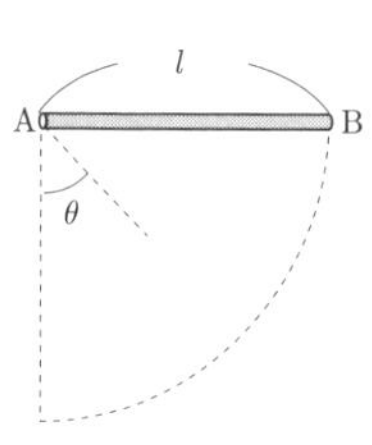

(2) 長さ l，質量 m の棒 AB が鉛直面内で回転軸のまわりに自由に回転できるようになっている．棒の回転軸のまわりの慣性モーメントは $I=\frac{1}{3}ml^2$ である．棒が鉛直方向に静止しているとき，質量 m の小球が速さ v_0 で B 端に衝突し，B 端に付着してしまった．付着直後の棒の角速度は（　c　）であり，その後，棒が鉛直に対して角 θ まで回転したとすると，このとき $\cos\theta=$（　d　）である．

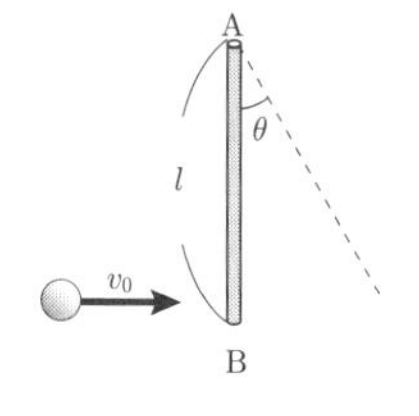

[2] 問題 09 と同様，物体（質量：m〔kg〕）を水平方向から上方 θ の角度で投射したときの運動について，

(1)空気による抵抗がある場合の運動方程式を，x 方向と y 方向に分けて記せ．ただし，空気による抵抗力は速度に比例するとして，比例定数を μ とする．

(2)(1) の運動方程式を解き x 方向の速度 $\frac{dx}{dt}$ および y 方向の速度 $\frac{dy}{dt}$ を時間 t の関数として表せ．

（東京農工大）

[3] (3)前問 (2) の方程式を解き，x および y を時間 t の関数として表せ．

(4)(1) において，十分時間が経過した後の y 方向の速度を求めよ．ただし，y は負の値をとり得るものとする．

（東京農工大）

解く順序(問題の選択)　□ ⇨ □ ⇨ □ ⇨ □ ⇨ □ ⇨ □ ⇨ □

予想時間　(　分) (　分) (　分) (　分) (　分) (　分) (　分)

実際の時間　(　分) (　分) (　分) (　分) (　分) (　分) (　分)

TEST 06　　　　年　月　日

1　水平面上においた，半径 a，質量 m の一様な球に，中心を含む鉛直面内で，面から高さ h の位置に水平に撃力を加えると，球が運動をはじめた．このときの球の運動に関して，次の (1)，(2) の問いに答えよ．ただし，面と球の間のすべりの摩擦係数を μ，重力加速度を g とする．

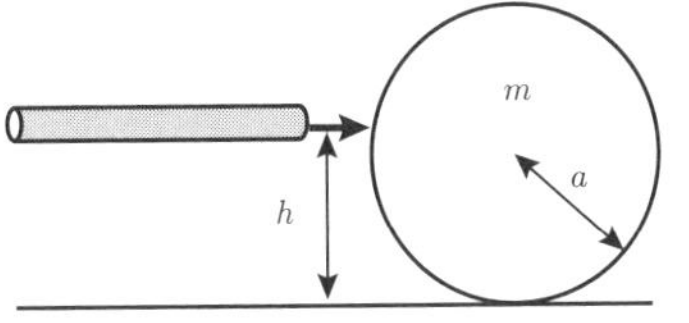

(1) 球の運動に関する以下の記述の（　ア　）～（　ケ　）にあてはまる式を答えよ．時間 $t_1 \sim t_2$ に撃力として作用した力を $F(t)$ とすると，力積は（　ア　）で表せる．撃力の作用した時間がきわめて短く，摩擦力の力積は無視できるものとし，力積を（　ア　）$= J$ と置くと，球の重心は速度 $v_0 =$（　イ　）で動き出す．球の重心に対する力のモーメントは，撃力によるモーメントを（　ウ　），摩擦力によるモーメントを（　エ　）と表せるので，球の慣性モーメントを I，球の回転の角速度を ω とすると，以下の式が成り立つ．

（　オ　）=（　ウ　）−（　エ　）　(A)

上式を，時間 $t_1 \sim t_2$ で積分すると，球は角速度 $\omega_0 =$（　カ　）で回転し出すことがわかる．（筑波大）

2　（前問に続き）球の慣性モーメントは，$I =$（　キ　）であるので，水平面に接する球表面の回転による速さ $a\omega_0$ は，以下の式で表せる．

$a\omega_0 =$（　ク　）　(B)

中心速度は v_0 なので，球が水平面に対してすべる速さは，以下の式で与えられる．

$v_0 - a\omega_0 =$（　ケ　）　(C)

(2) 上述の (C) 式にもとづき，撃力を受けた後の球の運動を，撃力の高さ h により 3 つに場合分けして，定性的に記述せよ．ただし，転がりの抵抗力はすべりの摩擦力より十分小さいものとする．（筑波大）

解く順序（問題の選択）	□ ⇨ □ ⇨ □ ⇨ □ ⇨ □ ⇨ □ ⇨ □
予想時間	（　分）（　分）（　分）（　分）（　分）（　分）（　分）
実際の時間	（　分）（　分）（　分）（　分）（　分）（　分）（　分）

TEST 07

年　月　日

1　図に示すように原点0に存在する太陽から中心力を受け楕円軌道を描く質量 m の惑星Pの運動について考える．いま，惑星と太陽の距離 r，方位角 ϕ を用いて，惑星の座標を $x = r\cos\phi$，　$y = r\sin\phi$ と表すとき次の各問に答えなさい．なお，設問(2)は可能な限り簡潔な形で結果を示すこと．

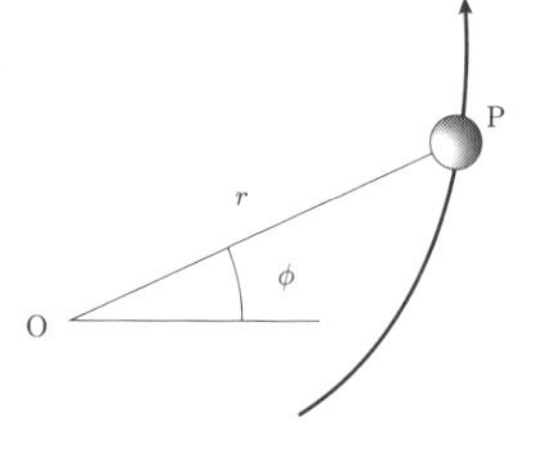

(1) x 方向，y 方向の速度を r，ϕ およびその微分形を用いて示せ．

(2) 動径(線分OP)方向，方位角方向の速度を r，ϕ およびその微分形を用いて示せ．

(3) 動径方向，方位角方向の運動方程式を r，ϕ およびその微分形を用いて示せ．ただし，中心力の大きさを $F(r)$ とする

(4) この惑星の面積速度が一定となることを示せ．　（早稲田大，一部追加）

2　図に示すように，自然長が L，ばね定数がそれぞれ k, $2k$, $4k$ の3本の軽いつるまきばねを $3L$ だけ離れた壁と壁との間に連結した．B点に質量 M の質点をつるす時，B点およびC点の変位量とA点およびD点においてばねに作用する力を求めよ．ただし，重力加速度を g とする．　（三重大）

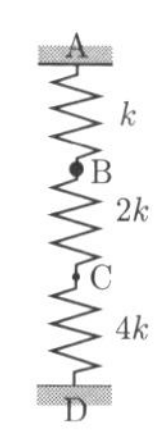

3　図に示すように，ばね定数 k〔N/m〕のばねの一端に質量 M〔kg〕の物体Aがつながっている．物体Aからの高さが h〔m〕である位置から質量 m〔kg〕の小物体Bを静かに放した．小物体Bは物体Aに衝突した後，物体Aと一体となって上下方向に往復運動をした．以下の問いに答えよ．ただし，重力加速度の大きさを g〔m/s^2〕とする．

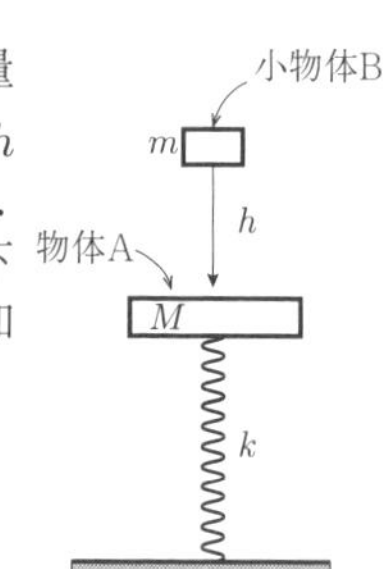

(1) 衝突直後の物体Aの速さ v〔m/s〕を求めよ．

(2) 衝突によって失われた運動エネルギー K〔J〕を求めよ．

(3) 衝突してから物体Aが最下点に達するまでの移動量 d〔m〕を求めよ．　（東京理科大）

解く順序(問題の選択)	□	⇨ □	⇨ □	⇨ □	⇨ □	⇨ □	⇨ □
予想時間	(　分)	(　分)	(　分)	(　分)	(　分)	(　分)	(　分)
実際の時間	(　分)	(　分)	(　分)	(　分)	(　分)	(　分)	(　分)

TEST 08　　　　年　　月　　日

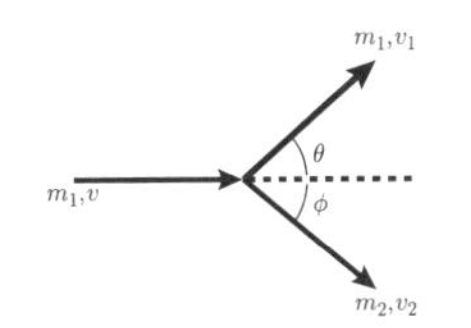

1　質量 m_1 の滑らかな球が，静止している質量 m_2 の滑らかな球に衝突し，速度の方向が入射方向から θ だけ変わり，質量 m_2 の球は m_1 の入射方向から ϕ の角をなす方向に動き出した．両球を完全弾性体として，θ を ϕ で表す式を求めよ．

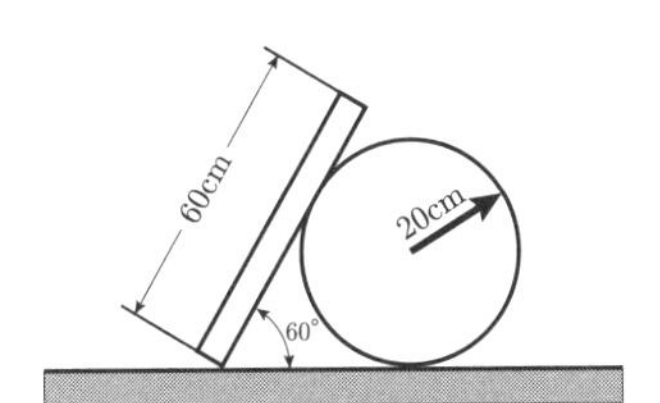

2　図に示すように半径 20〔cm〕の円筒に断面一様な質量 1〔kg〕，長さ 60〔cm〕の柱を立てかけたところ 60° の位置で静止した．柱と円筒との接触面は滑らかで摩擦を伴わないが，他は滑らかでないとする．柱に作用する円筒からの反力，および床からの反力を求めよ．（明治大）

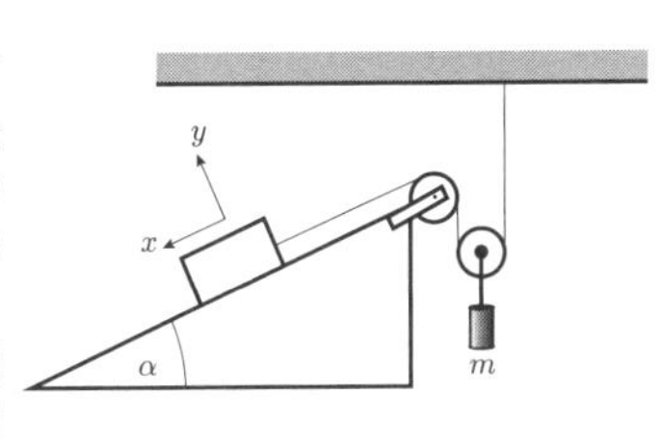

3　図に示すように，傾斜角 α の斜面のある台の上に質量 M の物体（ローラ）があり，その後部からワイヤと 2 つの滑車を介して質量 m のおもりにつながっている．また，滑車とワイヤとの間に滑りはなく，物体と斜面間の摩擦，ワイヤと滑車の質量および滑車の回転軸における摩擦は無視できるほど小さいものとする．このとき重力加速度を g，図のように物体の斜面に沿った方向の変位を x，鉛直な方向の変位を y として以下の設問に答えよ．

(1) 図において物体が斜面を滑り降りるために必要なローラの質量 M とおもりの質量 m との関係を求めよ．

(2) (1) の条件においてワイヤの張力を T と仮定し，物体の x 軸方向およびおもりの鉛直方向に関する 2 つの運動方程式を導け．

(3) (2) の運動方程式において仮定したワイヤの張力 T を消去することにより物体の x 軸方向加速度を求めよ．（早稲田大）

解く順序（問題の選択）		⇨		⇨		⇨		⇨		⇨		⇨	

予想時間	（　分）	（　分）	（　分）	（　分）	（　分）	（　分）	（　分）
実際の時間	（　分）	（　分）	（　分）	（　分）	（　分）	（　分）	（　分）

TEST 09

年　　月　　日

1　図のように，水平なテーブルの上に，長さ l の鎖が，端から c だけつり下がった状態で置かれている．テーブルの高さは l 以上であるとする．鎖の単位長さ当たりの質量を w とし，重力加速度を g，鎖とテーブルの間の静止摩擦係数を μ とする．また，動摩擦係数は静止摩擦係数と等しいとする．以下の文章の空欄に答えよ．（筑波大）

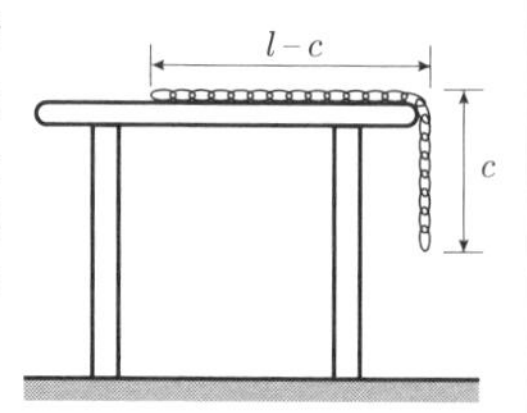

鎖のテーブル面に置かれた部分がテーブルを垂直に押す力 N は（　1　）である．一方，この部分がつり下がった部分から水平方向に引っ張られる力 F は（　2　）であるから，鎖が滑り出さない限界の c は（　3　）となる．つり下がった部分が上述の限界値以上であると，鎖はテーブルから滑り落ちる．その運動を記述するため，滑り始めの時刻を 0 とし，時刻 t において鎖がつり下がっている長さを $x = x(t)$ とする．テーブル上に乗っている部分の運動方程式を F と N を用いて表すと（　4　）となり，つり下がった部分の運動方程式は F を用いて（　5　）と表せる．（筑波大）

2　前問 (1),(4),(5) 式より，x に関する微分方程式（　6　）が得られる．これを解くと，係数 A，B を用いて一般解は（　7　）となる．更に係数 A，B は，滑り始めのつり下がり長さ x_0 を用いて表され，最終的な解は（　8　）となる．式 (8) より，$x_0 = c$ の場合には x は一定値 c となって静止することが確かめられる．一方 $x_0 < c$ の場合，x は一定にならず時間に依存する不適切な解を与えるが，これは運動方程式を立てる上で静止摩擦力を（　9　）ことが原因である．また，$x(t_1) = l$ となる時刻 t_1 以降では摩擦力がなくなるため，x に関する微分方程式が（　10　）となるが，これと式 (6) より加速度の連続性が確認できる．（筑波大）

3　質量 M，半径 r の円板に軽い糸を巻きつけ，図のように糸の端を天井に固定し，手を離した．重力加速度を g とする．

(1)円板の重心 G の鉛直下向きの加速度を a として，重心 G の運動方程式を求めよ．

(2)円板の回転運動方程式を求めよ．円板の角加速度を β，慣性モーメントを I とする．

(3)重心加速度 a，糸の張力を求めよ．ただし，I を $I = \dfrac{1}{2}Mr^2$ とする．

次に糸の端を手で持ち，鉛直上向き加速度 b で引き上げた．

(4)重心の鉛直下向き加速度 a，糸の張力を求めよ．

(5)円板の重心位置が静止するようにして引き上げたとき，上向き加速度 b はいくらか．

（三重大，一部改変）

解く順序(問題の選択)	□	⇨	□	⇨	□	⇨	□	⇨	□	⇨	□	⇨	□
予想時間	（　分）		（　分）		（　分）		（　分）		（　分）		（　分）		（　分）
実際の時間	（　分）		（　分）		（　分）		（　分）		（　分）		（　分）		（　分）

TEST 10　　　　年　月　日

1 質量 m_1, m_2 の二つの質点と，ばね定数が k_1, k_2, k_3，またそれぞれの自然の長さが L_1, L_2, L_3 の三つのばねが，図に示すように水平距離が L の A，B 間で一直線に連結されており，この一直線上で振動している．ばねの質量は無視できるとし，運動中のばねの力についてはフックの法則に従うとして，以下の問いに答えよ．

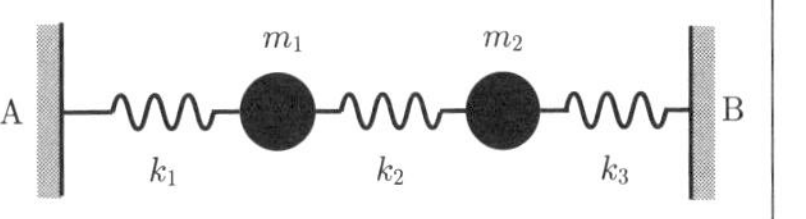

(1) A から質点 m_1, m_2 までの距離を x_1, x_2 とするとき，質点 m_1 および m_2 に対する運動方程式を示せ．
(2) 基準となる振動の角振動数を求めよ．
(3) 今，$m_1 = m_2 = m, k_1 = k_2 = k_3 = k$ とするとき，基準となる振動の角振動数を求めよ．
（早稲田大）

2 質量 m の物体が 1 次元空間（直線）を運動する場合を考え，その位置座標を x と書く．以下の問に答えよ．

(1) 物体に働く力が物体の位置座標 x だけの関数（ポテンシャルエネルギー）$U(x)$ を使って，

$$F = -\frac{dU}{dx}$$

と与えられる時，この物体の運動方程式を示せ．
(2) 前問で与えた運動方程式を用いて，

$$E = \frac{1}{2}m\dot{x}^2 + U(x)$$

で定義される力学的エネルギーが時間によらず一定であることを示せ．ただし $\dot{x}$ は物体の座標 x の時間微分（速度）を表す．
(3) この物体に（1）で表される力に加えて，物体の速度に比例する粘性抵抗 $-\eta\dot{x}$ $(\eta > 0)$ が働く時，力学的エネルギーの時間変化はどうなるかを説明せよ．
（中央大，一部省略）

解く順序（問題の選択）	□ ⇨	□ ⇨	□ ⇨	□ ⇨	□ ⇨	□ ⇨	□
予想時間	（　分）	（　分）	（　分）	（　分）	（　分）	（　分）	（　分）
実際の時間	（　分）	（　分）	（　分）	（　分）	（　分）	（　分）	（　分）

TEST 11

年　　月　　日

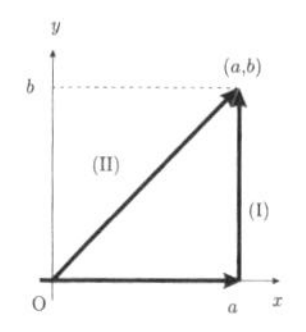

1 $F=(F_x,F_y)=(Ay^2,xy)$ （ただし，A は定数）と表される力を受けて，質点が図の太い矢印で示す経路 (I) および経路 (II) に沿って原点 $(0,0)$ から (a,b) まで移動した．

(a)経路 (I) について，力のした仕事 W_{I} を求めなさい．ただし，計算の手順も示すこと．
(b)経路 (II) について，力のした仕事 W_{II} を求めなさい．ただし，計算の手順も示すこと．
(c)力 F が保存力であるかどうかを判定する式を力 F の成分 F_x および F_y を用いて書きなさい．
(d)力 F が保存力となる定数 A の値を求めなさい．
(e)力 F が保存力となる場合に，位置エネルギー $U(x,y)$ を求めなさい．ただし，$U(0,0)=0$ とする．

（慶應義塾大学 ）

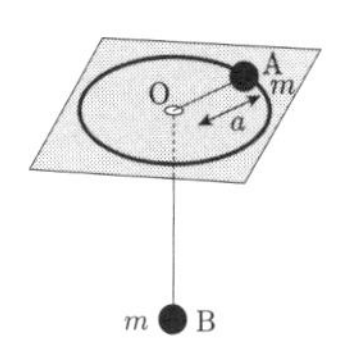

2 右図のように，水平で滑らかな板の中央に穴 O をあけて軽いひもを通し，ひもの両端に質量 m のおもりを結びつける．

(1)板の上のおもり A を横にはじいたら，おもりは半径 a の等速円運動を始めた．このとき糸の張力 T を求めよ．また，半径 a とおもりの速度 v の関係を求めよ．
(2)おもり B を静かに x だけ持ち上げて放した．そのときのおもり A の速度 v'，と糸の張力 T' を求めよ．（ヒント：おもり B を移動させても角運動量は保存される．）
(3)(2) で，力のつり合いからおもり B の運動方程式を求めよ．また，x が十分に小さいときに，おもり B はどのように運動するか説明せよ．

（東北大，工，学士編入）

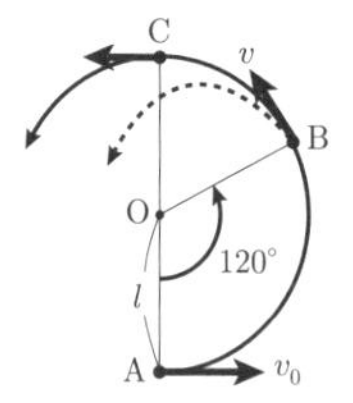

3 質量 m のおもりが点 O から長さ l の糸によりつるしてある．このおもりに水平に初速度 v_0 を与えたところ円運動をはじめ，その後点 B で糸はたるみ，おもりは放物運動をはじめた．重力加速度を g とする．

(1)点 B でのおもりの速さ v を g,l を使って求めよ．
(2)v_0 を g,l を使って求めよ．
(3)糸がたるむことなく円運動して真上の点 C を通過するための初速度の最小値はいくらになるか．
(4)糸がたるまずに振動するための初速度 v_0 の条件はどうなるか．

（類題　筑波大，他多数）

解く順序(問題の選択)	□ ⇨	□ ⇨	□ ⇨	□ ⇨	□ ⇨	□ ⇨	□
予想時間	（　分）	（　分）	（　分）	（　分）	（　分）	（　分）	（　分）
実際の時間	（　分）	（　分）	（　分）	（　分）	（　分）	（　分）	（　分）

TEST 12　　年　月　日

1　半径 R，無視できるほど薄い厚さ ΔR，密度 ρ，質量 M の一様な球殻を考える．z 軸上の点 $\mathrm{P}(z=r)$ に質量 m の質点がおかれている．万有引力定数を G とする．

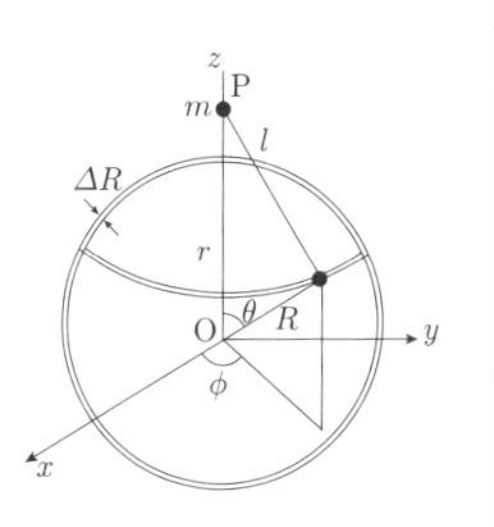

(1) この球殻の一部，極座標を使い $d\theta$ と $d\phi$ で記述される微小領域の質量を求めよ．

(2) この微小領域が点 P にある質点に対して作るポテンシャルを求めよ．

(3) (2) を ϕ について積分し，θ と $d\theta$ で記述される帯状の領域が作るポテンシャルを求めよ．

(4) $r > R$，$r < R$ それぞれの条件で，球殻全体が作るポテンシャルを求めよ．余法定理，$l^2 = R^2 + r^2 - 2Rr\cos\theta$ を使い，θ から図中で示される変数 l へ積分の変数を変えるとよい．

(5) 質点が球殻から受ける力 F を r の大きさに注意して求めよ．

(6) 質量 m の質点が，質量 M，半径 a，密度 ρ の一様な球から受ける万有引力を求めよ．質点は球の中心から $r\,(> a)$ の距離にあるとする．

（金沢大，一部追加）

2　水平面と角度 θ_1, θ_2 をなす 2 つの滑らかな斜面がある．質量 m_1, m_2 の 2 つのおもりが斜面の頂上にある滑らかなくぎを通して質量の無視できる糸で結ばれている．重力加速度を g とする．

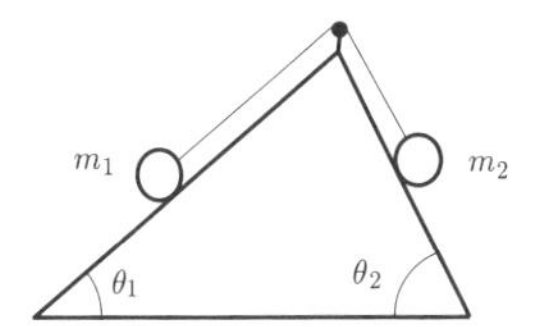

(a) 2 つのおもりの運動方程式を求めよ．

(b) 加速度はいくらか．

(c) 糸の張力はいくらか．

(d) 2 つのおもりの垂直抗力はそれぞれいくらか．

（横浜国立大）

3　地球の質量を M，半径を R，万有引力定数を G とする．

(1) 地表における重力加速度の大きさ g を M, R, G を用いて表せ．

(2) 地表すれすれに円軌道を描いて飛ぶ人工衛星の速さ v_1（これを第 1 宇宙速度という）と周期 T を求めよ．

(3) v_1 を地表面における重力加速度 g を用いて表せ．

(4) 地表面から人工衛星を打ち出し，地球から無限遠方に到達させたい．打ち出す速度は v_2 以上でなければならない．v_2（これを第 2 宇宙速度という）を求めよ．

解く順序(問題の選択)		⇨		⇨		⇨		⇨		⇨		⇨	
予想時間	(分)		(分)		(分)		(分)		(分)		(分)		(分)
実際の時間	(分)		(分)		(分)		(分)		(分)		(分)		(分)

TEST 13

年　月　日

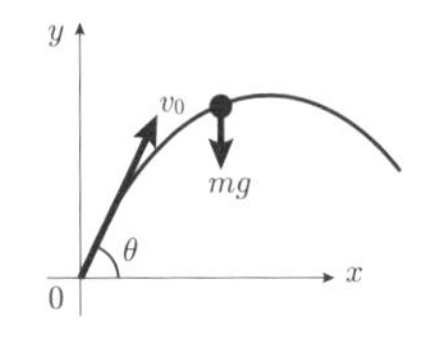

1 図に示すように，物体（質量：m〔kg〕）を水平方向から上方 θ の角度で投射したときの運動について，以下の問に答えよ．ただし，水平方向に x 軸をとり，鉛直上向きに y 軸をとり，物体の位置を (x, y) とする．また，物体の $t = 0$〔s〕における位置を原点とし，物体の初速度の大きさを v_0〔m/s〕，重力加速度の大きさを g〔m/s^2〕とする．なお，解答では単位は表記しなくてよい．

(1)空気の摩擦がない場合（真空中）の物体の軌道を，y を x の関数として表せ．
(2)(1) において，物体が最高点に到達するときの x 座標 x_h，y 座標 y_h を求めよ．
(3)物体が最高点に到達後，再び $y = 0$ となる x 座標 x_l を求めよ．（東京農工大）

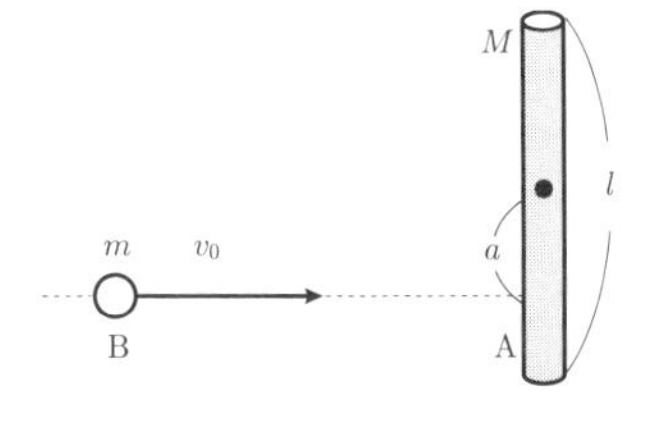

2 いっさい力の働かない無重力の宇宙空間中に長さ l，質量 M の宇宙ステーションがある．宇宙ステーションは一様な円筒状剛体棒と考える．図のように重心から距離 a の点に，質量 m，速度 v_0 の質点が，棒に垂直に衝突する．衝突後の棒の速度，角速度を求めよ．ただし，反発係数を e とする．また，角速度を最大にする a の値はどれだけか，そのときの角速度はいくらか．（類題，東工大，日本大，他）

3 質量 m の雨滴が，重力と速度に比例する空気による抵抗力を受けながら落下する場合の速度について考察しよう．鉛直下向きに座標軸を取り，雨滴の速度を v，時間を t とし，空気による抵抗力の大きさは kv と表せるとする（k は定数）．初期条件を $t = 0$ で $v = 0$ とする．重力加速度を g として次の問に答えよ．

(1)速度 v，時間 t を用いて，雨滴の運動方程式を書け．
(2)十分に時間が経った後の v は一定値 v_f となる．この値を求めよ．
(3)(1) の運動方程式の一般解（積分定数を含む解）を求めよ．求め方も簡潔に示せ．
(4)初期条件を満たす $v(t)$ を求めよ．$v(t)$ の変化を表すグラフの概形を描け．
(5)雨滴が球形で直径 $d = 0.10$〔mm〕と仮定した場合，$k = 3\pi\mu d$ 程度となる．ただし，μ は空気の粘性率と呼ばれる量で 1.8×10^{-5}〔Pa·s〕の程度である．雨滴の密度を $\rho = 1.0 \times 10^3$〔kg/m^3〕，重力加速度 $g = 9.8$〔m/s^2〕として，この場合の v_f の値を求めよ．（東京農工大）

解く順序（問題の選択）	□	⇨ □	⇨ □	⇨ □	⇨ □	⇨ □	⇨ □
予想時間	（　分）	（　分）	（　分）	（　分）	（　分）	（　分）	（　分）
実際の時間	（　分）	（　分）	（　分）	（　分）	（　分）	（　分）	（　分）

TEST 14　　　　　年　月　日

1　質量 M，内径 a，外径 R，中心軸 O の一様な円筒が，速度 v で平面上を滑りなく転がり，高さ $H\,(0 < H < R)$ の段差を，かど部で接触を失わず，滑りなく乗り越える．重力加速度を g とする．以下の(ア)～(コ)に入る適切な文字式を答えなさい．

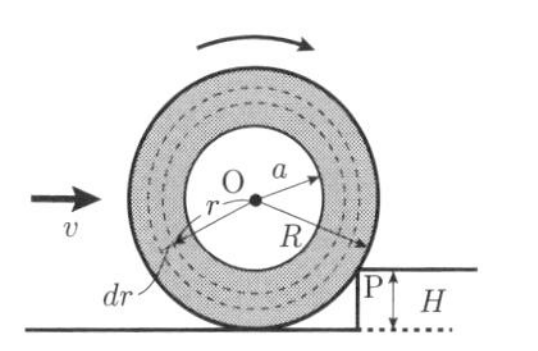

(1) 円筒内部のある半径 r の位置における，微小幅 dr の円筒（破線で示す円）の質量 dM は，円筒の奥行き長さを L とすると密度は $M/\pi(R^2-a^2)L$ となるので，$dM=$（　ア　）と表すことができる．この dM の中心軸まわりの慣性モーメント dI_0 は，dM と r を用いて $dI_0=$（　イ　）と表される．したがって，中心軸 O 周りの円筒全体の慣性モーメント I_0 は，dI_0 を a から R まで積分することにより，$I_0=M(R^2+a^2)/2$ と求められる．一方 dM 内の任意の微小質点の質量を dm とすると，dm のもつ回転運動のエネルギー dT は，dm の速度を w，角速度を ω_0 とおくと $w=r\omega_0$ であるから，dm, r, ω_0 を使って $dT=$（　ウ　）と記述できる．これより，この円筒の回転による運動エネルギー T は，dT を円筒全体で積分することにより，I_0 および ω_0 を使って $T=$（　エ　）と表すことができる．（神戸大）

2　（前問に続き）(2) 円筒は段差に衝突後，辺 P を軸として角速度 ω_P で回転運動を始める．このとき，辺 P まわりの慣性モーメント I_P は，平行軸の定理から $I_P=I_0+$（　オ　）と記述できる．また，辺 P に衝突する前後では，辺 P まわりにおいて（　カ　）$=I_P\omega_P$ で表される角運動量保存の関係式が成り立つ．したがって，辺 P まわりの角速度 ω_P は，円筒の内外径 a および R，段差の高さ H，速度 v を使って $\omega_P=$（　キ　）と表すことができる．

(3) この段差を乗りこえるために必要な円筒の速度 v の条件を求めたい．この段差を乗り越えるためには，衝突後，辺 P を回転軸とする回転運動の運動エネルギー $E_K=$（　ク　）が，段差を乗り越えたあとに増加する位置エネルギー $E_P=$（　ケ　）より大きくなければならない．したがって，$E_K \geqq E_P$ の関係となることから，段差を乗り越えるために必要な円筒の速度 v の条件は円筒の内外径 a，および R，段差の高さ H，重力加速度 g を用いて $v \geqq$（　コ　）と表すことができ，円筒の質量には無関係となることがわかる．（神戸大）

3　同一直線上を速さ v_1, v_2 で運動する質量 m_1, m_2 の球が衝突する．この 2 つの球の間の反発係数を e とするとき，衝突による運動エネルギーの減少量を求めよ．また，$e=1$ のとき運動エネルギーは保存されることを示せ．

解く順序(問題の選択)	☐	⇨ ☐	⇨ ☐	⇨ ☐	⇨ ☐	⇨ ☐	⇨ ☐
予想時間	(　分)	(　分)	(　分)	(　分)	(　分)	(　分)	(　分)
実際の時間	(　分)	(　分)	(　分)	(　分)	(　分)	(　分)	(　分)

TEST 15

年　　月　　日

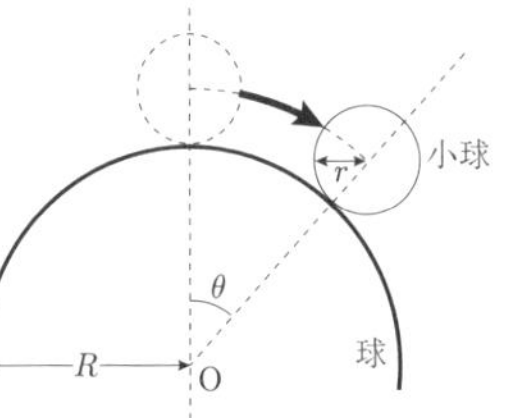

1　図に示すように，固定された半径 R の球の頂点に半径 r の小球がある．いま，球の頂点から小球が初速度 0 で静かに動きはじめた．二つの球の接触が滑らかで小球が回転しない場合，小球が球から離れる位置（鉛直上方となす角）θ を考える．ただし，小球の質量を m，重力加速度は g とする．また球の中心を点 O とする．

(1)小球が球から離れる瞬間の小球中心の速度を v とするとき，小球に働く遠心力 F_1，および小球に働く重力の O 方向の成分 F_2 はいくらか．また，F_1 と F_2 にはどのような関係が成り立つか．
(2)小球のエネルギー保存式を示せ．
(3)$\cos\theta$ を数値で示せ．
(4)頂点で小球に v_0 の初速度を与えた場合，球を滑ることなく頂点から離れるための v_0 の条件を示せ．
(5)二つの球の接触が粗で，小球が滑らずに転がる場合，離れる位置 θ を数値で示せ．小球の慣性モーメントを $I = \dfrac{2}{5}mr^2$ とする．　（岡山大，(4), (5) 追加）

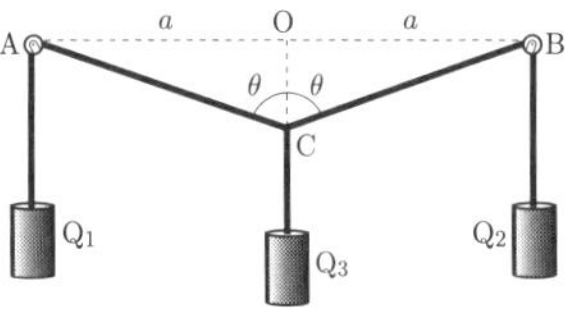

2　図のように，二つの滑らかな滑車 A，B が同じ水平線上に固定され，AB 間の距離は $2a$〔m〕であり，O は AB 間の中点である．滑車に質量の無視できるひもを通し，その両端に質量 m〔kg〕のおもり Q_1，Q_2 をそれぞれ付けて静止させた．ここで，AB 間の中心に質量 m〔kg〕のおもり Q_3 を付けると，Q_3 はゆっくりと下降し始めた．以下では，滑車とひもの間の摩擦およびひもの伸びはないとしてよい．

(1)Q_3 が水平線 AB から距離 y〔m〕下がったときの Q_3 の速さを v〔m〕，鉛直線 OC と線分 AC（BC）となす角を θ とする．このときのおもり Q_1，Q_2 の速さ V〔m〕を v と θ で表せ．　（東京理科大）

3　（前問に続き）(1) このとき，エネルギー保存則を考えると，つぎの関係が成り立つ．角 θ を使って，（　　）に適切な式をかけ．

$$mgy = \frac{1}{2}mv^2 + (\quad\quad)$$

(2)Q_3 が下降しているとき，Q_3 の加速度がゼロ（等速度）になる位置がある．水平線 AB からのこの距離を a で表せ．　（東京理科大）

解く順序（問題の選択）	□ ⇨	□ ⇨	□ ⇨	□ ⇨	□ ⇨	□ ⇨	□
予想時間	（　分）	（　分）	（　分）	（　分）	（　分）	（　分）	（　分）
実際の時間	（　分）	（　分）	（　分）	（　分）	（　分）	（　分）	（　分）

TEST 16　　年　月　日

1　図のように，質量 M，重心 G の剛体の，G のまわりの慣性モーメントを I_G とする．一様な重力を受けた点 O のまわりのこの剛体の運動について考える（剛体振り子という）．O と G の距離を h，OG と鉛直方向のなす角を θ とする．重力加速度を g として以下の問に答えよ．

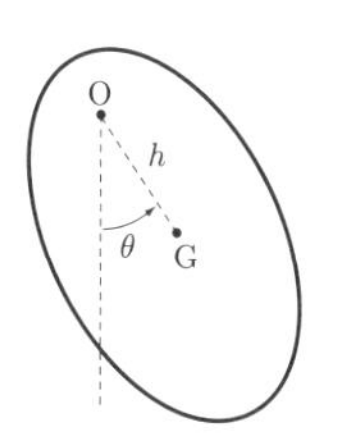

(1)点 O のまわりの重力のモーメントを求めよ．
(2)$I_G = MR^2$ とするとき（R を回転半径という），O のまわりの慣性モーメント I を求めよ．
(3)運動方程式を表し，エネルギー保存を表す関係式を導け．
(4)θ が微小のとき，周期を求めよ．
(5)(4) の周期が最小になるときの h はいくらか．
(6)鉛直となす角が α で静止した状態から運動をはじめて，$\theta = 0$ になったとき，剛体の角速度はいくらか．

（早稲田大，類題，東工大他 ）

2　図において，弧 ABC は半径 R の半円筒面，点 O は中心軸，AC は直径である．水平面 AD は AC に直交し，また，OB も AC に直交している．大きさが無視できる質量 m の小球が速度 V_0 で水平面上を点 D から点 A の方向に直進運動し，その後，小球が半円筒面に沿って上昇する運動について，以下の問いに答えよ．ただし，重力加速度を g，小球と水平面および半円筒面の間に摩擦はないものとする．

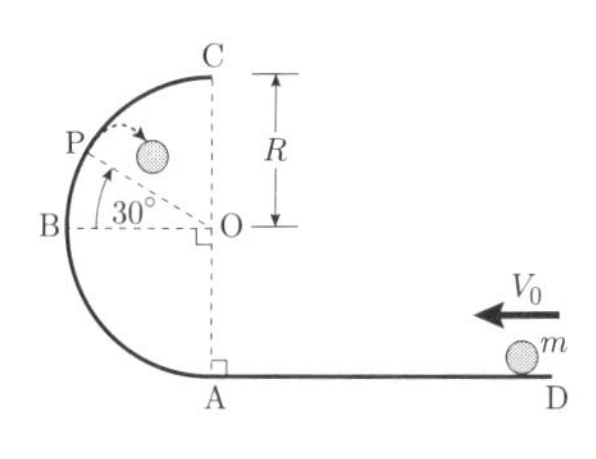

(1)小球が半円筒面に沿って上昇し，点 B に到達するために必要な最小の速度 V_0 を求めよ．
(2)図に示すように，小球が半円筒面に沿って上昇し点 P で半円筒面から離れる場合，その後は放物運動を行うが，点 P における小球の速度 V_P が，$V_P = \sqrt{gR/2}$ であることを示せ．ただし，∠ BOP = 30° である．
(3)（2）の一連の運動を行うために必要となる速度 V_0 が $V_0 = \sqrt{7gR/2}$ であることを示せ．
(4)（2）において，点 P で半円筒面から離れた小球が点 A に着地することを示せ．

（豊橋技術科学大）

解く順序(問題の選択)		⇨		⇨		⇨		⇨		⇨		⇨	
予想時間	（　分）		（　分）		（　分）		（　分）		（　分）		（　分）		（　分）
実際の時間	（　分）		（　分）		（　分）		（　分）		（　分）		（　分）		（　分）

TEST 17

年　月　日

[1] 力 $\vec{F}$ を受けながら質量 m の質点が速度 $\vec{v}$ で運動している．点 O を原点として，質点の位置を位置ベクトル $\vec{r}$ で表したとき，以下の問に答えよ．ただし，位置 $\vec{r}$，速度 $\vec{v}$，力 $\vec{F}$ は時刻 t の関数で，t についての微分係数を $\dfrac{d\vec{r}}{dt}$ などと記す．

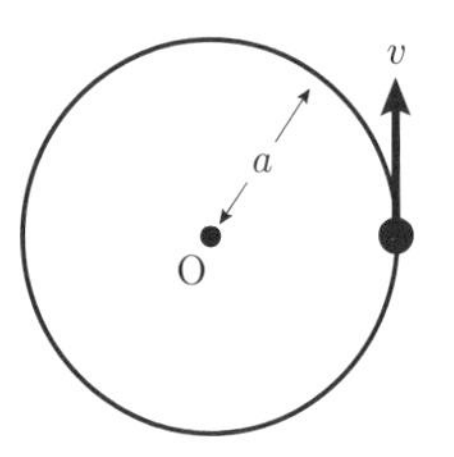

(1)質点のニュートンの運動方程式を書け．

(2)O を中心とする，質点の角運動量 $\vec{L} = \vec{r} \times \vec{p}$ の時間変化率（微分係数）の従う方程式を，ニュートンの運動方程式より導け．ただし，$\vec{p}$ は質点の運動量とする．

(3)図のように，質点が，O を中心に紙面に含まれる半径 a の円周上を，速度 $\vec{v}$ で左回りに等速円運動しているときの，質点の角運動量ベクトル L の大きさ，および向きを書け．ただし $\vec{v}$ の大きさを v とする．（金沢大）

（出題どおりとするために，この問のみベクトルを太字でなく矢印を用いて $\vec{F}$ のように表した．）

[2] 図の斜線の物体に働く力を図示せよ．斜線の物体の質量を M，重力加速度を g とする．

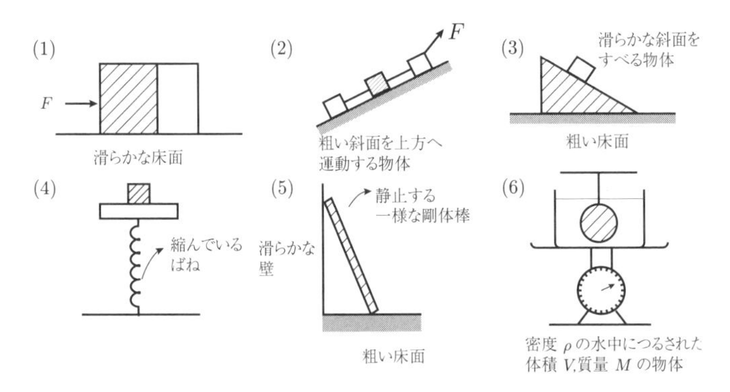

解く順序(問題の選択)	□ ⇨	□ ⇨	□ ⇨	□ ⇨	□ ⇨	□ ⇨	□
予想時間	(　分)	(　分)	(　分)	(　分)	(　分)	(　分)	(　分)
実際の時間	(　分)	(　分)	(　分)	(　分)	(　分)	(　分)	(　分)

TEST 18

年　月　日

1 辺の長さがそれぞれ h〔m〕, a〔m〕, b〔m〕の直角三角形を密度 ρ〔kg/m^3〕の液体中に鉛直に挿入して固定した状態を図に示してあり，ここで OO' は液面にある．液面に沿う方向を x 軸（辺 PQ に平行），液面から鉛直方向にある辺 OP 上に y 軸をとる．重力加速度を g〔m/s^2〕とする．

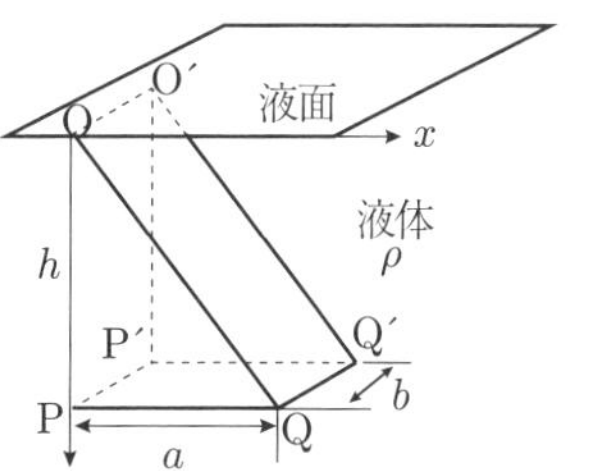

(1)直角三角形 OPQ 部表面全体にかかる力を求めよ．

(2)圧力中心は原点 O からどれだけの鉛直距離にあるか．

（東京理科大）

2 長さ $8l$ の糸で連結された質量 m のおもり P_1 と P_2 が，水平に $2l$ 離れた滑らかな釘 A，B にかけられている．ここで，重力加速度を g とし，糸の質量は無視できるものとする．

(1)AB の中間点 O に，質量 m のおもり P_3 を結びつけてゆっくりと降ろしていくと，ある降下距離で静止した．この平衡点と点 O の間の距離が l の何倍であるか答えよ．

(2)AB の中間点 O に，質量 m のおもり P_3 を結びつけた後，(1) とは違って，おもりを点 O で手放すと，おもり P_3 は降下を始めた．P_3 の降下距離 h と，おもり P_1 の上昇距離 y との関係を示せ．

(3)(2) の場合に，おもり P_3 が最も降下した点では運動エネルギーはゼロになった．この最降下点の点 O からの距離は l の何倍であるか答えよ．

(4)(2) の場合に，降下中に 3 つのおもりの運動エネルギーの和が最大になるときのおもり P_3 の降下距離は l の何倍であるか答えよ．

(5)また，(4) のときの 3 つのおもりの運動エネルギーの和は mgl の何倍であるか答えよ．

（早稲田大）

3 図のように，滑らかな水平床面の上に質量 M，傾斜角 θ の三角台がある．その斜面上に質量 m の小物体を置くと物体は斜面を滑り落ち，三角台は右方へ動く．このとき三角台が水平床面から受ける垂直抗力 N_1 および物体が斜面から受ける垂直抗力 N_2 を求めよ．また物体が斜面上を距離 l だけ滑る時間 t_1，そのとき三角台が動く距離 L を求めよ．斜面と物体の間に摩擦はないものとする．また重力加速度を g とする．

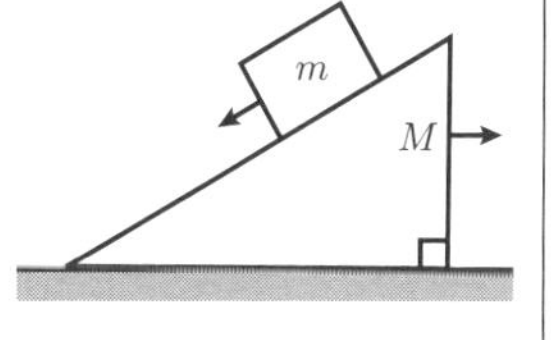

解く順序（問題の選択）	☐	⇨ ☐	⇨ ☐	⇨ ☐	⇨ ☐	⇨ ☐	⇨ ☐
予想時間	（　分）	（　分）	（　分）	（　分）	（　分）	（　分）	（　分）
実際の時間	（　分）	（　分）	（　分）	（　分）	（　分）	（　分）	（　分）

TEST 19

年　月　日

1 ポテンシャル $V = V_0\left(\frac{x}{a} + \frac{a}{x}\right)$ のもとでの質量 m の質点の運動を考える．V_0 と a は正の定数で，質点は x 軸上の正の領域を運動するとする．

(1)質点に働く力を求めよ．つり合いの位置はどこか．
(2)質点をつり合いの位置からわずかにずらして静かに手を放してみる．その後，質点がどんな運動をするか簡単に文章で説明せよ．
(3)時刻を t として，(2) の運動を記述する運動方程式を求めよ．
(4)(3) で求めた運動方程式の一般解を書け．ただし，運動方程式を解く過程は書かなくてよい．（九州大学）

2 図のように大きさ，質量が等しい半径 r の円筒パイプを水平面上に 3 本積んだところ，安定に静止した．この 3 本のパイプを図のように A，B，B′ とする．このように安定に静止するために必要な摩擦条件を求めたい．各パイプに働く重力を Mg とする（g は重力加速度）．AB 間および AB′ 間の静止摩擦係数を μ_1 とし，B と地面の間および B′ と地面の間の静止摩擦係数を μ_2 とする．また，B と B′ は接触しているが，その間には力は作用しないと考えてよい．重力は図の y 軸の負方向に働くものとする．

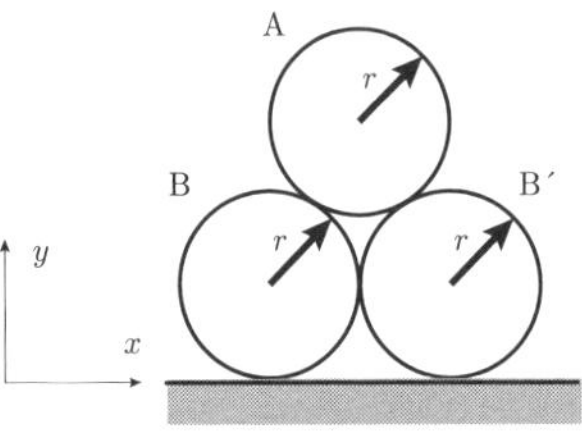

(1)円筒パイプ A に作用する力をすべて図示せよ．
(2)円筒パイプ B に作用する力をすべて図示せよ．
(3)A および B それぞれについて x 方向の力，y 方向の力，モーメントのつり合いの式を求めよ．
(4)μ_1 はいくら以上であればよいか．
(5)μ_2 はいくら以上であればよいか．（筑波大）

3 (1)静止衛星の軌道半径 r，およびその速さ v_4 を求めよ．ただし，地球自転周期を T_E とする．
(2)地表面から月に衛星を打ち上げるためには，最低いくらの速さを与えねばならないか．ただし，地球中心から月までの距離は $60R$ とし，月の引力は考えない．
(3)太陽系最大の木星は，地球の 320 倍の質量を持ち，太陽と地球間の距離の 5.2 倍の半径の円軌道を描いて太陽のまわりを公転している．木星の公転の角運動量は地球の公転の角運動量の何倍か答えよ．

解く順序（問題の選択）		⇨		⇨		⇨		⇨		⇨		⇨	
予想時間	（　分）		（　分）		（　分）		（　分）		（　分）		（　分）		（　分）
実際の時間	（　分）		（　分）		（　分）		（　分）		（　分）		（　分）		（　分）

TEST 20　　年　月　日

1　図のように水平面上（y 軸上）を動くことができる台に，質量 m の質点が長さ r の糸に振り子状態でつるされている．角 θ を図のようにとり，重力加速度を g とする．糸は伸び縮みすることなくその質量は無視できるものとして以下の問いに答えよ．台が $y = B\cos\omega_0 t$ で振動している場合を考える．台に固定した座標系で考えよ．

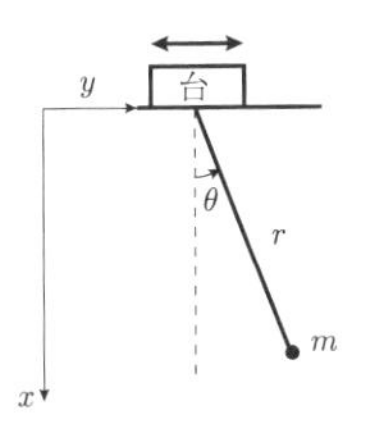

(1)質点にかかる y 軸方向の慣性力を求めよ．

(2)振り子の運動方程式を求めよ．ただし，θ の角速度を $\dot{\theta}$，角加速度を $\ddot{\theta}$ とする．

(3)(2) の運動方程式で，角 θ が小さい ($|\theta| \leqq 1$) とき，$\sin\theta \cong \theta, \cos\theta \cong 1$ の近似を用いて，θ に関する微分方程式を求めよ．（筑波大，工学システム，一部略）

2　（前問に続き）(4)前問 (3) で求めた微分方程式を解くことにより，振り子が共振（共鳴）する条件を求めよ．また，必要であれば次の初期条件を用いよ．$t = 0$ のとき $\theta = 0$，$\dot{\theta} = 0$

(5)力学における共振（共鳴）とはどのような現象のことか．簡潔に述べよ．また，力学以外の物理学における共振の例をあげよ．（筑波大，工学システム，一部略）

3　それぞれの物体に働く力を矢印で記入し，その大きさを求めよ．重力加速度を g とする．

(1)0.5m 離れた天井の 2 点から，0.3m，0.4m の 2 本の軽い糸で質量 m のおもりを吊り下げた場合，おもりに働く力．

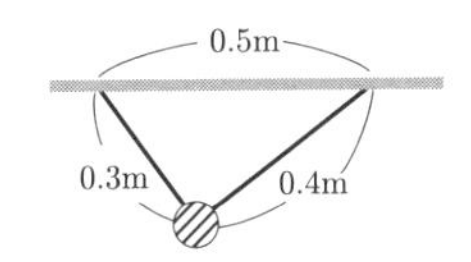

(2)質量 m の人が乗ったかごを自分で引き静止しているとき，人およびに働く力．ただしかごの質量を M とし紐は軽いとする．

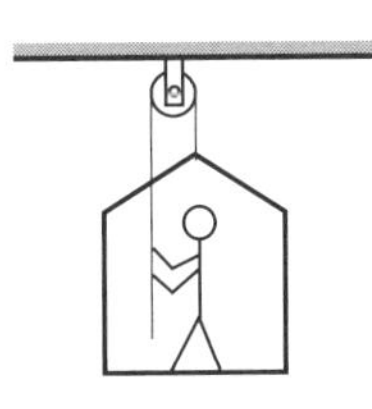

解く順序（問題の選択）□ ⇨ □ ⇨ □ ⇨ □ ⇨ □ ⇨ □ ⇨ □

予想時間　（　分）（　分）（　分）（　分）（　分）（　分）（　分）

実際の時間　（　分）（　分）（　分）（　分）（　分）（　分）（　分）

TEST 21

年　月　日

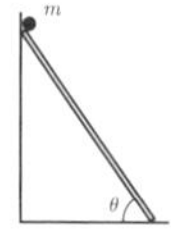

1 滑らかな鉛直の壁と静止摩擦係数が μ の水平な床の間に質量 M のはしごが立てかけられている．質量 m の人が静かに登り，その上端に達してもはしごが滑り出さないための，床に対する最小の傾角 θ はいくらか．$\tan\theta$ の形で答えよ．ただし，はしごは一様な棒とみなしてよい．重力加速度を g とする．

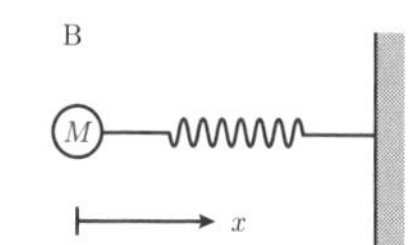

2 図のように，一定速度 V で運動している物体 A（質量 m）が，一端を固定されたバネ（バネ定数 k）の他端に繋がれ静止している物体 B（質量 M）に衝突するとして，以下の問に答えよ．ただし，重力などの外力は働かないものとし，A，B の大きさは無視してよい．また，矢印の方向に x 軸をとり，運動は x の方向にのみおこるものとする．時刻 $t=0$ で，衝突したものとする．
衝突後は，A と B は一体となって運動したとする．
（1） 衝突直後の速度 V' を求めよ．
（2） 衝突直前と直後での，運動エネルギーの変化 ΔE を求めよ．
（3） 衝突後，時刻 t での，物体 A，B の位置を $x(t)$ とする．$x(t)$ に対する運動方程式を書け．
（4） $x(t) = C\sin\omega t$ として，定数 C と ω を求めよ．
（5） 衝突してから，B が初めて元の位置に戻るまでの時刻 τ を求めよ．
（名古屋工大）

3 前問で，衝突が完全弾性衝突であるとしたとき，以下の問に答えよ．ただし，$m < M$ とする．
（1）衝突直後の A，B それぞれの速度 V_A，V_B を求めよ．
（2）衝突後，時刻 t での物体 A，B それぞれの位置を $x_A(t)$，$x_B(t)$ とする．それぞれに対する運動方程式を書け．
（3）$x_A(t) = c_0 + c_1 t$ として，定数 c_0, c_1 を求めよ．
（4）$x_B(t) = D\sin\Omega t$ として，定数 D，Ω を求めよ．
（5）衝突後，A と B が再び衝突することはなかった．$x_A(t)$，$x_B(t)$ の概略を図示せよ．
（名古屋工大）

解く順序（問題の選択）	□ ⇨	□ ⇨	□ ⇨	□ ⇨	□ ⇨	□ ⇨	□
予想時間	（　分）	（　分）	（　分）	（　分）	（　分）	（　分）	（　分）
実際の時間	（　分）	（　分）	（　分）	（　分）	（　分）	（　分）	（　分）

TEST 22

年　月　日

1　摩擦力が無視できる滑らかな床の上に，質量 M の十分厚い板が置かれている．これに質量 m の弾丸が速さ v_0 で水平に打ち込まれた．このとき，次の問いに答えよ．ただし，板が床に固定されているとき，弾丸は板表面から L の距離だけめり込むという．なお，弾丸がめり込む過程において，弾丸が受ける力は一定であるものとする．

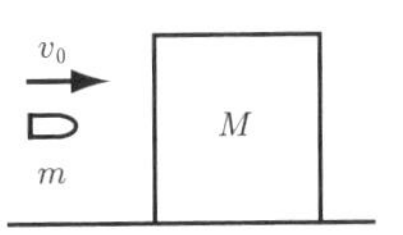

(1)板が床に固定されていた場合に弾丸が受ける力 F を求めよ．

　次に固定をはずす．

(2)弾丸が板に対して止まったときの板の速さ v を求めよ．

(3)なめらかな床の上に板が置かれた場合にも弾丸が受ける F は変わらないものとし，弾丸が板にめり込んだ距離 l を求めよ．

(4)弾丸が板の中で止まるまでに板が床上をすべった距離 d を求めよ．

(5)弾丸が板中で止まるまでの時間はいくらか．　（埼玉大　他）

2　十分に軽くて強い棒と，その両端に固定された質点 A，B からなる質点系が，水平で滑らかな板の上を回転運動している．以下の（　　）の中に適切な記号，数値を入れなさい．

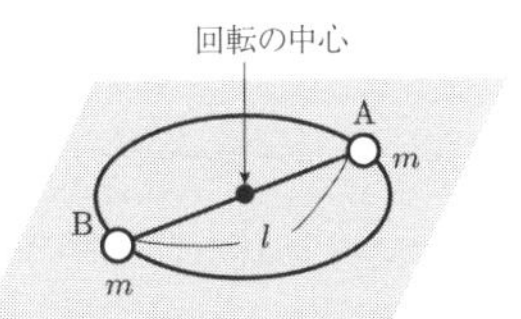

(1)質点 A，B の質量がともに m であるとき，質点系の運動は，図のように棒の中央が回転の中心になる．回転の角速度を ω とすると，質点 A の速度は（　ア　），遠心力は（　イ　），運動エネルギーは（　ウ　）である．また，質点系の回転慣性モーメント $I=$（　エ　）なので，系全体の運動エネルギーは $K=\dfrac{1}{2}I\omega^2$ であることが分かる．

(2)つぎに，質点 A の質量が m，質点 B の質量が $2m$ の場合を考える．質点 A，B の遠心力がつり合うので，回転の中心は，質点 A から（　オ　）の距離のところになる．したがって，質点系の回転慣性モーメントは（　カ　）となる．系全体の運動エネルギーが，（1）の K と等しいとき，回転の角速度 ω' は（　キ　）である．　（東北大，工，学士編入）

3　図のように長さ l，質量 m の一様な棒を糸でつるし，下端を f で水平に引っ張る．このとき糸および棒の傾き，糸の張力を求めよ．

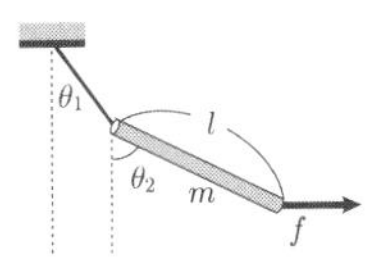

解く順序(問題の選択)	□	⇨ □	⇨ □	⇨ □	⇨ □	⇨ □	⇨ □
予想時間	(　分)	(　分)	(　分)	(　分)	(　分)	(　分)	(　分)
実際の時間	(　分)	(　分)	(　分)	(　分)	(　分)	(　分)	(　分)

TEST shuffle 22 と本文の問題との対応表

TEST	1	2	3
01	問題 48	問題 51	
02	問題 36	問題 67	
03	問題 37	問題 38	問題 66
04	問題 07	問題 45	
05	問題 68	問題 10	問題 11
06	問題 78	問題 79	
07	問題 46	問題 03	問題 24
08	問題 35	問題 61	問題 15
09	問題 19	問題 20	問題 71
10	問題 54	問題 31	
11	問題 29	問題 58	問題 39
12	問題 47	問題 14	問題 42
13	問題 09	問題 72	問題 17
14	問題 80	問題 82	問題 34
15	問題 41	問題 12	問題 13
16	問題 74	問題 40	
17	問題 57	問題 01	
18	問題 08	問題 27	問題 21
19	問題 30	問題 63	問題 43
20	問題 55	問題 56	問題 02
21	問題 59	問題 32	問題 33
22	問題 23	問題 64	問題 60

索　引

■著者紹介

石川 裕（いしかわ ゆたか）

早稲田大学大学院理工学研究科博士課程修了.
専攻は物性物理学（理学博士）.
代々木ゼミナールを経て，いであ理系進学塾，中央ゼミナールで教える.
現在は，中央ゼミナールで物理を講義する.
アウトドアスポーツ全般，特に登山（バリエーションルート登山），沢登り，サイクリングを楽しむ.

弱点克服 大学生の初等力学 改訂版

2015 年 4 月 25 日 初 版第 1 刷発行 Printed in Japan
2022 年 1 月 25 日 改訂版第 1 刷発行
2024 年 3 月 25 日 改訂版第 2 刷発行

著者 石川 裕
発行所 東京図書株式会社
〒 102-0072 東京都千代田区飯田橋 3-11-19
振替 00140-4-13803 電話 03(3288)9461
http://www.tokyo-tosho.co.jp

ISBN 978-4-489-02376-7